Klemens Döpp

Berechenbarkeit und Unlösbarkeit

Klemens Döpp

Berechenbarkeit und Unlösbarkeit

Eine kurze Einführung für Mathematiker und Informatiker

Prof. Dr. Klemens Döpp
Lagemannstr. 3a
57258 Freudenberg

Die Deutsche Bibliothek – CIP-Einheitsaufnahme
Ein Titeldatensatz für diese Publikation ist bei
Der Deutschen Bibliothek erhältlich.

1. Auflage September 2000

Der Verlag Vieweg ist ein Unternehmen der Fachverlagsgruppe BertelsmannSpringer.

www.vieweg.de

Konzeption und Layout des Umschlags: Ulrike Weigel, www.CorporateDesignGroup.de
Gedruckt auf säurefreiem Papier

ISBN-13:978-3-528-05715-2   e-ISBN-13: 978-3-322-83091-3
DOI: 10.1007/ 978-3-322-83091-3

Für Hans Hermes

Vorwort

Während meiner Dozententätigkeit habe ich hin und wieder Vorlesungen über Gebiete gehalten, von denen ich erst wenig wusste. Meistens geschah dies aus eigenem Antrieb, weil ich mich dem Zwang aussetzen wollte, eine bestehende Wissenslücke zu schließen. Dabei wollte ich aber nicht immer besonders weit in das fragliche Gebiet eindringen, um selbst daran zu arbeiten; vielmehr wollte ich in den meisten Fällen nur einen gewissen Einblick in die Fragestellungen, Methoden und Ergebnisse dieses Gebietes gewinnen. Bei solchen Gelegenheiten habe ich mich öfters darüber geärgert, dass ich kein für meine Zwecke geeignetes Lehrbuch fand. Gewöhnlich waren die Lehrbücher zu dick, als dass man ihren Stoff in einer einzigen Vorlesung hätte behandeln können, und meistens auch von vornherein zu breit angelegt, als dass es sinnvoll gewesen wäre, das Buch nur so weit zu besprechen, wie man eben hätte kommen können. So war ich also meistens darauf angewiesen, mir aus der greifbaren Literatur meine eigene Vorlesung zusammmenzustellen, obgleich ich es eigentlich vollkommen sinnlos fand, bei der Einführung in einen Standardstoff originell zu sein. Ehrlicherweise muss ich allerdings zugeben, dass es mir sogar zweimal vergönnt gewesen ist, auf ein genügend dünnleibiges (aber nicht auch in seinem Gehalt dünnes) Werk zurückgreifen zu können.

Neben der mir inzwischen näher liegenden Sichtweise des Lehrenden steht mir aber auch noch die Zeit meines Studiums vor Augen: Damals empfand ich es immer als überaus lästig, die Vorlesungen nicht nur inhaltlich möglichst verstehen, sondern gleichzeitig auch noch alles Wesentliche mitschreiben zu müssen; liebend gern hätte ich mich allein aufs Zuhören und Mitdenken beschränkt. Das ging aber meistens nicht, weil es bedeutet hätte, in verfügbaren Büchern sich in eine oft von der Vorlesung abweichende Darstellungsweise einarbeiten und darüber hinaus einen viel umfangreicheren Stoff einverleiben zu müssen - als Lernender ist man jedoch oft schon froh, wenn man den knapperen Stoff aus der Vorlesung überhaupt erst einmal verstanden hat. Jedenfalls hätte ich als Student oft viel für ein Buch gegeben, in dem im Wesentlichen nur der Vorlesungsstoff behandelt war.

Dieses Buch soll nun die leider wohl nur kurze Reihe von Lehrbüchern der von mir - natürlich nur *neben* umfassenden Standardwerken - für wünschenswert gehaltenen Art verlängern. Es enthält in seinen ersten drei Kapiteln gerade so viel Stoff, wie ich in einer einsemestrigen Vorlesung mit vier Wochenstunden behandeln konnte. Diese drei Kapitel bilden bereits eine in sich geschlossene Einheit, die nicht unbedingt eine Ergänzung durch das vierte Kapitel erfordert. Dieses habe ich u.a. deshalb angefügt, weil mir vorschwebt, dass ich in meinen jungen Jahren wesentlich schneller vorgegangen bin als in meinen späteren; ich wollte also einen draufgängerischeren Benutzer, als ich einer wäre, vor der Verlegenheit bewahren, sich mitten im Semester nach weiterem Material zur Fortsetzung seiner Veranstaltung umsehen zu müssen. Natürlich halte ich das vierte Kapitel aber auch für eine inhaltlich sinnvolle Ergänzung der ersten drei. -

Die Theorie der algorithmischen Berechenbarkeit ist mir immer als ein besonders reizvoller Zweig der mathematischen Grundlagenforschung erschienen und als der in gewissermaßen *erkenntnistheoretischer* Hinsicht interessanteste Teil der theoretischen Informatik. Ihr *praktischer* Nutzen für einen Informatiker ist sicher nicht ganz so groß; sie verschafft diesem aber die Einsicht, dass nicht jeder Problemkreis algorithmisch lösbar ist, und vermittelt vielleicht auch eine gewisse Vorstellung davon, welche Art von Aufgabenstellung zu algorithmisch unlösbaren Problemklassen führen kann, wodurch er später vielleicht vor von vornherein zur Fruchtlosigkeit verurteilten Bemühungen bewahrt bleibt.

Von dieser Theorie ist in den ersten drei Kapiteln des Buches so viel enthalten, wie nach meinem subjektiven Dafürhalten zu einer grundlegenden und soliden Einführung sowohl Mathematiker als auch Informatiker mit einem Interesse an den Grundlagen ihres Fachs wissen sollten, um mit den grundsätzlichen Fragestellungen und Lösungsansätzen vertraut zu sein. Bei weitem nicht beansprucht wird jedoch, dass das Buch auch nur annähernd einen Überblick über die mit dem behandelten Gebiet zusammenhängenden Fragestellungen und Ergebnisse geben soll. Insbesondere konnte aufgrund der gewählten Beschränkung des Umfangs nur auf einen winzigen Bruchteil der zahllosen Anwendungen der allgemeinen Theorie eingegangen werden. Die grundlegenden Ansätze und Methoden werden aber so weit vorgeführt, dass es von dieser Basis aus nicht schwer fallen dürfte, bei Bedarf oder Neigung tiefer in das eröffnete Gebiet einzudringen.

Als behandeltes Thema kann das - in grundsätzlicher Hinsicht erörterte - Leistungsvermögen von informationsverarbeitenden Maschinen betrachtet werden; deshalb lässt sich das Buch - neben der mathematischen Grundlagenforschung - auch der *Informatik* zuordnen. Von der Methodik der dargestellten Untersuchungen her (sowie aus wissenschaftshistorischen Gründen) gehört es aber zugleich zur *Mathematik*. Was Mathematik ausmacht, lässt sich wohl kaum zufrieden stellend von den behandelten Gegenständen her bestimmen, jedoch sehr einfach von der angewendeten Methodik her, die nämlich in *logischer Dedukti-on* besteht. Das Thema des Buches muss somit zur *Mathematik informatischer Phänomene* gerechnet werden, und dies ist gerade die theoretische Informatik (wie etwa die Geometrie in ihren verschiedenen Spielarten die Mathematik räumlicher Phänomene ist). -

Weil die Mathematiker sich wohl darin einig sind, dass man mathematische Sachverhalte nicht richtig verstehen kann, ohne zugehörige *Beweise* verstanden zu haben, habe ich großen Wert auf eine sorgfältige und ausführliche Darstellung der Beweise gelegt. Da man andererseits aber auch nicht gut ausnahmslos die Feinmaschigkeit von formalen Logikkalkülen durchhalten kann, habe ich natürlich bei vielen Gelegenheiten einfache Schlüsse dem Leser überlassen. Solche Gelegenheiten habe ich in aller Regel durch Wendungen wie "offenbar" oder "ersichtlich" usw. angekündigt. Zumindest bei mathematischen Erörterungen haben derartige Floskeln hier niemals die Funktion von bloßen Ausschmückungen; vielmehr deuten sie immer darauf hin, dass es eine Kleinigkeit zu überlegen gibt. Ich hoffe aber, dass es mir wenigstens weitgehend gelungen ist zu vermeiden, solche Wendungen in der Bedeutung von "es wäre noch viel mühsamer, den fraglichen Sachverhalt ordentlich darzustellen, als es schon schwierig ist, ihn einzusehen" zu benutzen, in der sie ja auch manchmal gebraucht werden.

Ganz im Gegenteil habe ich - zumindest im Hauptstrang der Darstellung - dem Leser das selbstständige Ausfüllen von kleinen Lücken nur in solchen Fällen überlassen, wo dies wirklich in offenkundiger Weise geschehen kann und keinerlei Eingebung mehr erfordert. Demgegenüber viel näher zu liegen scheint mir die Vorhaltung, ich sei streckenweise etwas weitschweifig vorgegangen. Dies ist jedoch nicht ohne Absicht erfolgt: Aus meiner Studienzeit weiß ich noch gut, dass auch Studierende der Mathematik, denen man ja ein Interesse an mathematischen Dingen unterstellen darf, auf eine vollständige Darstellung der Gedankengänge Wert legen und es nicht besonders schätzen, wenn ihnen zum Verständnis des Vorgetragenen zuviel an Eigenarbeit aufgebürdet wird. In viel größerem Ausmaß gilt dies jedoch für Studierende der Informatik: Viele Informatiker betrachten nämlich die mathematischen Anteile ihres Studiums - einschließlich der Mathematik informatischer Phänomene - als lästiges Übel, das sie möglichst rasch hinter sich bringen möchten. Bei meiner Lehrtätigkeit hatte ich jedoch verschiedentlich den Eindruck, dass diese Abneigung gegen Mathematik häufig nur am Fehlen jeglicher Geschicklichkeit im Umgang mit Mathematischem liegt. Wenn ich gelegentlich in Übungen dazu kam, einen mathematischen Gedankengang so breitzuwalzen, dass es mir fast schon peinlich wurde, schien mir bei manchen Teilnehmenden ein sonst nicht beobachtetes Interesse aufzuglimmen, weil endlich einmal nicht gänzlich über ihre Köpfe hinweg geredet wurde. Leider sind solche Gelegenheiten ziemlich selten geblieben, weil ich ja auch an bestimmte Vorgaben gebunden war und das überkommene Verhältnis von Veranstaltungsaufwand und Eigenarbeit nicht auf eigene Faust durchgehend verändern konnte. Deshalb kann ich auch nicht als gesicherte Erfahrung behaupten, dass sich die unter Informatikern verbreitete Mathematikverdrossenheit durch unübliche Ausführlichkeit wenigstens weitgehend beheben ließe; aufgrund meiner Eindrücke habe ich mir aber oft gewünscht, über die dreifache Zeit verfügen zu können, unter der strikten Auflage, auch nicht mehr an Stoff zu behandeln als sonst. Dies mag als Begründung für gelegentlich vielleicht unüblich große Ausführlichkeit dienen. -

Zur Einführung der *Turingmaschinen* im ersten Kapitel möchte ich noch anmerken, dass ich eigentlich gern eine Darstellung gewählt hätte, die sich der Automatenhierarchie aus der theoretischen Informatik besser einfügt als die tatsächlich gegebene. Dass es nicht dazu gekommen ist, liegt an den *Gödelisierungen* zum Beweis des *Normalformentheorems* im zweiten Kapitel. Ich habe nämlich die Vorstellung, dass diese Gödelisierungen bei der gewählten Darstellung erheblich weniger Aufwand erfordern als bei der erwähnten "automatentheoretischen". Allerdings ist dies eine bloße Vermutung. Ich hätte gern einmal die vollständige Durchführung des Alternativprogramms als Diplomarbeit vergeben, um wenigstens einen empirisch begründeten Vergleich ziehen zu können, aber von den Informatikern, mit denen ich zu tun hatte, hat sich leider niemand so recht für diese Aufgabe erwärmt. Mir selbst war dies natürlich auch zu mühsam, und da es ja grundsätzlich nur darauf ankommt, irgendeine geeignete Präzisierung der intuitiven Algorithmuskonzeption vorzunehmen, ist es bei der nur mutmaßlich bequemeren Version geblieben. -

Das Buch ist in *Kapitel* gegliedert, die mit arabischen Ziffern nummeriert und wiederum in ebenso nummerierte *Paragrafen* unterteilt sind. Die Bezeichnungen "Kapitel" bzw. "Paragraf" werden jedoch nur bei Verweisen im Text gebraucht und tauchen in den Überschriften nicht auf. Die arabisch geschriebene Nummerierung der einzelnen *Definitionen* und *Sätze* beginnt in jedem Paragrafen von Neuem jeweils gewöhnlich mit 1; gelegentlich weist allerdings die Nummer 0 darauf hin, dass der fragliche Satz bzw. die betroffene Definition aus einem allgemeineren, nicht spezifisch berechenbarkeitstheoretischen Zusammenhang stammt und hauptsächlich der Geschlossenheit halber nochmals aufgeführt wird. Gelegentlich werden verschiedene Fassungen desselben Satzes angegeben; dann erhält die später genannte Fassung dieselbe Nummer mit einem zusätzlichen Stern. Entsprechendes gilt auch für Definitionen. - Innerhalb desselben Paragrafen wird auf einen Satz bzw. eine Definition nur mit der einfachen Nummer verwiesen, in einem anderen Paragrafen desselben Kapitels wird die zugehörige Paragrafennummer vorangestellt, und erst bei Verweisen aus einem anderen Kapitel wird die volle Nummerierung benutzt. Beispielsweise wird Satz 3 aus §4 des zweiten Kapitels ggf. in §2.4 als Satz 3 angeführt, in den anderen Paragrafen desselben Kapitels als Satz 4.3 und in den übrigen Kapiteln als Satz 2.4.3. –

Eine Reihe der gestellten *Aufgaben* enthält Ergänzungen des im Text behandelten Stoffs; einige andere dienen lediglich zur Einübung des Gelernten, und ihre Lösungen ergeben sich beinahe von selbst aus später erarbeiteten Sachverhalten. Zumindest mit den gegebenen Hinweisen auf mögliche Lösungsansätze dürften die Aufgaben nicht allzu schwierig sein, einige sind jedoch etwas aufwendig. –

Schließlich möchte ich dem Verlag Vieweg für seine freundliche Förderung dieses Vorhabens und die stets angenehme Zusammenarbeit herzlich danken.

Freudenberg, im Dezember 1999   Klemens Döpp

Inhaltsverzeichnis

Einleitung

Der Amerikaner EMIL POST, der allerdings selbst zu den Pionieren dieses Zweiges der Mathematik gehört, hat die Entwicklung einer Theorie der *effektiven Berechenbarkeit und algorithmischen Unlösbarkeit* als die herausragende mathematische Errungenschaft des 20. Jahrhunderts bezeichnet. Dabei haben sich die Mathematiker schon seit je auch mit dem Auffinden von Lösungsalgorithmen für bestimmte Problemkreise beschäftigt; erinnert sei etwa an den sog. Euklidischen Algorithmus aus dem Altertum zur Bestimmung des größten gemeinsamen Teilers von zwei natürlichen Zahlen. Bei allen diesen klassischen Bemühungen hat man aber die Definition eines allgemeinen Algorithmusbegriffs nicht für erforderlich gehalten; vielmehr begnügte man sich in jedem konkreten Einzelfall mit der offenbar unstrittigen Feststellung, hier liege ein Algorithmus vor. Das wurde erst anders, als man auf einen Problemkreis gestoßen war, bei dem man nach einer Reihe von vergeblichen Bemühungen, einen Lösungsalgorithmus zu finden, schließlich den Verdacht schöpfte, einen derartigen Algorithmus gebe es womöglich überhaupt nicht. Da dies eine Aussage über *sämtliche* Algorithmen beinhaltet, nämlich dass unter ihnen sich kein einziger mit den fraglichen Eigenschaften befinde, konnte man sich zu ihrem Beweis nicht mehr mit einer unausgesprochenen, wenn auch anscheinend allgemein geteilten intuitiven Vorstellung begnügen, sondern man musste eine klare mathematische Definition dessen geben, was unter einem Algorithmus zu verstehen sei. Erst die Suche nach einem sozusagen negativen Ergebnis hat also die Entwicklung einer allgemeinen Theorie des Algorithmischen erforderlich gemacht.

Es ist klar, dass die Ergebnisse dieser Theorie im mathematischen Sinne nur für die begriffliche Präzisierung der zugrunde liegenden intuitiven Konzeption und nicht für diese selbst Gültigkeit haben; im Grunde bleibt man jedoch nach wie vor in erster Linie an den Eigenschaften der Letzteren interessiert. Da es aber grundsätzlich unmöglich ist, die Deckungsgleichheit einer mathematischen Begriffsbildung mit einer intuitiven Konzeption in Form eines mathematischen Satzes zu beweisen, muss man sich dieser wichtigen Frage auf andere Weise nähern: Man kann lediglich nach Gründen verschiedenster Art suchen, die für die Annahme sprechen, dass die intuitive Konzeption durch den mathematischen Begriff auf angemessene Weise wiedergegeben wird; hat man sehr viele derartige Gründe - und keine Gegengründe - gefunden, wird man schließlich zu der pragmatischen Überzeugung kommen, die Frage sei erledigt. Bei der Entwicklung der Berechenbarkeitstheorie haben solche pragmatischen Erwägungen tatsächlich eine beträchtliche Rolle gespielt. Man ist aber inzwischen wohl einhellig davon überzeugt, dass die zur Erklärung des Begriffs der algorithmischen

Berechenbarkeit vorgenommenen mathematischen Präzisierungen die zugrunde liegende Intuition genau wiedergeben. Diese Überzeugung wird gewöhnlich nach dem Mathematiker, der sie als Erster ausgesprochen hat, als *These von* CHURCH bezeichnet.

Nicht immer kommt der Frage nach einer angemessenen Wiedergabe einer intuitiv gegebenen Vorstellung eine so bedeutende Rolle zu wie der gerade angesprochenen in der Berechenbarkeitstheorie: Beispielsweise hat in der Analysis bei der Definition des Stetigkeitsbegriffs für Funktionen einer Veränderlichen vermutlich die Vorstellung Pate gestanden, Stetigkeit über einem Intervall bedeute so etwas wie Darstellbarkeit durch einen zusammenhängenden Linienzug. Nach der Entdeckung von in einem Intervall überall stetigen, aber nirgends differenzierbaren Funktionen erscheint diese Vorstellung zumindest fragwürdig, und man müsste wohl die Bedingung der stückweise vorliegenden Glattheit hinzufügen. Da jedoch der Stetigkeitsbegriff sich beim Aufbau der Analysis hervorragend bewährt hat, ist man nicht auf den Gedanken gekommen, ihn nachträglich der ursprünglichen Vorstellung besser anzupassen; vielmehr betrachtet man diese als für die Entwicklung der Analysis nicht so wesentlich. Sollte sich dagegen - wider alles Erwarten - herausstellen, dass eine nach allgemeinem Dafürhalten im intuitiven Sinne algorithmisch berechenbare Funktion nicht auch berechenbar im Sinne der mathematischen Präzisierung wäre oder eine in diesem Sinne berechenbare Funktion nicht zugleich im intuitiven Sinne berechenbar, so würde dies zu einer grundlegenden Umgestaltung der gesamten Theorie führen. Die bislang vorliegende Theorie bliebe zwar mathematisch korrekt, würde aber erheblich dadurch an Interesse verlieren, dass ihr Gegenstand nicht mehr als theoretisches Gegenstück zu einer intuitiven Konzeption von allgemein anerkannter Bedeutung betrachtet werden könnte. Der gewissermaßen erkenntnistheoretische Wert der Berechenbarkeitstheorie hängt also entscheidend mit davon ab, wie überzeugend sich die Deckungsgleichheit von intuitiver und begrifflicher algorithmischer Berechenbarkeit begründen lässt.

Im Übrigen hat eine mathematische Theorie des Algorithmischen "realistisch" zu sein; d.h. sie muss sich auf die Modellierung von solchen Verhältnissen beschränken, wie sie beim Anwenden von Algorithmen in der Wirklichkeit tatsächlich auftreten können. Dazu gehört, dass gewisse *Endlichkeitsbedingungen* vorausgesetzt werden müssen, und ebenso, dass die Anwendungen eines Algorithmus immer einen wohlbestimmten *Anfang* haben. Andererseits sind natürlich gewisse Idealisierungen unumgänglich. So geht man beispielsweise davon aus, dass die Anwendung eines Algorithmus sich immer als Folge von einzelnen *Schritten* abspielt, welche jeweils ein endliches Stück der gesamten betrachteten Situation in bestimmter Weise verändern. Wie diese Veränderungen bewirkt und welche etwaigen Zwischenstadien dabei durchlaufen werden, ist für die Betrachtung unerheblich. Zu den Idealisierungen gehört auch die Möglichkeit, dass eine Folge von algorithmischen Schritten *nicht abbricht* (da ein durch "äußere" Faktoren wie Abnutzung oder dergleichen erzwungenes Ende nicht in Betracht gezogen wird), während aufgrund des realistischen Ansatzes von vornherein Situationen ausgeschlossen bleiben, die sich erst nach unendlich vielen Schritten ergeben können. (Da die einzelnen Schritte Änderungen von "diskreten" Größen bewirken und "kontinuierliche" Abläufe nicht betrachtet werden, geht man gewissermaßen von der Vorstellung aus, dass die Ausführung eines Schrittes immer eine bestimmte Mindestdauer beansprucht und deshalb in endlichen Zeitintervallen jeweils nur endlich viele Schritte ausgeführt werden können.)

Zu den idealisierenden Grundvorstellungen gehört auch, dass endliche Objekte - unabhängig von ihrer u.U. exorbitanten Größe - immer als sozusagen vollständig zugänglich betrachtet werden. Unter pragmatischen Gesichtspunkten verdienen deshalb Algorithmen eigentlich nur dort volles Interesse, wo sie zur Lösung von *aus unendlich vielen Einzelproblemen bestehenden Problemklassen* dienen; bei endlichen Problemklassen würde im Prinzip auch eine Liste mit den richtigen Lösungen genügen. Ein *Lösungsalgorithmus* ist also immer einer Problemklasse zugeordnet (z.B. der Aufgabe, zu je zwei natürlichen Zahlen den größten gemeinsamen Teiler zu finden, oder festzustellen, ob eine gegebene Zahl gerade ist, usw.). Von einem derartigen Lösungsalgorithmus ist Folgendes zu verlangen: Bei jeder Anwendung wird er angesetzt auf eine geeignete Darstellung eines der fraglichen Einzelprobleme, und nach jeweils endlich vielen Schritten bricht er ab und liefert eine Darstellung der gesuchten Lösung. Die Grenze zwischen akzeptablen und inakzeptablen Lösungsalgorithmen wird also gewissermaßen durch den zwischen Endlich und Unendlich liegenden Abgrund markiert.

Diese Grenzziehung erscheint nahe liegend und natürlich. Es soll aber angemerkt werden, dass der Bereich der als zulässig angesehenen Algorithmen auch enger eingegrenzt werden kann. Maßgebend sind dabei gewöhnlich Gesichtspunkte des "algorithmischen Aufwands", die an dieser Stelle jedoch nicht sinnvoll näher erläutert werden können. In Bezug auf derartige Ansätze, wie sie in der sog. Komplexitätstheorie untersucht werden, ist dann die hier zugrunde gelegte Abgrenzung zwischen endlichem und nicht mehr endlichem Aufwand ein - wenn auch besonders interessanter und natürlicher - Sonderfall. Es ist in der Tat möglich, die Theorie der algorithmischen - "effektiven" - Lösbarkeit in Verbindung mit ihrer komplexitätstheoretischen Erweiterung zu entwickeln. Dies soll hier jedoch nicht geschehen, weil zum einen dann die Darstellung zwangsläufig den beabsichtigten Umfang überschreiten müsste und man außerdem finden kann, dass dadurch der Blick auf die Eigentümlichkeiten der Berechenbarkeitstheorie etwas verstellt werden würde.

Schließlich soll noch festgehalten werden, dass Algorithmen immer strikt *deterministisch* ablaufen. Zu ihren wesentlichen Merkmalen gehört ja gerade, dass Einwirkungsmöglichkeiten für Eingebung, Willkür oder Zufall ausgeschlossen sind. Zwar werden gelegentlich auch sog. nichtdeterministische Algorithmen betrachtet; sie sind jedoch als methodische Hilfsmittel aufzufassen, die ihre Berechtigung durch die mit ihrer Hilfe erzielten Ergebnisse erhalten, sich aber nichtsdestoweniger von der ursprünglichen Intuition des Algorithmischen entfernen.

1. Turing-Berechenbarkeit

1.1. Turingmaschinen

Die jetzt zunächst angestellten Überlegungen sollen zu der mathematischen Definition eines Algorithmusbegriffs hinführen und zugleich möglichst gut die Überzeugung begründen, dass sich jeder Algorithmus im intuitiven Sinne auf die dieser Definition entsprechende Form bringen lässt. Die Überlegungen gehen auf den englischen Mathematiker ALAN M. TURING zurück, der bei einer Analyse des Verhaltens eines strikt nach Vorschrift arbeitenden menschlichen Rechners ansetzte. Es wird aber deutlich, dass dies lediglich eine Frage der Sprechweise ist und dass man ebenso gut die Aktionen eines entsprechenden technischen Geräts (wie es heute auf mannigfache Weise verwirklicht werden kann) beschreiben könnte. -

Die *Vorschrift*, nach der sich die rechnende Instanz bis in alle Einzelheiten richtet, muss jedenfalls als eine Art *endlicher Text* jeweils vorgegeben werden; welche Angaben ein derartiger Text enthält, kann sinnvoll erst am Schluss dieser Analyse ausgeführt werden. Weiter soll zunächst davon ausgegangen werden, dass - im Falle des menschlichen Rechners - auf einem Blatt Papier gearbeitet wird, das der Übersichtlichkeit halber - wie in einem entsprechenden Schulheft - in Kästchen eingeteilt ist. Wenn das vorhandene Blatt Papier für die gerade auszuführende Rechnung nicht ausreicht, kann es - etwa durch Ankleben von weiteren Blättern - auf den erforderlichen Umfang vergrößert werden; deshalb kann einfachheitshalber von vornherein angenommen werden, dass als Speichermedium eine - nach allen Seiten unbegrenzte - euklidische Ebene dient, welche auf die besagte Weise in *Felder* eingeteilt ist.

In jedem betrachteten Moment einer Rechnung können diese Felder jeweils genau ein *Zeichen* aus einem vorgegebenen *Alphabet* aufnehmen. Nun lassen sich mathematisch zwar ohne weiteres auch aus unendlich vielen Zeichen mit beschränkter Größe bestehende Alphabete realisieren; bei derartigen Alphabeten ist aber die sichere Unterscheidung verschiedener Zeichen voneinander nicht zu gewährleisten. Deshalb kann weiter vorausgesetzt werden, dass es sich immer um ein *endliches* Alphabet handelt. Sinnvollerweise ist dieses natürlich *nichtleer*. Bei den Schritten eines Algorithmus können die die in den einzelnen Feldern befindlichen Zeichen unverändert bleiben, gegen andere Zeichen ausgetauscht oder auch gelöscht werden (ebenso können unbeschriftete Felder mit Zeichen versehen werden). Eine Vereinfachung der hier benötigten Sprechweise lässt sich nun dadurch erzielen, dass neben den "eigentlichen" Zeichen des Alphabets noch als "uneigentliches" das *Leerzeichen* eingeführt wird; dann lässt sich jede der fraglichen Überführungen einheitlich als Ersetzung eines Zeichens durch ein anderes (nicht notwendig vom ursprünglichen verschiedenes) beschreiben. In den meisten Belangen unterscheidet sich das Leerzeichen nicht von den "richtigen" Zeichen; jedoch muss immer vorausgesetzt werden, dass zu Beginn einer algorithmischen Rechnung (d.h. nach 0 Schritten) höchstens endlich viele Felder mit einem eigentlichen Zeichen beschriftet sind. (Aufgrund der oben vorgenommenen Idealisierung des Rechenblatts zu einer euklidischen Ebene sind ja unendlich viele Felder vorhanden.) Von selbst versteht sich die Voraussetzung, dass die rechnende Instanz imstande ist, die einzelnen verwendeten Zeichen zu erkennen und voneinander zu unterscheiden.

Was in dem jeweils auszuführenden algorithmischen Schritt zu tun ist, wird im Allgemeinen auch davon abhängen, welche Beschriftung das Rechenblatt aufweist. Der Umfang dieser Beschriftung braucht natürlich nicht beschränkt zu sein. Deshalb wäre es unrealistisch anzunehmen, dass - bei einem einzelnen Schritt - jeweils die gesamte Beschriftung "gelesen" wird. Vielmehr wird immer nur ein *beschränkt* großer Bereich des Rechenblatts auf einmal erfasst werden können; dieser soll hier als "beobachteter Bereich" bezeichnet werden. Formal kann der beobachtete Bereich offenbar auch beliebig größer vorgestellt werden; unterscheiden sich dann zwei Beschriftungen eines beobachteten Bereichs lediglich in dem formal hinzugefügten Teil, so kann dieser Unterschied bei dem anstehenden Schritt nicht zu verschiedenen Aktionen führen.

Eine solche Aktion kann in einer Veränderung der auf dem Rechenblatt befindlichen Beschriftung bestehen. Aber auch hier kann auf einmal immer nur die Beschriftung eines beschränkten Bereichs verändert werden; dieser soll hier "bearbeiteter Bereich" genannt werden. Auch der bearbeitete Bereich lässt sich formal beliebig vergrößern; in dem hinzugekommenen Teil wird dann bei dem auszuführenden Schritt nichts verändert. Man darf also zunächst annehmen, dass der beobachtete und der bearbeitete Bereich die gleiche Gestalt haben, etwa die eines aus vielen Feldern gebildeten "großen" Quadrats. Damit brauchen beide Bereiche aber noch nicht zusammenzufallen.

Nun muss es auch möglich sein, den beobachteten bzw. den bearbeiteten Bereich zu verlagern; bei einem einzelnen Schritt wird es sich dabei immer um ein beschränkt großes Stück handeln. Zunächst ist sogar damit zu rechnen, dass in dem fraglichen Schritt vier Tätigkeiten ausgeführt werden sollen, nämlich das Lesen und das Verlagern des beobachteten Bereichs sowie das Verändern und das Verlagern des bearbeiteten Bereichs. Es ist aber klar, dass sich ein derart komplexer Schritt in nacheinander auszuführende Teilschritte auflösen lässt, die nur noch jeweils eine der genannten Tätigkeiten ausführen. Man muss hierbei allerdings beachten, dass dann in der Vorschrift für den betrachteten Algorithmus der auf den fraglichen Schritt bezogene Teil entsprechend abzuändern ist; dies wirft aber ersichtlich keine Probleme auf.

Weiter kann angenommen werden, dass der beobachtete Bereich immer mit dem bearbeiteten zusammenfällt: Zunächst werden beide am Anfang der "Rechnung" so zueinander liegen, dass der Weg von einem zum anderen beschrieben werden kann. Damit ist offenbar möglich, einen der beiden Bereiche entlang eines wohlbestimmten Weges so zu verschieben, dass er sich mit dem anderen deckt; desgleichen kann er auch wieder an seinen ursprünglichen Ort zurückverlegt werden. Dabei lassen sich die Verlegungen offenbar so in endlich viele Einzelschritte zerlegen, dass der fragliche Bereich sich bei jedem Schritt parallel zu einer der Koordinatenachsen um die Breite *eines* Feldes verlegt wird. Es ist klar, dass dies auch auf jede andere Verlagerung eines ausgezeichneten Bereichs zutrifft.

Zunächst nur für den ersten Schritt ist damit die Unterscheidung zwischen beobachtetem und bearbeitetem Bereich unnötig: Man kann ja stattdessen den - jetzt zweckmäßig etwa als "Arbeitsbereich" bezeichneten - ursprünglichen beobachteten Bereich durch eine Folge von "kleinen" Schritten zunächst an den Ort des ursprünglichen bearbeiteten Bereichs verlegen, dann dort die vorgeschriebenen Änderungen der Beschriftung vornehmen und anschließend den Arbeitsbereich wieder an seinen ursprünglichen Platz bringen. (Etwaige im ursprünglichen ersten Schritt vorgeschriebene Verlegungen der beiden Bereiche sind danach zunächst noch wie bisher auszuführen.) Dabei ist klar, dass auch die für den ersten Schritt maßgebliche Anweisung entsprechend abgeändert werden kann.

Auf die nachfolgenden Schritte des Algorithmus lässt sich die gerade angestellte Überlegung nicht ohne weiteres anwenden, weil die Lage der beiden Bereiche sich im Verlauf der Rechnung auf unüberschaubare Weise verändern kann. Falls einem nichts Besseres einfällt, kann man dieser Schwierigkeit etwa auf folgende Weise begegnen: Man verdoppelt die Zeichen des verwendeten Alphabets (einschließlich des Leerzeichens), indem man zu der ursprünglichen, etwa als "schwarz" bezeichneten Version jeweils noch eine "rote" Ausgabe hinzufügt. Die roten Zeichen werden dazu benutzt, einen geeigneten Weg zwischen dem beobachteten und dem bearbeiteten Bereich zu markieren (etwa zwischen den beiden "linken unteren" Ecken der ja als gleich große Quadrate vorgestellten Bereiche); in allen übrigen Belangen soll es auf die "Farbe" eines Zeichens nicht ankommen. Offenbar lässt sich nun die vorhin angestellte Überlegung auf die jetzt betrachtete Situation übertragen; anstatt bei der Verlegung des Arbeitsbereichs einen fest vorgeschriebenen Weg abzuschreiten, muss man jetzt dem rot markierten Weg folgen.

Es bleibt noch festzuhalten, wie in dem ursprünglich betrachteten Algorithmus vorgeschriebene Verlagerungen des beobachteten und des bearbeiteten Bereichs jetzt zu behandeln sind: An dem fraglichen Ende des rot markierten Weges müssen nach Maßgabe des auszuführenden Schritts gewisse - jedenfalls beschränkt viele - Zeichenvorkommen nur ihre Farbe wechseln. Dabei erscheint evident, dass sich die Anweisungen für die einzelnen Schritte des ursprünglichen Algorithmus jeweils der neuen Situation entsprechend abändern lassen.

Man hat jetzt erreicht, dass die ursprünglich der Allgemeinheit zuliebe vorgenommene Unterscheidung zwischen einem beobachteten und einem bearbeiteten Bereich fallengelassen werden kann; zu betrachten braucht man nur noch einen einheitlichen Arbeitsbereich, der - je nachdem - "beobachtet", "bearbeitet" oder verlegt werden muss.

Es ist zweckmäßig, die Arbeitsweise des ursprünglichen Algorithmus der des abgeänderten gegenüberzustellen: Beide Algorithmen sollen auf "dieselbe" Anfangssituation angesetzt werden. Für die ursprüngliche Variante ist dann eine (endliche) Beschriftung gegeben, und ein beobachteter sowie ein zu bearbeitender Bereich sind ausgezeichnet. In der Verfahrensvorschrift steht eine bestimmte Teilanweisung zur Ausführung an. - Für die abgeänderte Version ist die "gleiche" Beschriftung vorgegeben und als Arbeitsbereich etwa der beobachtete Bereich des ersten Falles; auf die Lage des zu bearbeitenden Bereichs kann aus dem rot markierten Weg geschlossen werden (falls dieser Weg nicht für den Anfang der Rechnung auf andere Weise "einprogrammiert" ist). Zur Ausführung steht derjenige Teil der Verfahrensvorschrift an, welcher durch "Übersetzung" auf die abgeänderten Verhältnisse der ersten auszuführenden Teilanweisung der ursprünglichen Version entstanden ist, beginnend mit der ersten Teilanweisung der fraglichen Übersetzung.

Im ursprünglichen Fall liegt nach Ausführung des ersten Schritts eine (echt oder unecht) veränderte Beschriftung vor, und auch die Lage des beobachteten sowie des bearbeiteten Bereichs hat sich (echt oder unecht) geändert; außerdem steht fest, welche Teilanweisung als nächste ausgeführt werden soll (falls die Rechnung nicht schon abbricht). Im zweiten Fall wird die beschriebene Wirkung "im Allgemeinen" nicht durch einen einzigen Schritt erzielt; die Übersetzung der einzelnen Anweisungen der für den ursprünglichen Algorithmus gültigen Vorschrift soll aber gerade so vorgenommen worden sein, dass jedenfalls nach endlich vielen Schritten die - bis auf Färbung - gleiche Beschriftung vorliegt wie im ersten Fall, der dort neue beobachtete Bereich jetzt neuer Arbeitsbereich ist und der im ersten Fall neue zu bearbeitende Bereich wieder mithilfe des rot markierten Weges aufgefunden werden kann. Darüber hinaus soll die Übersetzung der Verfahrensvorschrift ja gerade so erfolgt sein, dass jetzt als Nächstes derjenige Teil der durch Übersetzung entstandenen Vorschrift ausgeführt werden soll, in den die im ersten Fall als nächste auszuführende Einzelanweisung übersetzt worden ist.

Auf die entsprechende Weise wird auch ggf. der im ersten Fall nächste Schritt im zweiten Fall durch eine endliche Folge von Einzelschritten "simuliert", usw. In beiden Fällen wird die Rechnung durch eine (abbrechende oder unendliche) Folge von Situationen der beschriebenen Art wiedergegeben; dabei enthält die Folge für den zweiten Fall eine Teilfolge, deren Situationen denen aus der Folge für den ersten Fall auf die oben beschriebene Weise genau entsprechen. Offenbar bricht die erste Folge genau dann ab, wenn dies auch auf die zweite zutrifft, und ggf. ist in beiden Fällen die am Ende der Rechnung vorliegende Beschriftung (die ja das "Ergebnis" der Rechnung darstellen wird) "dieselbe".

Damit lässt sich also jeder Algorithmus der zuerst betrachteten, "allgemeinen" Art simulieren durch einen solchen, auf den die vereinfachenden Voraussetzungen für die zweite Spielart zutreffen. Sofern es darum geht, was Algorithmen grundsätzlich leisten können und was nicht, darf also immer ohne Beschränkung der Allgemeinheit vorausgesetzt werden, dass die betrachteten Algorithmen von der zuletzt besprochenen Art sind.

Die ohne Verlust an Allgemeinheit voraussetzbaren Eigenschaften lassen sich noch weiter vereinfachen: Bisher wird angenommen, dass die Beschriftung des jeweiligen Arbeitsbereichs immer auf einmal erfasst wird und der weitere Ablauf sich aufgrund einer entsprechenden Fallunterscheidung ergibt. Stattdessen kann man aber ebenso gut den Arbeitsbereich nach einem feststehenden Schema *feldweise* durchmustern und die erforderliche Verzweigung schrittweise aufbauen; man braucht dazu jeweils nur eine - diesmal sogar feste - Anzahl von Zwischenschritten einzufügen. Desgleichen lässt sich auch die Beschriftung des Arbeitsbereichs jeweils nacheinander feldweise statt in einem einzigen Durchgang verändern. Wird jetzt noch vereinbart, dass zu Beginn und am Ende einer derartigen Bearbeitung des Arbeitsbereichs immer etwa dessen Feld ganz "links unten" ausgezeichnet sein soll, so lässt sich dieser Bereich jeweils aus der Lage des ausgezeichneten Feldes rekonstruieren, und man darf deshalb schließlich o.B.d.A. voraussetzen, dass für die betrachteten Algorithmen bei jedem Schritt lediglich ein aus einem einzigen "Arbeitsfeld" bestehender Arbeitsbereich ausgezeichnet ist.

Jetzt lässt sich auch Genaueres über die bislang noch etwas im Dunkel gebliebenen Verfahrensvorschriften (die man "Programme" nennen könnte) aussagen. Für entsprechend den obigen Überlegungen normierte Algorithmen müssen sie aus endlich vielen Teilstücken der folgenden Art bestehen: Jedes derartige Stück schreibt für jede mögliche Beschriftung des Arbeitsfeldes vor, was mit diesem im anstehenden Schritt zu geschehen hat. Vorgeschrieben werden kann die Ersetzung des gelesenen Zeichens durch ein anderes (nicht notwendig von ersterem verschiedenes) oder aber die Verlegung des Arbeitsfeldes in ein Nachbarfeld (welches etwa o.B.d.A. mit einer Kante an das gegenwärtige Arbeitsfeld grenzen soll). Außerdem muss jeweils noch angegeben werden, welches der fraglichen Teilstücke des Programms den nächstfolgenden Schritt bestimmt, falls der Algorithmus nicht abbrechen soll. Schließlich muss noch festgelegt werden, welches Teilstück den ersten Schritt vorschreiben soll.

Durch die obige Erörterung wird die Überzeugung massiv gestützt, dass jeder Algorithmus im intuitiven Sinne durch einen solchen in der zuletzt erreichten normierten Form nachgebildet werden kann. Man muss sich jedoch noch mit zwei denkbaren Einwänden gegen diese These auseinandersetzen:

Zunächst könnte man auf den Gedanken kommen, dass die Leistungsfähigkeit der betrachteten Algorithmen von der Dimension des bearbeiteten Speichenmediums abhängt. Man müsste dann beispielsweise damit rechnen, dass man auch grundsätzlich noch leistungsfähigere Algorithmen erhalten würde, wenn die zu bearbeitende Information nicht auf einem zweidimensionalen Rechenblatt dargestellt werden müsste, sondern man dazu ein dreidimensionales "Rechengerüst" verwenden dürfte, in dessen Zellen jeweils genau eins der zulässigen Zeichen repräsentiert werden könnte. Nun sind in der Mathematik algorithmische Verfahren wohlbekannt, mittels derer die ganzzahligen Koordinaten einer beliebigen endlichen Dimension bijektiv den ganzen Zahlen zugeordnet werden. Damit verfügt man zugleich über derartige Verfahren, welche die ganzzahligen Koordinaten irgendeiner positiven endlichen Dimension auf die irgendeiner anderen umkehrbar eindeutig abbilden. (Da Verfahren dieser Art in der hier behandelten Theorie eine wichtige Rolle spielen, werden im Verlauf der bevorstehenden Darlegungen Beispiele dafür noch genügend vorgeführt, und es mag an dieser Stelle bei der obigen Andeutung bleiben.) Es ist deshalb möglich, analog gebildete endliche "Beschriftungen" eines Speichergitters von höherer Dimension mithilfe von endlichen Beschriftungen der bisher betrachteten Art in der zweidimensionalen Ebene wenigstens zu beschreiben. Anstelle eines algorithmisch vorgeschriebenen Übergangs von einer Situation zur nächsten in dem höherdimensionalen Speichermedium wird man dann den Übergang zwischen den zugehörigen zweidimensionalen Beschreibungen gleichfalls auf algorithmische Weise vollziehen können. Damit ist der Rückgriff auf eine höhere Dimension nicht erforderlich. - Bei konkreter Vorgabe einer der vorhin erwähnten "Kodierungen" der ganzzahligen Punkte einer endlichen Dimension durch die einer anderen ließe sich die Übersetzung eines Algorithmus in einen "gleichartigen", der aber in einer anderen Dimension arbeitet, genau schildern, wenn auch natürlich nur mit einigem Aufwand. Darauf soll hier jedoch verzichtet werden, u.a. deswegen, weil sich im Licht des Beweisgedankens zu einem später vorgeführten wichtigen Satz (dem sog. *Normalformentheorem von KLEENE*) unter sehr allgemeinen Aspekten "verstehen" lässt, wieso gewisse Normierungsfragen das grundsätzliche Leistungsvermögen von Algorithmen nicht berühren.

Der zweite denkbare Einwand betrifft die mit der Einteilung in Felder zugleich vorgegebene einheitliche Schrittweite für Bewegungen auf dem Rechenblatt. Man könnte auf die Vorgabe einer festen Einteilung verzichten und stattdessen dem Rechner eine Reihe von - nach Richtung und Länge - verschiedenen Schrittweiten zur Verfügung stellen, deren Anwendung durch das "Programm" geregelt werden müsste. Hier erkennt man zunächst, dass einem Programm jedenfalls nur endlich viele verschiedene Schrittweiten unmittelbar vorgegeben werden können und dass man aufgrund der Zerlegbarkeit eines Schritts in Richtungsanteile immer schon mit "koordinatenparallelen" Schritten auskommt. Wenn nun die verfügbaren Schrittlängen rationale Vielfache voneinander sind, kann man zu einem einheitlichen gemeinsamen Teiler der Längen übergehen, und man erhält wieder eine - gewissermaßen u.U. sehr "feine" - Einteilung der Ebene in quadratische Felder. Dies ist aber nicht in jedem Fall möglich, da es ja auch (sog. inkommensurable) Längen gibt, die nicht gemeinsam ganzzahlige Vielfache einer geeigneten kleinen Einheit sind. Für solche Fälle kann man sich jedoch wieder klarmachen, dass man den Algorithmus des vorgestellten neuen Typs wird übersetzen können in einen solchen vom bisher betrachteten Typ: Während ersterer die von ihm jeweils erzeugte Folge von Situationen gewissermaßen unmittelbar berechnet, erzeugt letzterer die Folge von deren Beschreibungen, welche ihrerseits in der ursprünglich vorgestellten, in Felder eingeteilten Ebene gegeben werden. Auch dieser Gedanke ließe sich noch ausführlicher begründen; aus den vorhin genannten Gründen soll dies hier jedoch gleichfalls unterbleiben. -

Die oben zur Dimensionsfrage angestellten Überlegungen ermöglichen eine weitere Vereinfachung der Normierungen für Algorithmen: Statt auf einem zweidimensionalen Datenträger kann offenbar ebenso gut auf einem *eindimensionalen* gerechnet werden. Dieser kann dann als sog. *Turing-Band* aus gleichartigen Feldern vorgestellt werden; diese sind gemäß dem *Ordnungstyp der ganzen Zahlen* aneinander gereiht, d.h. das Band ist nach beiden Seiten unbegrenzt, aber zwischen je zwei seiner (insgesamt unendlich vielen) Felder liegen höchstens endlich viele. -

Die angestellten Überlegungen haben somit ergeben, *dass man sich auf die Untersuchung von sehr einfachen Normbedingungen genügenden Algorithmen beschränken kann*, insofern es nur um die grundsätzlichen Möglichkeiten und Grenzen des Algorithmischen geht und nicht um andere Fragestellungen wie "Effizienz" oder dergleichen. Die fraglichen Normbedingungen sollen hier noch einmal zusammenfassend beschrieben werden: Als Datenträger dient ein nach dem Ordnungstyp der ganzen Zahlen in Felder eingeteiltes *Rechenband*. Jede algorithmische Rechnung erfolgt als abbrechende oder unendliche Folge von Schritten und lässt sich beschreiben als ebensolche Folge der dabei durchlaufenen Stadien. In jedem derartigen Stadium befindet sich in jedem Feld genau ein Zeichen aus einem mit dem jeweiligen Algorithmus fest verbundenen endlichen Alphabet; zu den benutzten Zeichen muss dabei auch das Leerzeichen gerechnet werden. In jedem Stadium ist genau eins der Felder des Bandes als sog. *Arbeitsfeld* ausgezeichnet. Bei jedem Schritt einer Rechnung wird das auf dem Arbeitsfeld befindliche Zeichen gelesen und in Abhängigkeit von dem Befund das Zeichen auf dem Arbeitsfeld durch ein anderes ersetzt oder aber das Arbeitsfeld in das "linke" oder in das "rechte" Nachbarfeld verlegt; stattdessen kann die Rechnung auch abgebrochen werden. Die Rechnung erfolgt jeweils nach einer mit dem Algorithmus fest verbundenen *Vorschrift* (mit welcher der Algorithmus identifiziert werden kann), die aus endlich vielen *Anweisungen* der folgenden Art zusammengesetzt ist: Jede Anweisung enthält zu jedem möglicherweise auf dem Arbeitsfeld befindlichen Zeichen zunächst die Angabe, durch welches Zeichen das gerade vorliegende ersetzt bzw. nach welcher Seite das Arbeitsfeld verlegt bzw. dass die Rechnung abgebrochen werden soll. In jedem Stadium ist genau eine dieser Anweisungen als für den gerade auszuführenden Schritt maßgeblich ausgezeichnet; damit die Rechnung strikt nach Vorschrift weitergehen kann, muss jede Anweisung in Abhängigkeit von dem fraglichen Zeichen noch vorschreiben (außer im Falle eines Abbruchs), welche einzelne Anweisung über den nachfolgenden Schritt entscheidet. Eine bestimmte unter den vorhandenen Anweisungen muss für den ersten Schritt der möglichen Anwendungen maßgebend sein. Schließlich muss realistisch noch vorausgesetzt werden, dass beim Beginn einer Rechnung immer nur höchstens endlich viele Felder mit einem "echten" Zeichen des Alphabets beschriftet sind, d.h. dass "fast alle" Felder das Leerzeichen aufweisen. Man erkennt sofort, dass diese Eigenschaft im Verlauf einer Rechnung erhalten bleibt, wenn auch die Anzahl der (mit einem "eigentlichen" Zeichen) *beschrifteten* Felder u.U. unbeschränkt wächst.

Eine weitere Vereinfachungsmöglichkeit soll hier angesprochen werden: Zur Ausführung von beliebigen algorithmischen Rechnungen kommt man sogar mit einem Alphabet aus, das nur ein einziges (eigentliches) Zeichen - etwa einen "Strich" - enthält, da man ja immer die Zeichen eines beliebig großen endlichen Alphabets durch Strichfolgen kodieren kann. Im Folgenden wird aber nicht durchweg von dieser Möglichkeit Gebrauch gemacht. -

Bei den vorangegangenen Überlegungen ist die - nichtmathematische - Frage unberücksichtigt geblieben, wie ein Benutzer mit den stark normierten Algorithmen umzugehen hätte. Man muss sich klarmachen, dass es hier nicht darum geht, ein Programmiersystem für möglichst umfangreiche Anwendungsbereiche zu entwickeln; vielmehr geht es um die Entwicklung eines solchen Systems, welches theoretische Untersuchungen möglichst erleichtert. Dem für Anwendungen wichtigen Begriff der *Benutzerfreundlichkeit* muss sozusagen mit dem Blick auf Theorie der Begriff der *"Betrachterfreundlichkeit"* an die Seite gestellt werden. Beide Eigenschaften sind zueinander komplementär: In aller Regel sind benutzerfreundliche Systeme wegen zahlreicher redundanter Möglichkeiten für theoretische Untersuchungen sehr unbequem; im Gegensatz dazu sind betrachterfreundliche Systeme gewöhnlich minimalistisch angelegt und deshalb nur äußerst umständlich zu handhaben. Bei dem hier verfolgten Zweck kommt es auf Betrachter-, aber nicht auf Benutzerfreundlichkeit an. -

Die vorangestellte Analyse führt zu der Erklärung eines streng mathematischen Begriffs der algorithmischen Berechenbarkeit, welches nach seinem Urheber, dem bereits erwähnten ALAN M. TURING, benannt wird. Dabei steht völlig außer Frage, dass die unter diesen Begriff fallenden Algorithmen diese Bezeichnung tatsächlich verdienen, die durchgeführte Analyse stützt aber auch die Überzeugung, dass umgekehrt *jeder* Algorithmus im intuitiven Sinne auf die der mathematischen Präzisierung ensprechende Form gebracht werden kann. Dies ist eine spezielle Variante der bereits in der Einleitung erwähnten *These von CHURCH* und wird auch als *These von TURING* bezeichnet.

TURING hat den nachfolgend eingeführten Begriff (von technischen Einzelheiten abgesehen) in den Dreißigerjahren des 20. Jahrhunderts entwickelt, also bereits vor Entstehung des Computerwesens und der Informatik. Wäre die zeitliche Reihenfolge umgekehrt gewesen, würde man die zu diesem Begriff gehörigen Algorithmen heute vermutlich etwa *Turingprogramme* nennen. TURING selbst hat sie aber als *Maschinen* bezeichnet, und diese Sprechweise hat sich als bevorzugte bis heute erhalten. Den Informatikern ist geläufig, dass Algorithmen sich sowohl durch *Programme* auf den deshalb so genannten *Universalrechnern* realisieren lassen als auch durch speziell entworfene *Schaltungen*. Im Hinblick auf die mathematisch erfassbare Struktur der hier zu untersuchenden Verhältnisse besteht daher zwischen beiden Sprechweisen kein wesentlicher Unterschied, und deshalb will ich mich auf keine von beiden bindend festlegen. -

Bei der obigen Schilderung der Arbeitsweise von Algorithmen wurden in einer nahezu physikalistischen Sprechweise raumzeitliche Vorgänge beschrieben. Diese weisen neben anderen auch solche Merkmale auf, die für die hier zu untersuchenden Strukturen unwesentlich oder sogar eher störend sind. Beispielsweise kommt es hier auf die Kontinuitätseigenschaften des Rechenbandes nicht an, sondern nur darauf, dass die Felder entsprechend dem Ordnungstyp der ganzen Zahlen zueinander liegen; ebenso spielt die Zeitdauer der einzelnen Rechenschritte keine Rolle, sondern nur der Umstand, dass die Schritte einer Rechnung jeweils nach dem Muster eines (echten oder unechten) Anfangsstücks der natürlichen Zahlen geordnet sind. Man steht somit vor der Aufgabe, ein *mathematisches Modell* für die bei der Analyse vorgefundenen Verhältnisse anzugeben, in das möglichst wenige nicht benötigte Begriffsbildungen und Sachverhalte eingehen:

Das *Rechenband* lässt sich am einfachsten durch die ganzen Zahlen (mitsamt ihrer natürlichen Ordnung) modellieren. Da aber in der hier behandelten Theorie der *Verschlüsselung durch natürliche Zahlen* eine große methodische Bedeutung zukommt, soll das Band stattdessen durch die *auf folgende Weise geordneten natürlichen Zahlen* wiedergegeben werden:

$$\ldots\ 7\ 5\ 3\ 1\ 0\ 2\ 4\ 6\ 8\ \ldots$$

Wird die hierdurch gegebene Relation "vor" bzw. "links von" mit $\angle$ bezeichnet, so kann man also definieren:

$$x \angle y \Leftrightarrow_{\mathrm{Df}} (x \equiv 0(2) \wedge y \equiv 0(2) \wedge x < y)$$
$$\vee\ (x \equiv 1(2) \wedge y \equiv 0(2))$$
$$\vee\ (x \equiv 1(2) \wedge y \equiv 1(2) \wedge x > y)$$

Man bestätigt dann leicht, dass hierdurch in der Tat eine *strikte totale Ordnung* erklärt wird, welche zum Ordnungstyp der ganzen Zahlen *isomorph* ist; ein (bijektiver) *Ordnungsisomorphismus* $\varphi \mid \mathbf{N} \to \mathbf{Z}$ wird dabei definiert durch:

$$\varphi(x) =_{\mathrm{Df}} \begin{cases} x/2 & \text{für } x \equiv 0(2) \\ \\ -(x+1)/2 & \text{sonst} \end{cases}$$

Das jeweils zugrunde gelegte *Alphabet* α soll aus den *eigentlichen Zeichen* a_1, a_2, ..., a_N bestehen; mit α_0 wird dann das durch das *Leerzeichen* a_0 erweiterte Alphabet bezeichnet. Die durch die Indizierung gegebene Reihenfolge der Zeichen soll als *alphabetische Ordnung* dienen. Die Natur der Zeichen kann hier offen bleiben; bei Bedarf können sie - zweckmäßig in alphabetischer Reihenfolge - durch natürliche Zahlen kodiert werden. (Dann muss allerdings aus den übrigen Umständen hervorgehen, ob eine natürliche Zahl als Feld des Bandes, als Zeichen oder mit einer noch anderen Bedeutung auftritt.)

Bandinschriften können jetzt als Abbildungen $B \mid \mathbf{N} \to \alpha_0$ dargestellt werden; damit eine Inschrift *zulässig* ist, muss dann noch gefordert werden, dass für höchstens endlich viele Felder $x \in \mathbf{N}$ gilt: $B(x) \in \alpha$

Die Verfahrensvorschriften lassen sich etwa auf folgende Weise darstellen: Zur *Adressierung* der einzelnen Anweisungen werden geeignete Marken benutzt; auch hier kann einfachheitshalber angenommen werden, dass dazu natürliche Zahlen verwendet werden. (Da ja ein abstraktes Strukturmodell beschrieben werden soll, braucht man hierbei nicht zu berücksichtigen, dass tatsächlich nur *Zahldarstellungen* und nicht die Zahlen selbst hingeschrieben werden können.) Im Hinblick auf spätere Überlegungen rein technischer Art sollen die einzelnen Anweisungen die Form von vierspaltigen und $(N+1)$-zeiligen *Matrizen* erhalten, wobei N die Anzahl der eigentlichen Zeichen des benutzten Alphabets α ist:

$$c \;\; a_0 \;\; t_0 \;\; c_0$$
$$\cdots\cdots\cdots\cdots$$
$$c \;\; a_N \;\; t_N \;\; c_N$$

Hierbei ist c die Markierung der Anweisung, a_0, ..., a_N sind die Zeichen des um das Leerzeichen a_0 erweiterten Alphabets α_0 in alphabetischer Reihenfolge, t_0, ..., $t_N \in \alpha_0 \cup \{l, r, s\} = \{a_0, ..., a_N, l, r, s\}$, und c_0, ..., c_N sind Marken von *vorhandenen* Anweisungen. Die Ausführung eines Rechenschritts nach einer derartigen Anweisung hat man sich so vorzustellen: Befindet sich auf dem Arbeitsfeld das Zeichen a_i und steht in der - gemäß des an zweiter Stelle befindlichen Eintrags - zu a_i gehörigen Zeile von c an dritter Stelle a_k, so ist a_i auf dem Arbeitsfeld durch a_k zu ersetzen. Steht dort l bzw. r, so ist das Arbeitsfeld in das linke bzw. rechte Nachbarfeld zu verlegen, und bei s ist die Rechnung abzubrechen. Schließlich ist c_i jeweils die Marke der für den nächsten Schritt maßgeblichen Anweisung. (Für $t_i = s$ ist c_i bedeutungslos, soll aber aus formalen Gründen gleichwohl hingeschrieben werden.)

Damit die vorgestellte Arbeitsweise funktionieren kann, muss vorausgesetzt werden, dass die "Anschlussadressen" c_i immer auf *vorhandene* Anweisungen verweisen und dass andererseits keine zwei (verschiedenen) Anweisungen mit demselben c markiert sind. Außerdem muss genau eine der vorhandenen Anweisungen als jeweils *maßgeblich für den ersten Schritt* einer Rechnung ausgezeichnet sein.

Die (jeweils endlich vielen) vorhandenen einzelnen Anweisungen sollen dann in irgendeiner Reihenfolge untereinander geschrieben werden; dabei soll die den Anfang einer Rechnung bestimmende Anweisung *an oberster Stelle* erscheinen. Die Rechenvorschriften haben damit immer die Form einer vierspaltigen Matrix mit einem positiven Vielfachen des fraglichen $N+1$ als Anzahl der Zeilen. Man bezeichnet diese Matrizen auch als *Tafeln von Turingmaschinen* oder aber einfach als *Turingmaschinen (über dem fraglichen Alphabet α)*. Bei Bevorzugung einer anderen Betrachtungsweise könnte man stattdessen ebenso gut von *Turingprogrammen* sprechen Der Maschinenvorstellung entsprechend werden die eben besprochenen einzelnen Anweisungen als *Zustände* der fraglichen Turingmaschine bezeichnet. - Noch nicht vorausgesetzt werden soll, dass die Zustände einer Turingmaschine immer nach einem feststehenden Muster nummeriert sind, auch nicht dass der *Anfangszustand* jeweils etwa die kleinste Nummer erhält. Ist *M* die Bezeichnung einer Turingmaschine, so soll deren Anfangszustand mit C_M bezeichnet werden.

Zu Beginn einer Rechnung durch eine Turingmaschine ist jeweils eine *zulässige Bandinschrift* gegeben, und die Maschine wird auf irgendein erstes Arbeitsfeld "angesetzt"; dabei befindet sie sich in ihrem Anfangszustand. Wie die einzelnen Schritte der Rechnung dann verlaufen, ergibt sich aus der obigen Beschreibung; offenbar ist der weitere Ablauf stets durch die drei Größen *Arbeitsfeld A, Bandinschrift B* und *Maschinenzustand C* determiniert. Man bezeichnet daher jedes geordnete Tripel (A, B, C) als *Konfiguration*, und jede durch eine Maschine *M* ausgeführte Rechnung ist darstellbar als (abbrechende oder unendliche) Folge von Konfigurationen $K_n = (A_n, B_n, C_n)$; dabei gilt $C_0 = C_M$ für die *Anfangskonfiguration K_0*, und wenigstens die vorgegebene Inschrift B_0 ist zulässig. Eigenschaften sämtlicher Konfigurationen K_n einer Rechnung müssen in der Regel durch *Induktion über den Schrittindex n* bewiesen werden; dieser gibt jeweils an, wie viele Schritte bereits ausgeführt worden sind. So ergibt sich offenbar, dass *jede* im Verlauf einer Rechnung auftretende Bandinschrift B_n zulässig ist.

Bricht eine Rechnung ab, so ist die zugehörige *Konfigurationenfolge* endlich (sonst unendlich). Die letzte Konfiguration ist dann eine sog. *Endkonfiguration*. Das Vorliegen einer Endkonfiguration (A, B, C) lässt sich folgendermaßen kennzeichnen: Setzt man das Arbeitsfeld $A \in \mathbf{N}$ in die Bandinschrift $B \mid \mathbf{N} \to \alpha_0$ ein, so erhält man das auf dem Arbeitsfeld befindliche Zeichen $B(A) \in \alpha_0$. Dieses bestimmt in dem Zustand C die sog. *Konfigurationszeile*, und die vorliegende Konfiguration ist genau dann eine Endkonfiguration, wenn in der Konfigurationszeile an dritter Stelle das *Stoppzeichen* s steht. Statt eine abbrechende Rechnung durch eine endliche Konfigurationenfolge wiederzugeben, kann man deshalb die Folge auch durch ständiges Wiederholen der erreichten Endkonfiguration formal ins Unendliche verlängern; auch einer derartigen Folge lässt sich entnehmen, dass und nach wievielen Schritten die dargestellte Rechnung *terminiert*. Dass sich dann jede Rechnung durch eine zumindest formal unendliche Konfigurationenfolge $(K_n)_{n \in \mathbb{N}}$ darstellen lässt, wird sich später noch als bequem erweisen.

Definition 1: Die Konfigurationenfolgen einer gegebenen Turingmaschine M lassen sich jetzt durch Induktion über den Schrittindex so kennzeichnen:

1) In jeder Anfangskonfiguration $K_0 = (A_0, B_0, C_0)$ ist $C_0 = C_M$; A_0 und (zulässiges) B_0 können frei gewählt werden.

2) Sei $c\ a_k\ t_k\ c_k$ die Konfigurationszeile von $K_n = (A_n, B_n, C_n)$; dann ist $K_{n+1} = (A_{n+1}, B_{n+1}, C_{n+1})$ mit:

$$C_{n+1} =_{\mathrm{Df}} \begin{cases} \text{der durch } c_k \text{ bezeichnete Zustand von } M \text{ für } t_k \neq s \\[2mm] C_n \quad \text{sonst} \end{cases}$$

$$B_{n+1}(x) =_{\mathrm{Df}} \begin{cases} t_k \quad \text{für } x = A_n \wedge t_k \in \alpha_0 = \{a_0, ..., a_N\} \\[2mm] B_n(x) \quad \text{sonst} \end{cases}$$

$$A_{n+1} =_{\mathrm{Df}} \begin{cases} A_n+2 & \text{für } t_k = l \wedge A_n \equiv 1(2) \\ 1 & \text{für } t_k = l \wedge A_n = 0 \\ A_n-2 & \text{für } t_k = l \wedge A_n \equiv 0(2) \wedge A_n \neq 0 \\ A_n-2 & \text{für } t_k = r \wedge A_n \equiv 1(2) \wedge A_n \neq 1 \\ 0 & \text{für } t_k = r \wedge A_n = 1 \\ A_n+2 & \text{für } t_k = r \wedge A_n \equiv 0(2) \\ A_n & \text{sonst} \end{cases}$$

In Bezug auf das mathematische Modell wird die in der vorausgegangenen Schilderung bereits vorweggenommene Bedeutung der $t_k \in \{a_0, ..., a_N, l, r, s\}$ erst hierdurch festgelegt.

Die Definition eines abstrakten Modells für algorithmische Vorgänge ist damit abgeschlossen. Ungeachtet der Abstraktheit der dabei verwendeten Größen ist es zweckmäßig, sich heuristisch auch weiterhin die hinter den Abstraktionen stehenden "konkreten" Dinge vorzustellen. Großer Wert wurde darauf gelegt, zugleich die Annahme zu begründen, dass jeder Algorithmus im intuitiven Sinne auf die hier schließlich erreichte Form gebracht werden kann. -

Diese Überlegung hat eine bemerkenswerte Konsequenz: Die oben gegebene Definition der Konfigurationenfolge erlaubt es offenbar, bei Kenntnis der fraglichen Maschine und der vorgegebenen Anfangskonfiguration die weiteren Konfigurationen der Folge im intuitiven Sinne algorithmisch zu berechnen. Man muss sich dazu allerdings noch klarmachen, dass neben den unproblematischen übrigen Größen auch die auftretenden Bandinschriften "endliche Darstellungen" erlauben; als Abbildung $B \mid N \to \alpha_0$ sind sie ja zunächst "unendlich große" Objekte. Da bei einer Rechnung aber immer nur zulässige Bandinschriften auftreten, genügt es, jeweils ein so großes endliches Stück des Bandes zu beschreiben, dass außerhalb nur mit dem Leerzeichen versehene Felder liegen. Es gibt also einen Algorithmus, der Folgendes leistet: Erhält er als "Eingabe" nicht nur die Darstellung einer Bandinschrift und eines Arbeitsfeldes, sondern zusätzlich die einer Turingmaschine M, so erzeugt er der Reihe nach die bei entsprechendem Ansetzen von M auftretenden Konfigurationen und bricht erst ab, falls eine Endkonfiguration erreicht wird. (Ggf. lässt sich das "Ergebnis" der Rechnung von M der dargestellten Endkonfiguration entnehmen.)

Wenn es nun zutrifft, dass jeder Algorithmus durch eine geeignete Turingmaschine nachgebildet werden kann, dann muss sich auch der gerade beschriebene so nachbilden lassen. Es gibt dann eine Turingmaschine U mit der folgenden Eigenschaft: Wird U angesetzt auf eine geeignete Darstellung des Arbeitsfeldes und einer (zulässigen) Bandinschrift sowie auf die geeignete Kodierung einer Turingmaschine M, so "errechnet" U ggf. die Darstellung der von M erreichten Endkonfiguration und bricht andernfalls nicht ab. Derartige Maschinen gibt es in der Tat; sie werden *universelle* Turingmaschinen genannt. Bemerkenswert ist dabei noch, dass offenbar auch solche Turingmaschinen auf die angedeutete Weise "simuliert" werden, können, die ein umfangreicheres Alphabet "kennen" als die benutzte universelle Maschine; allerdings müssen dazu auch die Zeichen der simulierten Maschine verschlüsselt werden.

Universelle Turingmaschinen können als theoretische Gegenstücke zu den ja auch als "Universalrechner" bezeichneten Computern betrachtet werden; auch diesen schreibt man ja aus einer Reihe von Gründen die Fähigkeit zu, jeden Algorithmus bei geeigneter Programmierung auszuführen, wenn man einmal von Kapazitätsbeschränkungen absieht. Dem Programm eines Computers entspricht die der universellen Maschine als Eingabe mitgeteilte Kodierung der zu simulierenden Turingmaschine. - Mit einigem Aufwand wäre es jetzt ohne weiteres möglich, eine universelle Turingmaschine vorzuführen; im Rahmen dieser Abhandlung soll es jedoch bei dem gegebenen Hinweis bleiben. -

Das eingeführte Algorithmusmodell weist naturgemäß eine Reihe von Zügen auf, die auf willkürlichen Festlegungen beruhen und auch mehr oder weniger stark verändert werden könnten. Tatsächlich gibt es in der Literatur zahlreiche Varianten. Einige Variationsmöglichkeiten sollen hier genannt werden: Zunächst könnte man die eizelnen Maschinenzustände etwa in der Form $c\,t_0\,\dots\,t_N\,c_0\,\dots\,c_N$ aufschreiben. Die hier benutzte redundante Darstellung wurde jedoch bevorzugt, weil sie eine später angestellte Überlegung technisch erleichtert. Weiter ließe sich das Abbrechen einer Rechnung auch dadurch erreichen, dass auf einen nicht vorhandenen Folgezustand verwiesen wird. Es ist nicht einmal durchgängig üblich, in einem Zustand - abhängig vom gerade gelesenen Zeichen - entweder eine Bearbeitung des Arbeitsfeldes oder aber dessen Verlagerung vorzuschreiben. Gelegentlich trifft man auch die Variante an, dass in einem Zustand immer sowohl eine Beschriftung als auch eine Verlegung des Arbeitsfeldes vorgenommen wird; als dritte Möglichkeit benötigt man dann die - nichts verändernde - "neutrale" Verlagerung. Die ursprüngliche Fassung von TURING war so beschaffen. Bei der hier benutzten Anschreibung von Turingmaschinen würde man für diese Version fünf- statt vierspaltige Maschinentafeln erhalten.

Schließlich soll noch eine Variante vorgestellt werden, die sich von allen hier angeführten am besten einer Reihe von weiteren in der Informatik betrachteten "Apparaten" einfügt: Bei dieser sind die Turingmaschinen geordnete Quintupel $M = (Z, A, \delta, \eta, z_0)$; dabei ist Z eine endliche und nichtleere Menge von *Zuständen*, A ein ebensolches *Alphabet*, $\delta\,|\,Z{\times}A \to Z$ eine partielle sog. *Überführungsfunktion*, $\eta\,|\,Z{\times}A \to A \cup \{l, r\}$ mit $l, r \notin A$ eine ebenfalls partielle sog. *Ausgabefunktion* mit demselben Definitionsbereich wie δ und $z_0 \in Z$ der *Anfangszustand*. Wird jetzt noch $A \cap Z = \emptyset$ angenommen, so lassen sich die Konfigurationen durch *endliche Wörter* darstellen: Diese sind (mit Ausnahme eines Zeichenvorkommens) aus den Zeichen des durch das Leerzeichen erweiterten Alphabets A gebildet und dienen zur Wiedergabe zumindest desjenigen (ja jedenfalls endlichen) Bandstücks, welches die mit eigentlichen Zeichen beschrifteten Felder sowie das Arbeitsfeld enthält; dabei kann der Zustand $z \in Z$ etwa unmittelbar hinter dem das Arbeitsfeld darstellenden Zeichenvorkommen notiert werden. Ein weiterer Vorteil dieses Ansatzes für die Informatik liegt darin, dass die Übergänge zur jeweils nächsten Konfiguration sich als Anwendungen der *Ersetzungsregeln* einer mit der fraglichen Turingmaschine fest verbundenen sog. *Grammatik* darstellen lassen. Diese Möglichkeit soll jedoch nicht weiter verfolgt werden, da der hier zugrunde gelegte Ansatz in technischer Hinsicht vorteilhaft erscheint.

Für den Aufbau der Theorie ist es ohnehin unerheblich, welche Darstellungsweise man wählt. Mitgeteilt werden soll noch, dass die hier bevorzugte Behandlung der Turingmaschinen sich stark an die Darstellung aus dem hinten angegebenen Buch von HERMES anlehnt.

Streng genommen führen unterschiedliche mathematische Modellierungen der Turingmaschinen natürlich zu *verschiedenen* Algorithmusbegriffen; diese sind aber so eng miteinander verwandt, und die Gleichartigkeit ihres Leistungsvermögens ist - mit Überlegungen der Art, wie sie bei der vorausgeschickten Analyse angestellt wurden - so unschwer erkennbar, dass man stattdessen gewöhnlich von Varianten "desselben" Algorithmusbegriffs spricht. -

Nach den in der Einleitung gefallenen Andeutungen hinsichtlich des "algorithmischen Aufwands" soll hier eine weitere folgen: Es liegt nahe, die Anzahl von Schritten einer Rechnung als eine Art Maß für die beanspruchte *Rechenzeit* anzusehen und die Anzahl der für die Darstellung der Eingabe benötigten oder im Verlauf der Rechnung aufgesuchten Felder als Maß für deren *Platzbedarf*. Damit eröffnen Turingmaschinen die Möglichkeit, auch *komplexitätstheoretische* Fragestellungen zu behandeln. Wie bereits gesagt, soll dies hier jedoch nicht erfolgen, sondern lediglich auf einen systematischen Bezug hingewiesen werden. -

Es wird aufgefallen sein, dass die in der Einleitung angesprochenen, schon "seit je" in der Mathematik aufgetretenen "Algorithmen" dem Anspruch nicht genügen, dass jede Einwirkung von Willkür, Eingebung oder Zufall ausgeschlossen ist. Beispielsweise ist bei den - ja gleichfalls "algorithmischen" - Verfahren des schriftlichen Rechnens gewöhnlich nicht vorgeschrieben, wo Überträge notiert werden sollen. Es ist aber klar, dass die Schließung derartiger Lücken nicht schwierig, sondern nur mühsam wäre, wie die Mathematiker gern sagen, und deshalb erscheint die eingebürgerte, etwas saloppe Bezeichnung gerechtfertigt. -

Infolge der Wiedergabe des Rechenbandes durch die auf bestimmte Weise geordneten natürlichen Zahlen hat das gewonnene Algorithmenmodell unversehens auch einen unerwünschten Zug angenommen: Die einzelnen Felder des Bandes sind durch ihren Zahlenwert vollständig gekennzeichnet, während eine derartige "Individualität" den Feldern des vorgestellten Turingbandes offensichtlich nicht zukommen soll. (Der Ordnungstyp der ganzen Zahlen besitzt keine *ordnungstheoretisch* ausgezeichneten Elemente.) Wenn das angegebene Modell nicht unbrauchbar sein soll, muss sichergestellt werden, dass die unbeabsichtigte Individualität der Bandfelder keinen Einfluss auf den Verlauf der Anwendungen von Algorithmen nehmen kann.

Dieser Nachweis selbst ist nicht schwierig; vielleicht braucht man aber etwas Überlegung, um zu erkennen, worin genau er bestehen soll: Offenbar ist zu zeigen, dass gewissermaßen bei beliebiger "Verschiebung" der Anfangskonfiguration einer Rechnung immer die bis auf die fragliche Verschiebung gleiche Konfigurationenfolge durchlaufen wird. Ist nun T eine derartige *Translation* und $K = (A, B, C)$ eine (zu einer Turingmaschine M passende) Konfiguration, so wird die *durch Verschiebung von K mittels T* entstehende Konfiguration $K^T = (A^T, B^T, C^T)$ durch

$$A^T =_{Df} T(A)$$

$$B^T =_{Df} \text{die Inschrift } B^* \text{ mit } (\forall x \in \mathbf{N}) \; B^*(T(x)) = B(x)$$

$$C^T =_{Df} C$$

gegeben. - Dass algorithmische Rechnungen gegenüber Translationen "stabil" sind, besagt jetzt

Satz 1: Sei T eine Translation des Bandes und M eine Turingmaschine; außerdem seien (A, B, C_M) und (A^T, B^T, C_M^T) Anfangskonfigurationen mit den zugehörigen Konfigurationenfolgen $(A_n, B_n, C_n)_{n \in \mathbf{N}}$ bzw. $(A_n^*, B_n^*, C_n^*)_{n \in \mathbf{N}}$. Dann gilt für jeden Schrittindex $n \in \mathbf{N}$:

$$(A_n^*, B_n^*, C_n^*) = (A_n^T, B_n^T, C_n^T)$$

Beweis: Die Behauptung ergibt sich durch Induktion über n: Für $n = 0$ ist sie voraussetzungsgemäß erfüllt, und dass sie sich jeweils von n auf $n+1$ überträgt, lässt sich anhand der Definition der Konfigurationenfolgen leicht nachprüfen. -

Man braucht sich über den Satz allerdings nicht zu wundern, da die Art des jeweils nächsten Rechenschritts ja gerade nicht von der "Adresse" des Arbeitsfeldes abhängig gemacht wurde. Für Geübte hätte daher der Hinweis "durch Induktion über den Schrittindex" genügt; Ungeübten ist dagegen zu empfehlen, den Beweis einmal in allen Einzelheiten durchzuspielen. -

Eine weitere, nahe liegende Eigenschaft des eingeführten Algorithmusbegriffs ist die, dass der Verlauf einer Rechnung nicht von den jeweils zur "Adressierung" der einzelnen Anweisungen verwendeten Markierungen abhängt:

Definition 2: Seien M und M^* Turingmaschinen über demselben Alphebet α mit den Zustandsmengen Z bzw. Z^*. Dann werden M und M^* genau dann *äquivalent* genannt, wenn es eine Bijektion $\varphi \mid Z \to Z^*$ mit folgenden Eigenschaften gibt:

1) $\varphi(C_M) = C_{M^*}$.

2) Zu jeder Zeile $c\, a_k\, t_k\, c_k$ von M enthält M^* die Zeile $\varphi(c)\, a_k\, t_k\, \varphi(c_k)$.

Ggf. soll M *äq* M^* geschrieben werden. -

Da eine Turingmaschine zu gegebenen c und a_k jeweils nur eine einzige so beginnende Zeile aufweisen kann, enthält unter den obigen Bedingungen M^* auch nur Zeilen der Form $\varphi(c)\, a_k\, t_k\, \varphi(c_k)$. Aus den allgemeinen Eigenschaften von Bijektionen folgt dann offenbar, dass *äq reflexiv, symmetrisch* und *transitiv* ist, also eine *Äquivalenzrelation*.

Satz 2: Seien M, M^* Turingmaschinen mit M *äq* M^*, und seien (A, B, C_M), (A, B, C_{M^*}) Anfangskonfigurationen mit den zugehörigen Konfigurationenfolgen $(A_n, B_n, C_n)_{n \in \mathbf{N}}$ bzw. $(A_n^*, B_n^*, C_n^*)_{n \in \mathbf{N}}$; außerdem sei $\varphi \mid Z \to Z^*$ eine Bijektion gemäß Definition 2. Dann gilt für alle Schrittindizes $n \in \mathbf{N}$:

$$(A_n^*, B_n^*, C_n^*) = (A_n, B_n, \varphi(c_n))$$

Beweis: durch Induktion über n. -

Auch hier wird Ungeübten empfohlen, den Beweis in allen Einzelheiten zu führen. - Der Satz besagt offenbar, dass die Zustände einer Turingmaschine nicht nur beliebig *umbenannt*, sondern außerdem noch beliebig *permutiert* werden können (wenn man einmal davon absieht, dass bei der hier nur bequemlichkeitshalber getroffenen Vereinbarung der Anfangszustand immer ganz oben stehen muss). Man erkennt, dass Letzteres sogar auf die einzelnen Zeilen der Maschinentafel zutrifft (sofern ersichtlich bleibt, welche Zeilen zum Anfangszustand gehören). - Dem Satz kommt große Bedeutung bei der im Folgenden entwickelten "Programmiertechnik" für Turingmaschinen zu.

1.2. Programmierung von Turingmaschinen

Selbst wenn man sich hat überzeugen lassen, dass jede algorithmisch lösbare Aufgabe durch eine geeignete Turingmaschine bewältigt werden kann, ist man zunächst auch bei verhältnismäßig einfachen Aufgabenstellungen noch weit davon entfernt, entsprechende Turingmaschinen angeben zu können. Nun geht es hier ja nicht vorrangig darum, für konkrete Problemkreise Lösungsalgorithmen zu finden, man kommt aber auch bei der Entwicklung einer allgemeinen Theorie des Algorithmischen nicht ganz darum herum, die algorithmische Lösbarkeit für einige ganz bestimmte Problemklassen nachzuweisen. Dies kann jetzt nicht gut anders erfolgen, als dass für die fraglichen Aufgaben jeweils Turingmaschinen "leibhaftig" vorgeführt und auf ihr Verhalten hin untersucht werden. Um dabei nicht hoffnungslos den Überblick zu verlieren, braucht man einige gewissermaßen *modulare* "Programmiertechniken", die jetzt entwickelt werden sollen. Die *Zusammensetzung* mehrerer Turingmaschinen (über demselben Alphabet) wird u.a. durch Untereinanderschreiben der fraglichen Maschinentafeln erfolgen. Allerdings ist dies nicht ohne weiteres zulässig, weil dabei zunächst gar keine Maschine zu entstehen braucht: Wenn dieselbe Zustandsmarkierung in mehreren der fraglichen Maschinen vorkommt, geht die geforderte deterministische Eindeutigkeit verloren. Dies lässt sich jedoch aufgrund von Satz 1.2 vermeiden: Werden nämlich die Zustände der fraglichen Komponenten notfalls so (jeweils eineindeutig) umbenannt, dass keine Zustandsmarke bei mehreren Komponenten benutzt wird, so ändert sich das Verhalten der einzelnen Komponenten nicht, und deren Tafeln können dann untereinander geschrieben werden. Sogar auf die Reihenfolge der Tafeln kommt es dabei nach dem Satz nicht an; vereinbarungsgemäß hat man nur die Tafel derjenigen Komponente nach oben zu setzen, die zu Beginn der Rechnung tätig werden soll.

Nun hat man von dem bislang geschilderten Vorgehen noch nicht viel, da hierbei offenbar jeweils nur die an den Anfang gesetzten Komponenten aktiv werden können. Sinnvoll wird die Konstruktion erst dann, wenn die durch Zusammensetzen entstandene Maschine außerdem so abgeändert werden darf, dass auch die übrigen Komponenten "aufgerufen" werden können.

Eine aufgerufene Komponente M wird solange völlig unbeeinflusst von den übrigen arbeiten, bis sie eine Endkonfiguration erreicht; die Konfigurationszeile hat dann die Form $c\, a_i\, s\, c_i$, und die Rechnung bricht ab. Nun soll die Möglichkeit vorgesehen werden, dass stattdessen - unter sonst gleichen Umständen - eine Komponente N aufgerufen wird. Dies lässt sich offenbar dadurch erreichen, dass in der Maschinentafel die Zeile $c\, a_i\, s\, c_i$ durch $c\, a_i\, a_i\, c_N$ ersetzt wird (C_N

bezeichnet ja den Anfangszustand von N). Es soll also erlaubt (aber natürlich nicht vorgeschrieben) sein, in der zusammengesetzten Tafel derartige Ersetzungen nach Belieben vorzunehmen; dabei darf auch $M = N$ sein.

Eine weitere, vielleicht etwas künstlich anmutende Konvention ist zweckmäßig: Bislang sind die aus formalen Gründen in den Maschinenzeilen $c\ a_i\ s\ c_i$ hinter dem Stoppzeichen angeführten Folgezustände funktionslos. Eine Funktion kann ihnen jetzt durch die Vereinbarung zugewiesen werden, dass jedes in einer Maschinentafel auftretende geordnete Paar $(s,\ c_i)$ einen gesonderten sog. *Ausgang* der fraglichen Maschine bezeichnen soll (analog kann der Anfangszustand auch *Eingang* genannt werden). Die Anzahl der Ausgänge einer Maschine ist damit nicht die der Vorkommen des Stoppzeichens s in der zugehörigen Tafel, sondern die der *verschiedenen* dort auftretenden $(s,\ c_i)$. Damit dies Sinn ergibt, wird zugleich festgesetzt, dass beim Zusammensetzen von Maschinen jeweils alle Repräsentationen desselben Ausgangs in der Tafel auf gleiche Weise zu behandeln sind; d.h. entweder bezeichnen sie nach wie vor denselben Ausgang, oder sie werden sämtlich in einen Aufruf jeweils *derselben* Komponente umgewandelt.

Es liegt nahe, durch Zusammensetzung von mehreren Komponenten gebildete Turingmaschinen durch *Diagramme* zu veranschaulichen: Darin können die einzelnen Komponenten durch Symbole wiedergegeben werden und die in Aufrufe umgewandelten Ausgänge durch gerichtete Pfeile. Da eine Komponente mehrere umgewandelte Ausgänge haben kann, die nicht alle dieselbe Folgekomponente aufrufen, können die Bedingungen für die Aufrufe an die Pfeile geschrieben werden (gelegentlich handelt es sich dabei um die Beschriftung des beim Aufruf vorliegenden Arbeitsfeldes). Mehrere Pfeile von derselben Quelle zu derselben Zielkomponente können zu einem einzigen zusammengefasst werden. Wenn sämtliche Ausgänge einer Komponente in Aufrufe derselben anderen Komponente umgewandelt wurden und aus der Stellung der zugehörigen Symbole im Diagramm aufgrund unserer Lesegewohnheiten unmissverständlich hervorgeht, welche Komponente die Quelle und welche das Ziel ist, braucht der Pfeil auch gar nicht mehr eingezeichnet zu werden; entsprechend ist es häufig unnötig, die Komponente für den Beginn der Anwendungen besonders zu kennzeichnen. - Eine exakte Definition dieser Diagramme braucht hier nicht gegeben zu werden, weil diese nicht Gegenstände der hier betriebenen Untersuchungen sind, sondern nur eine Art Erweiterung der verwendeten Umgangssprache darstellen. Auch die zur Darstellung einer mathematischen Theorie benutzte Umgangssprache wird ja nicht definiert, sondern nur möglichst so gehandhabt, dass bei den Beteiligten keine Missverständnisse entstehen; wo solche dennoch zu befürchten sind, müssen eben weitere Erläuterungen hinzugefügt werden. -

Bislang fehlen noch Turingmaschinen, die der beschriebenen Zusammensetzung unterzogen werden könnten. Da man sich durch Umbenennung der Zustände gewissermaßen beliebig viele Exemplare einer Turingmaschine beschaffen kann (und die Maschinensprechweise sich in eine Programmiersprechweise übersetzen lässt), entsprechen die jetzt angegebenen Maschinen elementaren Anweisungen eines *Befehlskodes*. Vorgegeben wird dabei ein Alphabet $\alpha = \{a_1, ..., a_N\}$ mit dem Leerzeichen $a_0 \notin \alpha$.

Die sog. *Linksmaschine (über α) l^α* ist durch folgende Tafel gegeben:

$$
\begin{array}{cccc}
0 & a_0 & l & 1 \\
\multicolumn{4}{c}{\cdots\cdots\cdots\cdots} \\
0 & a_N & l & 1 \\
1 & a_0 & s & 1 \\
\multicolumn{4}{c}{\cdots\cdots\cdots\cdots} \\
1 & a_N & s & 1
\end{array}
$$

Bei der *Rechtsmaschine r^α* ist in dieser Tafel jeweils l durch r ersetzt. –.Für jedes Zeichen $a_k \in \alpha_0 = \alpha \cup \{a_0\}$ wird die *Druckmaschine a_k^α* durch die sonst gleiche Tafel gegeben, in der jeweils l durch a_k ersetzt ist. a_0^α wird auch *Löschmaschine* genannt.

Die *Prüfmaschine p^α* hat folgende Tafel:

$$
\begin{array}{cccc}
N-1 & a_0 & a_0 & 0 \\
\multicolumn{4}{c}{\cdots\cdots\cdots\cdots} \\
N+1 & a & a_N & N \\
0 & a_0 & s & 0 \\
\multicolumn{4}{c}{\cdots\cdots\cdots\cdots} \\
0 & a_N & s & 0 \\
\multicolumn{4}{c}{\cdots\cdots\cdots\cdots} \\
N & a_0 & s & N \\
\multicolumn{4}{c}{\cdots\cdots\cdots\cdots} \\
N & a_N & s & N
\end{array}
$$

Die *Stoppmaschine s^α* ist wie folgt gegeben:

$$
\begin{array}{cccc}
0 & a_0 & s & 0 \\
\multicolumn{4}{c}{\cdots\cdots\cdots\cdots} \\
0 & a_N & s & 0
\end{array}
$$

Die angegebenen Maschinen werden auch als *Elementarmaschinen (über α)* bezeichnet.

Bis auf p^{α} haben alle Elementarmaschinen nur einen Ausgang, p^{α} hat $N+1$ Ausgänge. Das Verhalten dieser Maschinen ist leicht aus den Tafeln abzulesen: l^{α} bewegt sich lediglich einen Schritt nach links und hält dann an, r^{α} tut dasselbe nach rechts, a_k^{α} ersetzt jeweils das auf dem Arbeitsfeld befindliche Zeichen durch a_k und hält. p^{α} verändert nichts, hält aber in einem Ausgang an, der dem auf dem Arbeitsfeld gelesenen Zeichen umkehrbar eindeutig zugeordnet ist; mittels p^{α} können *Verzweigungen* programmiert werden. s^{α} schließlich tut überhaupt nichts und dient lediglich zur Hervorhebung von Ausgängen in Diagrammen.

Um ausdrücken zu können, dass jede Turingmaschine durch eine Maschine "simuliert" werden kann, die aus Exemplaren der obigen Elementarmaschinen zusammengesetzt ist, benötigt man einen weiteren Begriff:

Definition 1: Seien M und M^* Turingmaschinen über α mit den Mengen von Ausgängen S bzw. S^*. Genau dann wird M *gleichwertig* mit M^* genannt, in Zeichen $M \equiv M^*$, wenn gilt:

Es gibt eine Bijektion $\varphi \mid S \to S^*$ zwischen den Ausgängen der beiden Maschinen, sodass für jedes Arbeitsfeld A und jede (zulässige) Bandinschrift B gilt:

Aus der Anfangskonfiguration (A, B, C_M) erreicht M genau dann eine Endkonfiguration (A_m, B_m, C_m) im Ausgang k, wenn M^* aus der Anfangskonfiguration (A, B, C_M^*) (mit denselben A, B) *eine Endkonfiguration* (A_n^*, B_n^*, C_n^*) erreicht, und zwar in dem k entsprechenden Ausgang $\varphi(k)$; ggf. ist $A_m = A_n^*$ und $B_m = B_n^*$ (d.h. Arbeitsfeld und Bandinschrift sind in beiden Fällen dieselben). -

Gleichwertige Turingmaschinen bewirken also "im Endeffekt" jeweils dasselbe, führen dabei aber u.U. völlig unterschiedliche Rechnungen aus.

Man überlegt sich leicht, dass die soeben erklärte Gleichwertigkeit eine Äquivalenzrelation auf der Menge der Turingmaschinen über α ist. Außerdem sind (im Sinne von Definition 1.2) äquivalente Turingmaschinen offenbar immer auch gleichwertig (aber gewöhnlich nicht umgekehrt).

Satz 1: Seien $M_1, \ldots, M_n$ Turingmaschinen über α mit o.B.d.A. *paarweise disjunkten* Zustandsmengen und ebenso $M_1^*, \ldots, M_n^*$; außerdem sei $M_1 \equiv M_1^*, \ldots,$ $M_n \equiv M_n^*$ aufgrund der Bijektionen $\varphi_1 \mid S_1 \to S_1^*, \ldots, \varphi_n \mid S_n \to S_n^*$ zwischen den jeweiligen Mengen von Ausgängen. M bzw. M^* entstehe durch Zusammensetzung der M_i bzw. der M_i^*; dabei möge jedem Aufruf eines M_j von einem Ausgang k eines M_i aus ein Aufruf von M_j^* vom Ausgang $\varphi_i(k)$ von M_i^* aus entsprechen sowie umgekehrt jedem Aufruf eines M_j^* von einem Ausgang $\varphi_i(k)$ eines M_i^* aus ein Aufruf von M_j vom Ausgang k von M_i aus; schließlich sei $C_{M^*} = C_{M_j}$ und $C_M^* = C_{M_j}$ mit demselben j. Dann gilt: $M \equiv M^*$

Beweis: Offenbar lassen sich unter den angenommenen Voraussetzungen $\varphi_1, \ldots, \varphi_n$ zu einer Bijektion $\varphi_0 \mid \bigcup\{S_i \mid 1 \le i \le n\} \to \bigcup\{S_i^* \mid 1 \le i \le n\}$ zusammensetzen (nach der üblichen mengentheoretischen Definition ist $\varphi_0 = \bigcup\{\varphi_i \mid 1 \le i \le n\}$); φ_0 umfasst dann als Teil eine Bijektion $\varphi \mid S \to S^*$ zwischen den Mengen der Ausgänge von M bzw. M^*.

Seien (A, B, C_M) bzw. (A, B, C_{M^*}) Anfangskonfigurationen mit den Konfigurationenfolgen $(K_m)_{m \in \mathbb{N}} = (A_m, B_m, C_m)_{m \in \mathbb{N}}$ bzw. $(K_m^*)_{m \in \mathbb{N}} = (A_m^*, B_m^*, C_m^*)_{m \in \mathbb{N}}$. $(K_m)_{m \in \mathbb{N}}$ umfasst eine - u.U. endliche oder sogar leere - Teilfolge aus denjenigen Konfigurationen, deren Konfigurationszeile durch Umwandlung eines Stopps in den Aufruf einer der zusammengefügten Komponenten entstanden ist (jeder so umgewandelte Stopp gehört zu einem Ausgang aus $\bigcup\{S_i \mid 1 \le i \le n\} \setminus S$), oder aber Endkonfigurationen von M sind (in deren Konfigurationszeilen also zu Ausgängen aus S gehörende Stopps stehen). Diese Teilfolge soll - u.U. wegen vorzeitigen Abbrechens auf unbedenkliche Weise inkorrekt - mit $(Z_r)_{r \in \mathbb{N}}$ bezeichnet werden (die zugehörigen Konfigurationen sind also gegenüber der umfassenden Folge $(K_m)_{m \in \mathbb{N}}$ neu nummeriert). - Analog erhält man die Teilfolge $(Z_r^*)_{r \in \mathbb{N}}$ von $(K_m^*)_{m \in \mathbb{N}}$.

Offenbar genügt es jetzt, für $r \in \mathbb{N}$ Folgendes zu beweisen:

1) Z_r ist genau dann erklärt, wenn dies auch auf Z_r^* zutrifft. Ggf. gilt für $Z_r = (A_r, B_r, C_r)$ und $Z_r^* = (A_r^*, B_r^*, C_r^*)$: $A_r = A_r^* \wedge B_r = B_r^* \wedge \varphi_0(k) = k^*$; dabei ist k der zur Konfigurationszeile von Z_r gehörige Ausgang der fraglichen Komponente M_i von M und k^* der zur Konfigurationszeile von Z_r^* gehörige Ausgang der Komponente M_i^* (mit demselben i) von M^*.

2) Z_r ist genau dann Endkonfiguration von M, wenn Z_r^* Endkonfiguration von M^* ist.

Der Beweis erfolgt durch Induktion über r:

1) $r = 0$: Z_0 ist genau dann erklärt, wenn die zuerst aktive Komponente von M nach Ansetzen im Feld A auf die Inschrift B nach endlich vielen Schritten einen ihrer Ausgänge k erreicht; das Arbeitsfeld ist dann A_0 und die Inschrift B_0. Nach Voraussetzung erreicht genau dann auch die Anfangskomponente von M^* nach Ansetzen in A auf B einen Ausgang; ggf. ist dies $\varphi_0(k)$, und das Arbeitsfeld ist A_0, die Inschrift B_0. Außerdem ist k genau dann ein Ausgang von M, wenn $\varphi_0(k) = \varphi(k)$ einer von M^* ist. Andernfalls wird eine weitere

Komponente M_j von M bzw. M_j^* von M^* mit demselben j aufgerufen; das Arbeisfeld ist dann beide Male A_0 und die Bandinschrift B_0.

2) Die Behauptung gelte für r. Sind Z_r und Z_r^* nicht erklärt, so sind es auch Z_{r+1} und Z_{r+1}^* nicht. Sind Z_r und Z_r^* Endkonfigurationen, so sind es nach der in Bezug auf die Wiederholung von Endkonfigurationen getroffenen Verabredung auch Z_{r+1} und Z_{r+1}^* (ohne diese Verabredung wären beide nicht erklärt), und wegen $Z_{r+1} = Z_r \wedge Z_{r+1}^* = Z_r^*$ trifft die Behauptung auch auf $r+1$ zu. - In dem einzigen noch nicht erörterten Fall wird voraussetzungsgemäß eine weitere Komponente M_j von M bzw. M_j^* von M^* aufgerufen, und nach Induktionsvoraussetzung ist beide Male A_r das Arbeitsfeld und B_r die Bandinschrift. Mithilfe der gleichen Schlussweise wie beim Induktionsanfang ergibt sich dann die Behauptung für $r+1$, qed. -

Der Induktionsbeweis wurde hier einmal als Musterfall ganz ausführlich dargestellt; in ähnlich unproblematischen Fällen soll häufig auch lediglich auf das Beweisprinzip verwiesen werden. - In eine programmierungsorientierte Sprechweise übersetzt, besagt der Satz in etwa, dass bei einem modularen Programmsystem sich das *Eingabe/Ausgabe-Verhalten* nicht verändert, wenn man einige der Komponenten durch solche mit jeweils gleichem Eingabe/Ausgabe-Verhalten ersetzt; dieser Sachverhalt ist Programmierern wohlbekannt. Er betrifft das Verhalten des Programms jedoch nur in Bezug auf "Effektivität" und nicht auch auf "Effizienz"; im Allgemeinen wird ein Programmsystem natürlich auch "effizienter", wenn man einige seiner Bestandteile durch solche von größerer Effizienz (aber jeweils gleicher Effektivität) ersetzt. - Dass in den Gleichwertigkeitsbegriff eine Bedingung hinsichtlich der Ausgänge aufgenommen wurde, hat beweistechnische Gründe; ohne eine solche hätte man den Satz nicht beweisen können.

Satz 2: Zu jeder Turingmaschine M über α lässt sich eine Turingmaschine M^* über α mit folgenden Eigenschaften angeben:

1) M^* ist aus Elementarmaschinen über α zusammengesetzt.

2) Alle Ausgänge von M^* liegen in gewissen s^α.

3) $M^* \equiv M$

Beweis: Jeder Zustand C einer Turingmaschine M über α hat die Form

$$c \ a_0 \ t_0 \ c_0$$
$$\dots\dots\dots\dots$$
$$c \ a_N \ t_N \ c_N$$

mit $t_k \in \{a_0, \dots, a_N, l, r, s\}$. Für jeden derartigen Zustand C sei M_C eine gemäß folgendem Diagramm gebildete Maschine:

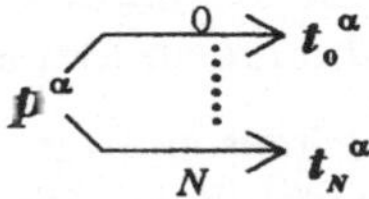

Hierbei stehen die Nummern an den Verzweigungspfeilen für die entsprechenden Zeichen des Alphabets α_0, und t_k^α ist jeweils die dem Operationszeichen t_k entsprechende Elementarmaschine über α. Falls ein Operationszeichen in C mehrfach vorkommt, sind ebenso viele Exemplare der entsprechenden Elementarmaschine zu nehmen. Nach den über die Elementarmaschinen getroffenen Feststellungen hat dann M_C genau $N+1$ Ausgänge.

Die M_C werden sodann wie folgt zu einer Turingmaschine M^* zusammengesetzt:

1) Ist in der Teiltafel von M für den Zustand C $t_k \neq s$, so wird in M_C der Ausgang von t_k^α in einen Aufruf von M_{C_k} (mit dem c_k aus der Teiltafel von C) umgewandelt. Ist dagegen $t_k = s$, so wird das zugehörige s^α durch ein Exemplar der Stoppmaschine ersetzt, welches umkehrbar eindeutig dem entsprechenden Ausgang von M zugeordnet ist. (Dadurch kann u.U. dasselbe Exemplar von s^α von verschiedenen Stellen aus aufgerufen werden, die sogar in verschiedenen M_C liegen können.)

2) $C_{M^*} =_{Df} C_{M_{C_M}}$; d.h. der Anfangszustand von M^* sei der Anfangszustand des dem Anfangszustand C_M entsprechenden Diagramms M_{C_M}.

Sei jetzt (A, B, C_M) eine Anfangskonfiguration von M mit der zugehörigen Konfigurationenfolge $(A_m, B_m, C_m)_{n \in \mathbb{N}}$ und (A, B, C_{M^*}) die entsprechende Anfangskonfiguration von M^* mit der zugehörigen Konfigurationenfolge $(A_m^*, B_m^*, C_m^*)_{m \in \mathbb{N}}$. Solange M nicht anhält, gibt die Folge $(A_{m+1}, B_{m+1}, C_m)_{m \in \mathbb{N}}$ gewissermaßen die Stadien der Rechnung durch M an, in denen die Operation des jeweils gegenwärtigen Zustands C bereits ausgeführt, aber der nachfolgende Zustand noch nicht aufgerufen ist. Diesen Zwischenstadien entspricht in der Rechnung durch M^* die Teilfolge derjenigen Konfigurationen (A_m^*, B_m^*, C_m^*), die zu einem Ausgang des zur Simulierung von C dienenden Teils M_C von M^* gehören. Aufgrund der Konstruktion von M^* ergibt sich dann offenbar durch Induktion über m: Werden in der fraglichen Teilfolge der Konfigurationen von M^* die Zustände ausgeblendet, so erhält man die Folge $(A_{m+1}, B_{m+1})_{m \in \mathbb{N}}$. Falls M im Zustand C nicht anhält, folgt auf die entsprechende Konfiguration (A_{m+1}, B_{m+1}, C^*) aus der besagten Teilfolge in der Folge aller Konfigurationen von M^* die Konfiguration $(A_{m+1}, B_{m+1}, C_{M_{C_{m+1}}})$. Falls dagegen M im Zustand C_m anhält, ruft M^* noch die dem fraglichen Ausgang von M umkehrbar eindeutig entsprechende Komponente s^α auf, ohne das vorliegende Arbeitsfeld und die vorliegende Bandinschrift zu verändern, und bricht dann die Rechnung ab. Damit ist alles gezeigt. -

Man erkennt übrigens, dass M^* mittels eines im intuitiven Sinne algorithmischen Verfahrens aus M gewonnen werden kann. Diese Effektivitätsaussage ist jedoch noch kein Satz der hier entwickelten Theorie, weil dazu gezeigt werden müsste, dass die Überführung etwa durch eine geeignete Turingmaschine bewerkstelligt werden könnte. - Ein Nebenergebnis des geführten Beweises ist offenbar, dass das Terminieren von Turingmaschinen gleichwertig auch hätte so geregelt werden können, dass es immer in *Stoppzuständen* erfolgt, welche zugleich die Ausgänge der Maschine bilden.-

Es ist nicht weiter überraschend, dass Turingmaschinen ganz unterschiedliches Verhalten zeigen können; einige Beispiele sollen hier angeführt werden:

1) Manche Turingmaschinen halten jedes Mal nach endlich vielen Schritten an, z.B. die obigen Elementarmaschinen.

2) Dagegen terminiert beispielsweise die Maschine $\boxed{\mathrel{\rightarrow} l^\alpha}$ in keinem Fall.

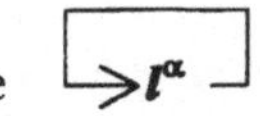

3) Viele Maschinen stoppen in gewissen Fällen nach endlich vielen Schritten, während sie in anderen Fällen nicht anhalten. Z.B. zeigt das folgende Diagramm eine Maschine, die das Band solange nach rechts absucht, bis sie ein eigentliches Zeichen findet:

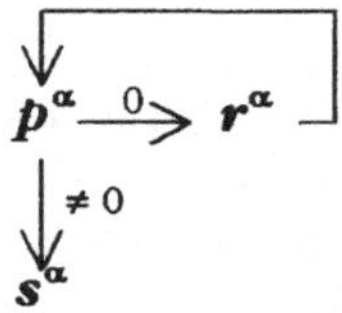

$$p^\alpha \xrightarrow{\;0\;} r^\alpha \qquad\qquad \downarrow{\scriptstyle \neq 0} \qquad\qquad s^\alpha$$

4) Das folgende Beispiel zeigt, dass eine Turingmaschine u.U. auch dann nur ein endliches Stück des Rechenbandes benutzt, wenn die Rechnung nicht terminiert. Man überlegt sich leicht, dass in solchen Fällen immer eine *schließlich periodische* Konfigurationenfolge durchlaufen wird.

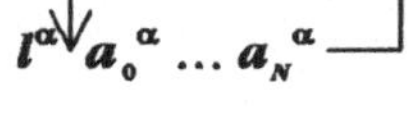

$$l^\alpha \, a_0^{\,\alpha} \ldots a_N^{\,\alpha}$$

5) Anders als bei sog. *endlichen Automaten* kann bei Turingmaschinen aus dem Nichtabbrechen einer Rechnung aber *nicht* darauf geschlossen werden, dass ein schließlich periodischer Vorgang erfolgt. Dies liegt daran, dass zu einer unendlichen Rechnung unendlich viele *verschiedene* Bandinschriften gehören können. Weiter unten wird eine Turingmaschine über einem aus nur einem Zeichen bestehenden Alphabet α angegeben, die auf dem anfangs leeren Band nach rechts die Inschrift ... * | * | | * | | | * ... erzeugt, ohne anzuhalten; hier steht * für das Leerzeichen und | für das einzige Zeichen aus α. Die Folge aus den zugehörigen Konfigurationszeilen kann dabei ersichtlich nicht schließlich periodisch sein. -

Wenigstens gestreift werden soll die Frage, auf wie wenige Grundoperationen sich die "Befehlsliste" für Turingmaschinen verringern lässt, ohne dass dabei grundsätzliche algorithmische Fähigkeiten verloren gehen. Man kommt mit *zwei* Elementarmaschinen aus, nämlich z.B. mit l^α und einer Maschine z^α, die gemäß folgendem Diagramm arbeitet:

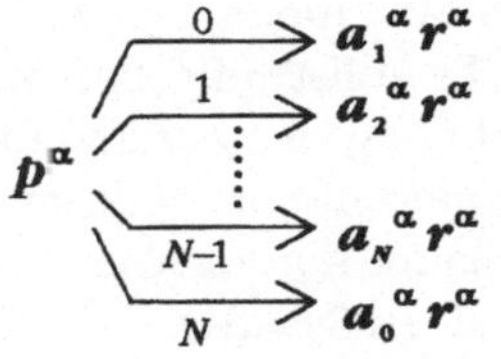

$$
p^\alpha
\begin{cases}
\overset{0}{\longrightarrow} & a_1{}^\alpha\, r^\alpha \\
\overset{1}{\longrightarrow} & a_2{}^\alpha\, r^\alpha \\
\;\vdots & \\
\overset{N-1}{\longrightarrow} & a_N{}^\alpha\, r^\alpha \\
\overset{N}{\longrightarrow} & a_0{}^\alpha\, r^\alpha
\end{cases}
$$

Es ist nicht schwierig zu sehen, dass man zu jeder der vorher eingeführten Elementarmaschinen aus Exemplaren von l^α und z^α jeweils eine gleichwertige Maschine zusammensetzen kann, und wegen Satz 2 ist nicht mehr zu zeigen. - Dagegen ist es *nicht* möglich, *eine einzige* Elementarmaschine mit dieser Eigenschaft anzugeben. Gäbe es nämlich eine solche e^α, so ließe sich insbesondere ein mit l^α gleichwertiges Diagramm $D_l{}^\alpha$ aus e^α zusammensetzen. Auf dem leeren Band würde dann eine Anzahl $m > 0$ von Aufrufen eines e^α abgearbeitet; danach hätte $D_l{}^\alpha$ gegenüber dem vorgegebenen Arbeitsfeld einen Schritt nach links ausgeführt, und das Band wäre wieder leer. (Die Anzahl von Aufrufen eines e^α nach Ansetzen von $D_l{}^\alpha$ auf ein nicht unbeschriftetes Band wäre u.U. von m verschieden.) *Auf dem leeren Band* (aber nicht notwendig sonst) würde deshalb $D_l{}^\alpha$ und damit auch l^α durch die Maschine $(e^\alpha)^m$ (d.h. m Exemplare von e^α hintereinandergeschaltet) simuliert. Analog gäbe es ein aus e^α aufgebautes Diagramm $D_r{}^\alpha$, das mit r^α gleichwertig wäre. Wieder gäbe es eine Anzahl $n > 0$ derart, dass $(e^\alpha)^n$ auf dem leeren Band die Rechtsmaschine simulieren würde. Die Maschine $(e^\alpha)^{m\cdot n}$ würde damit offenbar auf dem leeren Band einerseits n Schritte nach links und andererseits m Schritte nach rechts ausführen, im Widerspruch gegen $m, n > 0$. -

Als Nächstes soll eine Reihe von etwas weniger elementaren Turingmaschinen zusammengestellt werden, die man mit einer Sprechweise aus der Informatik als *"Makros"* bezeichnen könnte. In ihrer Gesamtheit sollen diese Makros eine einigermaßen überschaubare Programmierung von Turingmaschinen ermöglichen, welche ihrerseits für den systematischen Aufbau der Theorie von Bedeutung sind. Die Makros selbst sind dem angegebenen Buch von HERMES entnommen. Bei ihrer Programmierung werden häufig erst bei den Ausgängen verwendeter Komponenten Verzweigungen vorgenommen; deshalb ist es jetzt zweckmäßig, die benutzten Elementarmaschinen leicht abzuändern. (Die oben eingeführten Elementarmaschinen ermöglichten es dagegen, den Beweis von Satz 2 geradezu aus den Tafeln der nachgebildeten Maschinen einfach abzulesen.)

Eine weitere Vorbemerkung ist angebracht: Es ist häufig bequem, von "der" durch ein Diagramm dargestellten Maschine zu sprechen. Man muss sich aber darüber im Klaren sein, dass Maschinen hier mit ihren Tafeln identifiziert und Tafeln durch Diagramme nicht vollständig beschrieben werden; Freiheitsgrade bestehen noch bei der Benennung der Zustände sowie auch bei deren Anordnung in der Tafel. Da Variationen hierbei aber immer zu gleichwertigen Maschinen führen und es hier überhaupt nur auf Gleichwertigkeit ankommt, stiftet die etwas saloppe Sprechweise keinen Schaden.

Zur Unterscheidung der "alten" Elementarmaschinen über α von den "neuen" wird der Index α bei diesen (wo nötig) nach unten statt nach oben gesetzt. Im Einzelnen sind es die folgenden Maschinen:

$$l_\alpha \equiv_{Df} l^\alpha p^\alpha \begin{array}{c} \nearrow^{0} s^\alpha \\ \searrow_{N} s^\alpha \end{array}$$

$$r_\alpha \equiv_{Df} r^\alpha p^\alpha \begin{array}{c} \nearrow^{0} s^\alpha \\ \searrow_{N} s^\alpha \end{array}$$

$$a_k{}^\alpha \quad \text{für } k = 0, \ldots, N$$

Die Wirkungsweise dieser Elementarmaschinen ist klar. Lediglich die neue Links- und die neue Rechtsmaschine haben $N+1$ Ausgänge, da bei den Druckmaschinen Verzweigungen erst nach Abschluss der Operation ja nicht mehr erfolgen können. Für das Zusammensetzen wird noch vereinbart, dass verschiedene Ausgänge (durch Verwendung derselben Benennung) miteinander identifiziert werden dürfen. Dann erhält man:

Satz 2*: Zu jeder Turingmaschine M über α lässt sich eine aus den "neuen" Elementarmaschinen zusammengesetzte Maschine M^* angeben, sodass gilt: $M \equiv M^*$

Beweis: Aufgrund von Satz 1 und Satz 2 genügt es, zu jeder "alten" Elementarmaschine eine gleichwertige aus "neuen" zusammenzusetzen; dabei ist für die Druckmaschinen nichts zu zeigen. Ersichtlich leisten die folgenden Diagramme jeweils das Verlangte:

$$l^{\alpha} \equiv l_{\alpha} \qquad r^{\alpha} \equiv r_{\alpha} \qquad l^{\alpha} \equiv l_{\alpha}\, r_{\alpha}$$

Bei diesen Maschinen müssen jeweils sämtliche Ausgänge zu einem einzigen zusammengefasst werden.

$$P^{\alpha} \equiv l_{\alpha}\, r_{\alpha}$$

Hier müssen die Ausgänge voneinander verschieden bleiben. Mehr ist nicht zu zeigen. -

Über die Darstellung der einzuführenden "Makros" selbst braucht hier nichts mehr gesagt zu werden; neben einer Angabe der fraglichen Maschine kommt es jetzt aber wesentlich auf eine Beschreibung ihres *Verhaltens* an, zumindest in bestimmten interessierenden Situationen. Dazu werden folgende Schreibweisen eingeführt, die zur Wiedergabe des für die Beschreibung entscheidenden Stücks des Rechenbandes dienen:

m bezeichnet jetzt immer ein sog. *markiertes* Feld, d.h. ein mit einem (eigentlichen) Zeichen $a_k \in \alpha$ beschriftetes Feld. (Das Alphabet α ist beliebig vorgegeben und wird nicht variiert.)

~ steht für ein *markiertes oder leeres* Feld.

* bezeichnet ein *leeres* Feld.

* ... * steht für eine (zusammenhängende) *endliche Folge von leeren Feldern*, die aber *wenigstens ein* Feld enthält.

* ... stellt ein *leeres rechtes Bandende* dar.

... * steht für ein *leeres linkes Bandende*.

W bezeichnet ein Bandstück mit einem *nichtleeren endlichen Wort W* über α; es enthält also wenigstens ein m und kein *.

X steht für eine sog. *Sequenz* über α, d.h. für eine *nichtleere Folge* $W_0 * W_1 * \ldots W_n$ (mit $n \geq 0$) von nichtleeren Wörtern über α, bei der je zwei benachbarte Wörter durch *genau ein* * von einander getrennt sind. - Ebenso wie ein Wort *W* braucht eine Sequenz *X* in Bezug auf die Bandinschrift *nicht so groß wie möglich* genommen zu sein; beispielsweise kann *W* auch ein Anfangsstück eines längeren Wortes bezeichnen bzw. *X* ein Anfangsstück einer längeren Sequenz.

Das *Arbeitsfeld* soll jeweils dadurch gekennzeichnet werden, dass der Name der fraglichen Turingmaschine unmittelbar *rechts hinter* die Darstellung des Feldes geschrieben wird. (Das ist möglich, weil keine Maschine durch eins der übrigen hier verwendeten Zeichen bezeichnet wird.)

Schließlich soll der *Übergang von einer Anfangs- zu einer Endkonfiguration* durch das aus der mathematischen Logik stammende Zeichen $\vdash$ dargestellt werden. (Da die fragliche Maschine ja bei den Konfigurationen erscheint, braucht sie hier nicht nochmals notiert zu werden.)

Auf die Notation des Alphabets α kann bei den Diagrammen einfachheitshalber verzichtet werden, und ggf. sind die Ausgänge von Komponenten der Diagramme ebenso nummeriert wie die auf dem Arbeitsfeld möglicherweise befindlichen Zeichen des erweiterten Alphabets α_0.

Die im Folgenden angegebenen Aussagen über die Wirkungsweise der fraglichen Maschinen beschränken sich auf die im betrachteten Zusammenhang interessierenden Fälle und erfassen nicht immer sämtliche Möglichkeiten. Zu ihren Beweisen soll vorweg Folgendes gesagt werden: *Bei gegebener Anfangskonfiguration* lässt sich die durch eine terminierende Turingmaschine schließlich hergestellte Endkonfiguration immer *durch einfaches Nachspielen* ermitteln. Fallunterscheidungen in Bezug auf das jeweils gelesene Zeichen - wie etwa, ob ein leeres oder ein markiertes Feld vorliegt - lassen sich dabei im Folgenden jeweils durch einen einheitlichen Beweisschritt erledigen und erfordern nicht für jedes mögliche Zeichen des Alphabets einen eigenen Schritt. Die betrachteten Anfangskonfigurationen können aber *beliebig lange* Wörter bzw. Sequenzen enthalten, die sich nicht durch konkretes "Nachrechnen" erledigen lassen. In der Regel kommt man dann um *Induktionen über die Länge* der fraglichen Wörter bzw. Sequenzen nicht herum. Es ist hier jedoch nicht notwendig, für derartige Induktionsbeweise besondere Methoden zu entwickeln, da sich die Behauptungen durchweg ohne weiteres anhand der angegebenen Diagramme bestätigen lassen und man deshalb ohne eine ausführliche Darstellung der Induktionen auskommt. Trotzdem kann nicht darauf verzichtet werden, dass man sich wenigstens grundsätzlich über die erforderlichen Methoden Klarheit verschafft. -

Die *große Linksmaschine* **L** wird durch das folgende Diagramm gegeben:

$$L \equiv_{Df} \boxed{\gg l} \; {}^{\neq 0}$$

Für sie gilt: $* \; W \sim L \;\vdash\; * \, L \; W \sim$

$$* \sim L \;\vdash\; * \, L \sim$$

(D.h. **L** läuft bis unmittelbar vor das linke Wortende, falls **L** in oder unmittelbar hinter ein - nichtleeres - Wort angesetzt wird, jedenfalls aber - wenigstens - ein Feld nach links.)

Das Gegenstück zu **L** ist die *große Rechtsmaschine* **R**:

$$R \equiv_{Df} \boxed{\gg r} \; {}^{\neq 0}$$

Für sie gilt: $\sim R \; W * \;\vdash\; \sim W * R$

$$\sim R * \;\vdash\; \sim * R$$

Gewissermaßen komplementär zu **L** ist die *Links-Suchmaschine* λ:

$$\lambda \equiv_{Df} \boxed{\gg l} \; {}^{0}$$

Für sie gilt: $\qquad m * \ldots * \sim \lambda \;\vdash\; m \, \lambda * \ldots * \sim$

$$m \sim \lambda \;\vdash\; m \, \lambda \sim$$

(λ läuft solange nach links, bis λ ein markiertes Feld findet, und bleibt ggf. dort stehen.)

Ihr Gegenstück ist die *Rechts-Suchmaschine* ρ:

$$\rho \equiv_{Df} \boxed{\gg r} \; {}^{0}$$

Für sie gilt: $\sim \rho * \ldots * m \;\vdash\; \sim * \ldots * m \, \rho$

$$\sim \rho \, m \;\vdash\; \sim m \, \rho$$

Die *linke Endmaschine* **£** ist durch folgendes Diagramm gegeben:

$$\textit{£} \equiv_{Df} \boxed{\gg L \, l \xrightarrow[0]{\neq 0} r}$$

Für sie gilt: $* * X \sim \mathcal{L} \;\vdash\; * * \mathcal{L} X \sim$

$\qquad * * X * \sim \mathcal{L} \;\vdash\; * * \mathcal{L} X * \sim$

$\qquad * * \sim \mathcal{L} \;\vdash\; * * \mathcal{L} \sim$

($\mathcal{L}$ läuft also bis vor das linke Ende einer Sequenz, falls $\mathcal{L}$ innerhalb derselben oder höchstens zwei Felder rechts von ihr angesetzt wird, und sonst ein Feld nach links.)

Dazu spiegelbildlich verhält sich die *rechte Endmaschine* $\mathcal{R}$:

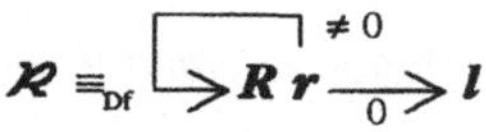

$$\mathcal{R} \equiv_{\mathrm{Df}} \quad \overset{\neq 0}{\underset{0}{\longrightarrow}} R\, r \longrightarrow l$$

Für sie gilt: $\sim \mathcal{R}\; X * * \;\vdash\; \sim X * \mathcal{R} *$

$\qquad \sim \mathcal{R} * X * * \;\vdash\; \sim * X * \mathcal{R} *$

$\qquad \sim \mathcal{R} * * \;\vdash\; \sim * \mathcal{R} *$

Die *linke Translationsmaschine* T ist durch folgendes Diagramm gegeben (dabei steht M^n für $M \ldots M$ n-mal):

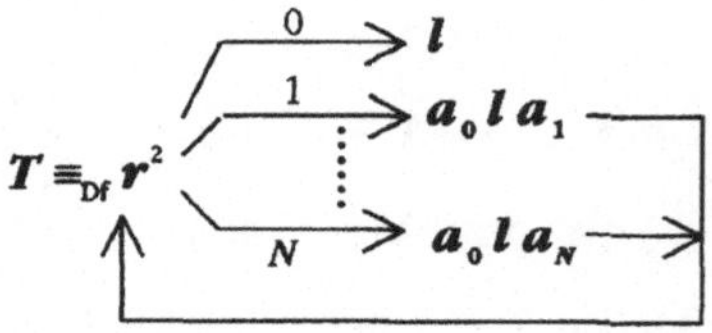

$$T \equiv_{\mathrm{Df}} r^2 \begin{cases} \overset{0}{\longrightarrow} l \\ \overset{1}{\longrightarrow} a_0\, l\, a_1 \\ \quad\vdots \\ \overset{N}{\longrightarrow} a_0\, l\, a_N \end{cases}$$

Für sie gilt: $\sim T * W * \;\vdash\; \sim W * T *$

(D.h. wird T zwei Felder links von einem Wort angesetzt, so verschiebt T dieses um ein Feld nach links und bleibt unmittelbar hinter ihm stehen.

Die *Verschiebemaschine* V ist durch folgendes Diagramm gegeben:

$$V \equiv_{\mathrm{Df}} L\, l \overset{\neq 0}{\longrightarrow} a_0\, T \quad\Big|\quad \underset{0}{\downarrow} \quad T$$

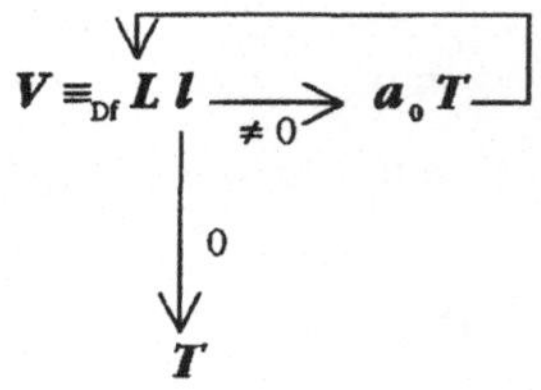

Für sie gilt: $* W_1 * W_2 * V \;\vdash\; * W_2 * V \ldots *$

(Wird V unmittelbar hinter zwei - nichtleeren - Wörtern angesetzt, so verschiebt V das rechte Wort bis zum Anfang des linken nach links und löscht dieses dabei; "nachgezogen" werden Leerzeichen, und V bleibt unmittelbar hinter dem ursprünglich rechten Wort stehen.)

Die *Abschlussmaschine* A wird wie folgt erklärt:

$$A \equiv_{Df} L\,l \xrightarrow{\neq 0} r\,R\,V \qquad\qquad \Big\lefthook$$
$$\Big\downarrow 0$$
$$T\,L\,l\,T$$

Für sie gilt: $\sim * * X * W * A \;\vdash\; \sim W * A \ldots * \ldots$

(Wird A hinter ein unmittelbar auf eine Sequenz folgendes Wort angesetzt, so wird die Sequenz gelöscht und das Wort sogar - lediglich der einfacheren Programmierung halber - um zwei Felder über den Anfang der Sequenz hinaus nach links verschoben; dabei werden Leerzeichen "nachgezogen", und V hält unmittelbar hinter dem verschobenen Wort an. - Der Name dieser Maschine beruht auf einer später eingeführten Rechenkonvention.)

Die *Kopiermaschine* K ist durch folgendes Diagramm gegeben:

$$
K \equiv_{Df} L\,r
\begin{cases}
\xrightarrow{0} & R \\
\xrightarrow{1} & a_0\,R^2\,a_1\,L^2\,a_1 \\
\;\vdots & \\
\xrightarrow{N} & a_0\,R^2\,a_N\,L^2\,a_N
\end{cases}
$$

Für sie gilt: $* W * K * \ldots \;\vdash\; * W * W * K * \ldots$

(Wird K unmittelbar hinter das auf dem Band am weitesten rechts stehende Wort angesetzt, so wird dieses mit einem Feld Zwischenraum nach rechts kopiert, und K bleibt unmittelbar hinter der Kopie stehen.)

Für $n \geq 2$ sei die *n-Kopiermaschine* K_n wie folgt erklärt:

$$
K_n \equiv_{Df} L^n\,r
\begin{cases}
\xrightarrow{0} & R^n \\
\xrightarrow{1} & a_0\,R^{n+1}\,a_1\,L^{n+1}\,a_1 \\
\;\vdots & \\
\xrightarrow{N} & a_0\,R^{n+1}\,a_N\,L^{n+1}\,a_N
\end{cases}
$$

Für sie gilt: $\ast\, W_1 \ast \ldots W_n \ast K_n \ast \ldots \vdash \ast\, W_1 \ast \ldots W_n \ast W_1 \ast K_n \ast \ldots$

(K_n verhält sich jeweils ähnlich wie K, kopiert aber über eine Sequenz aus $n{-}1$ Wörtern hinweg. - K würde sich diesem Schema als K_1 einordnen.)

Die *Suchmaschine* S schließlich ist durch folgendes Diagramm gegeben:

$$S \equiv_{\mathrm{Df}} r \xrightarrow{\;0\;} a_1 l \xrightarrow{\;0\;} a_1 \rho\, a_0\, r \xrightarrow{\;0\;} a_1 \lambda\, a_0 \;\longrightarrow$$

mit Verzweigungen $\neq 0$ nach $\rho\, a\, \lambda$ bzw. $\lambda\, a\, \rho$.

S sucht ein markiertes Feld und bleibt ggf. dort stehen. Genauer hat man:

Sei $(A,\ B,\ C_s)$ Anfangskonfiguration von S mit der Konfigurationenfolge $(A_n,\ B_n,\ C_n)_{n\,\in\,\mathbf{N}}$; dann gilt:

S erreicht genau dann eine Endkonfiguration $(A_n,\ B_n,\ C_n)$, wenn es $k \in \mathbf{N}$ gibt mit $B_0(k) \neq a_0$; ggf. gilt:

$$B_n = B_0 \wedge B_0(A_k) \neq a_0 \wedge (B_0(A_0) = a_0 \Rightarrow \forall m\, (A_m \neq A_n \Rightarrow B_0(A_m) = a_0))$$

Beweis: Aus dem Diagramm für S liest man ab: S versetzt nach beiden Seiten Markierungen a_1 solange um jeweils ein Feld weiter nach außen, bis ein ursprünglich markiertes Feld gefunden wird. Ggf. werden die gesetzten Marken wieder gelöscht, und S bleibt auf dem zuerst gefundenen ursprünglich markierten Feld stehen. (Falls S auf ein markiertes Feld angesetzt wird, bleibt S nicht gleich stehen, sondern beginnt mit der Suche.) -

Der zusammengestellte "Maschinenpark" ermöglicht eine einigermaßen überschaubare Programmierung. -

Weiter oben wurde als Beispiel für *nicht schließlich periodisches Verhalten* von Turingmaschinen auf eine Maschine verwiesen, die auf das leere Band die Inschrift $\ldots \ast \mid \ast \mid\mid \ast \mid\mid\mid \ast \ldots$ druckt (ohne jemals anzuhalten). Eine derartige Maschine lässt sich jetzt angeben, sogar über dem aus einem Zeichen $\mid$ bestehenden Alphabet; die sog. *Markiermaschine* kann dabei entsprechend mit $\mid$ bezeichnet werden:

$$\longrightarrow \mid r\, K \longrightarrow$$

1.3. Turing-berechenbare Funktionen

Nachdem jetzt einige Erkenntnisse über die hier zugrunde gelegte theoretische Präzisierung der Algorithmuskonzeption zusammengestellt worden sind, sollen diejenigen Objekte ins Blickfeld gerückt werden, um die es bei allen algorithmusbezogenen Bemühungen eigentlich geht. Bereits in der Einleitung wurde festgehalten, dass dies immer gewisse *Problemklassen* sind, und zwar - wenn man es grundsätzlich nimmt - solche, die aus *unendlich vielen Einzelfragen* bestehen. Ein *Lösungsalgorithmus* soll dann jeweils die richtige Lösung für die zugehörigen Einzelprobleme "ausrechnen".

Dieser Befund lässt sich in einer mathematischer anmutenden Form aussprechen: In einem ganz allgemeinen Sinn hat man es hier immer mit *Funktionen* zu tun; jedes fragliche Einzelproblem kann nämlich als "Argument" aufgefasst werden, dem seine Lösung als "Wert" zugeordnet ist. Dabei beziehen sich "Problem" und "Lösung" bereits auf *semantische Interpretationen*; unmittelbar in Erscheinung treten dagegen *Darstellungen* von Problemen bzw. Lösungen. Solche Darstellungen können natürlich auch etwa in Form von Bildern gegeben werden. Man wird aber davon ausgehen dürfen, dass sich auch derartige nichtverbale Darstellungen ihrerseits verbal beschreiben lassen, zumindest dann, wenn die dargestellten Probleme einer algorithmischen Behandlung zugänglich sein sollen. Ein Algorithmus zur Verarbeitung der nichtverbalen Darstellung wird sich daher übersetzen lassen in einen Algorithmus, der stattdessen die zugehörigen verbalen Beschreibungen verarbeitet. Man wird deshalb nichts an grundsätzlichem Leistungsvermögen einbüßen, wenn man von vornherein annimmt, dass die betrachteten Algorithmen immer auf *Wörter* über irgendeinem endlichen Alphabet angewendet werden.

Nun gehört es anscheinend zu den unverzichtbaren mathematischen Konventionalien, dass Funktionen immer eine bestimmte - gewöhnlich endliche - *Stelligkeit* aufweisen müssen (obgleich die mengentheoretische Begriffsbildung dies keineswegs erfordert); deshalb soll auch hier mit diesem Brauch nicht gebrochen werden. Die Argumente der - zunächst - betrachteten Funktionen sind daher immer *geordnete n-Tupel* von Wörtern mit einer jeweils festen Anzahl von Komponenten. Man erkennt bereits hier, dass von dieser Festlegung nichts Wesentliches abhängt; denn etwa durch Einführung eines "neuen" Trennzeichens lassen sich sämtliche geordneten *n*-Tupel aus "alten" Wörtern jeweils als ein einziges "neues" Wort schreiben, sodass man die betrachteten Funktionen ebenso gut als einstellig auffassen könnte. Allerdings genügt diese Feststellung in

Bezug auf die hier behandelten Fragestellungen noch nicht, da außerdem der *"Berechenbarkeitscharakter"* einer Funktion nicht davon abhängen darf, ob die Argumente zunächst mit dem besagten Füllzeichen oder ohne dasselbe geschrieben werden. Es ist aber wohl klar, dass sich jeder einschlägige Algorithmus dahingehend abändern lässt, zunächst die Füllzeichen zu entfernen bzw. hinzuzufügen und im Übrigen so zu verfahren wie ursprünglich.

Von größerer Tragweite ist die folgende Feststellung: Eine Eigenart des Algorithmischen besteht darin, dass ein Algorithmus über einer vorgegebenen Eingabe *nicht zu terminieren braucht*. In solchen Fällen wird also eine Lösung des gerade behandelten Problems nicht ermittelt. Es wäre "unnatürlich" und würde überdies zu gewissen theoretischen Schwierigkeiten führen, wollte man dann irgendeine Lösung willkürlich vorschreiben. Vielmehr muss man sich zu der Auffassung bequemen, dass eine Lösung - in Bezug auf die gewissermaßen umgekehrt durch den fraglichen Algorithmus bestimmte Problemklasse - nicht vorhanden ist. Bestehen nun die Probleme einer Klasse in der Ermittlung von Funktionswerten, so ist also damit zu rechnen, dass die fragliche Funktion über gewissen infrage kommenden Argumenten nicht erklärt ist. Die Eigenart des Algorithmischen führt damit zwangsläufig zur Einbeziehung von sog. *partiellen Funktionen.*

Bei den folgenden Definitionen bezeichnet α ein endliches Alphabet wie bisher, und das (nicht zu α gehörige) Leerzeichen wird durch $*$ wiedergegeben. W_α sei dann *die Menge der endlichen nichtleeren Wörter über* α; wenn es auf α nicht ankommt, kann einfach auch W geschrieben werden. Bei Funktionen f soll $Db(f)$ den *Definitionsbereich* und $Wb(f)$ den *Wertebereich* bezeichnen; schließlich soll die Schreibweise $f \mid A \to B$ nur $Db(f) \subseteq A \wedge Wb(f) \subseteq B$ beinhalten (und nicht, wie vielfach üblich, $Db(f) = A \wedge Wb(f) \subseteq B$).

Definition 0: Sei W die Menge der nichtleeren endlichen Wörter über α und $n > 0$. Dann wird jedes $f \mid W^n \to W$ (mit $Db(f) \subseteq W^n \wedge Wb(f) \subseteq W$) als *n-stellige partielle Funktion über* W bezeichnet. Ist zusätzlich sogar $Db(f) = W^n$, so heißt f *total*; gilt dagegen $Db(f) \neq W^n$ (neben $Db(f) \subseteq W^n$), so ist f *echt partiell*. Die *nullstelligen* Funktionen sollen mit den *Konstanten* (hier $\in W^n$) identifiziert werden. -

Nach dieser Definition sind totale Funktionen gewissermaßen Entartungsfälle von partiellen. In der saloppen Umgangssprache versteht man unter einer partiellen Funktion dagegen eine echt partielle und unter einer Funktion ohne Zusatz eine totale. Hier soll gewöhnlich die Umgangssprache benutzt werden; wo es allerdings darauf ankommt, müssen dann die erforderlichen Präzisierungen vorgenommen werden. - Die übliche Identifizierung der nullstelligen Funktionen mit den Konstanten ist dadurch begründet, dass die Annahme der Existenz eines einzigen *geordneten Nulltupels* (das keine Komponenten hat) sinnvoll ist und diesem durch eine Funktion immer nur ein Wert zugeordnet werden kann. Daher entsprechen die nullstelligen *totalen* Funktionen umkehrbar eindeutig diesen Werten. Bei der Behandlung von partiellen Funktionen läge es allerdings nahe, auch die *nirgends erklärte* nullstellige Funktion zuzulassen; diese wäre aber ein in dem jetzt besprochenen Zusammenhang völlig uninteressantes Objekt und braucht deshalb hier gar nicht erst eingeführt zu werden. (Aufgrund der üblichen mengentheoretischen Fassung des Funktionsbegriffs wäre sie mit der *leeren Menge* identisch.) - In der Informatik ist es sinnvoll und üblich, auch das *leere Wort* zu betrachten; hier würde dessen Einbeziehung jedoch lediglich zu umständlicheren Formulierungen führen.

Definition 1: Sei $f \mid W^n \to W$ mit $n \geq 0$ (und W über einem Alphabet α) eine n-stellige partielle Funktion. Genau dann heißt f *partiell Turing-berechenbar*, wenn es eine Turingmaschine M_f mit folgenden Eigenschaften gibt:

1) Für $(W_1, ..., W_n) \in Db(f)$ gilt:

$$... * W_1 * ... * W_n * M_f * ... \vdash ... * f(W_1, ..., W_n) * M_f * ...$$

2) Ist $(W_1, ..., W_n) \notin Db(f)$, so erreicht M_f aus der durch

$$... * W_1 * ... * W_n * M_f * ...$$

dargestellten Anfangskonfiguration keine Endkonfiguration.

Ist f sogar eine totale Funktion (und die zweite Bedingung damit gegenstandslos), so heißt f *total Turing-berechenbar* oder auch einfach *Turing-berechenbar*. -

Bei den weiter oben zusammengestellten speziellen Turingmaschinen beinhalteten die angegebenen Verhaltensbeschreibungen offenbar immer auch, dass die vor und die hinter dem Zeichen $\vdash$ dargestellte Situation "dieselbe Stelle" auf dem Rechenband betrafen. Dies soll jetzt nicht verlangt werden; vielmehr darf die hinter dem Zeichen $\vdash$ wiedergegebene Situation gegenüber der vor diesem dargestellten auf dem Band beliebig "verschoben" sein.

Die Bezeichnungen "partiell berechenbar" und "total berechenbar" sind sprachlich nicht besonders geglückt, da auch eine echt partielle Funktion ja in ihrem gesamten Verlauf berechenbar sein soll. Richtiger müsste man deshalb von "berechenbaren partiellen bzw. totalen" Funktionen sprechen. Nichtsdestoweniger haben sich die beanstandeten Ausdrücke allgemein eingebürgert.

Ungleich wichtiger ist eine Kommentierung der zweiten Bedingung in der Definition: Diese besagt ja, dass ein zur Berechnung einer partiellen Funktion dienender Algorithmus außerhalb von deren Definitionsbereich nirgends terminieren darf (zumindest soweit von infrage kommenden Argumenten die Rede ist). Dies mag Manchem unplausibel erscheinen, da man vielleicht ebenso gut finden kann, dass es völlig gleichgültig ist, wie sich ein die Werte einer partiellen Funktion korrekt berechnender Algorithmus außerhalb von deren Definitionsbereich verhält. Welcher Meinung man hierzu auch sein mag, für den Aufbau der Theorie ist die Frage im Sinne von Definition 1 entschieden. Vorerst kann dazu lediglich noch mitgeteilt werden, dass sich tatsächlich im weiteren Verlauf der Überlegungen eine wesentliche Abhängigkeit des Bereichs der berechenbaren partiellen Funktionen von der Entscheidung in Bezug auf diese Frage herausstellen wird. (Die Klasse der als Definitionsbereich einer derartigen Funktion auftretenden Mengen wird durch die zweite Bedingung eingeschränkt.) Aufgrund der zweiten Bedingung ergibt sich für die Theorie eine größere Geschlossenheit. Andererseits könnte man auch die getroffene Entscheidung als bloße Sprachregelung auffassen: Bei Bedarf ließe sich nämlich jetzt die Theorie derjenigen Funktionen entwickeln, die sich durch Fortsetzung von berechenbaren partiellen Funktionen (auf Bereiche A mit $Db(f) \subseteq A \subseteq W^n$ und dem passenden n) ergeben, und im Falle der gegenteiligen Entscheidung könnte man die interessante Teilklasse derjenigen berechenbaren partiellen Funktionen studieren, deren Definitionsbereich mit dem Bereich übereinstimmt, über welchem ein geeigneter zur Berechnung dienender Algorithmus terminiert.

Neben derartigen pragmatischen Fragen ist die Erörterung einer mathematisch-logischen Schwierigkeit unerlässlich: In den Begriff der berechenbaren (totalen oder partiellen) Funktion geht die vereinbarte *Rechenkonvention* mit ein, welche ja festlegt, dass die Maschine jeweils unmittelbar hinter dem in Form einer Sequenz vorzugebenden Argument auf das sonst leere Band angesetzt wird (bei nullstelligen Funktionen also auf das leere Band) und dass sie nach Abschluss einer Rechnung unmittelbar hinter dem als nichtleeres Wort dargestellten Ergebnis stehen bleibt, wobei das Band außer dem Ergebniswort keine weitere Beschriftung mehr aufweist. Es wäre nun äußerst unerfreulich, wenn sich herausstellen würde, dass der Berechenbarkeitscharakter einer Funktion von derartigen technischen Vereinbarungen abhängen könnte, zumal die hier getroffene Verabredung nicht die einzig sinnvolle ist.

Um diese unerwünschte Möglichkeit auszuschließen, könnte man zunächst einmal versuchen, den Begriff der Rechenkonvention ganz allgemein zu erklären und sodann zu beweisen, dass die Berechenbarkeit bzw. Nichtberechenbarkeit einer Funktion für sämtliche infrage kommenden Konventionen dieselbe ist. Ein derartiges Vorgehen würde vielleicht schon an der Schwierigkeit scheitern, zufrieden stellend und erschöpfend zu sagen, was man unter einer Rechenkonvention zu verstehen habe; es ließe sich dem Versuch an die Seite stellen, die Algorithmusvorstellung begrifflich zu fassen. Stattdessen könnte man auf den einfacheren Weg verfallen, gewissermaßen empirisch vorzugehen und solange immer weitere Konventionen auszudenken, bis man davon überzeugt ist, dass Einem dazu nichts wesentlich Neues mehr einfallen kann, und anschließend für die eingeführten Konventionen zu beweisen, dass sie sämtlich zu derselben Klasse von berechenbaren partiellen Funktionen führen. Im Erfolgsfall könnte man nach Abschluss dieses umfangreichen Vorhabens davon ausgehen, dass der Berechenbarkeitscharakter einer Funktion zumindest von den naheliegenden Rechenkonventionen nicht abhängt. Glücklicherweise erscheint auch diese jedenfalls sehr aufwändige Möglichkeit weitgehend entbehrlich: Der Beweis eines später behandelten wichtigen Satzes (des sog. *Normalformentheorems*) lässt nämlich Gründe von großer Allgemeinheit deutlich werden, aus denen eine Abhängigkeit des Berechenbarkeitsbegriffs von Rechenkonventionen nicht zu erwarten ist.

Deshalb soll hier lediglich ein einfaches Beispiel für die zuletzt beschriebene Vorgehensweise vorgeführt werden: Die erste zugrunde gelegte Rechenkonvention sei die aus Definition 1. Die zweite soll sich von dieser nur dadurch unterscheiden, dass die Maschine zu Beginn der Rechnung auf ein ganz *beliebiges* Feld angesetzt werden darf; insbesondere gelten also für die Wiedergabe des Ergebnisses dieselben Bedingungen wie vorher. Dann ist trivial, dass jede im Sinne der zweiten Konvention berechenbare Funktion f auch berechenbar im Sinne der ersten ist; denn der Beginn einer Rechnung gemäß der ersten Konvention ist in beiden Fällen zulässig, und eine f nach der zweiten Konvention berechnende Maschine M_f leistet daher auch im Sinne der ersten Konvention das Verlangte. Umgekehrt ist auszuschließen, dass die aufgrund der gelockerten Anfangsbedingung ja verschärfte Forderung an die gemäß der zweiten Konvention rechnenden Maschinen den Bereich der berechenbaren Funktionen einschränkt. Sei also g eine nach Konvention 1 berechenbare (partielle) Funktion. Dann gibt es eine zu ihrer vereinbarungsgemäßen Berechnung befähigte Maschine M_g. Nach den vorangestellten Überlegungen berechnet dann offenbar die Maschine $S \wr M_g$ die Funktion g gemäß Konvention 2, und g ist auch in diesem Sinne berechenbar. -

Nun sind Wörter und Wortfunktionen über verschiedenen Alphabeten nicht ohne weiteres miteinander vergleichbar. Man ist aber gewissermaßen an einem gemeinsamen Maßstab interessiert. Hierzu bietet sich an, die über verschiedenen Alphabeten gebildeten Wörter als Bezeichnungen derselben Bezugsgrößen einer

einheitlichen Art aufzufassen, nämlich der *natürlichen Zahlen*. Es gibt mannigfache Möglichkeiten, ein nichtleeres Wort $a_{k_0} \ldots a_{k_n}$ über einem Alphabet $\alpha =$
$\{a_1, \ldots, a_N\}$ als Bezeichnung einer natürlichen Zahl zu deuten, etwa als Darstellung der Zahl m mit den $(N+1)$-adischen Ziffern $k_0, \ldots, k_n$ oder auch als die von
$p_0^{k_0} \ldots \cdot p_n^{k_n}$, wobei p_k die k-te Primzahl (mit $p_0 = 2$) bezeichnet. (Dass bei den
angeführten Interpretationen nicht jede natürliche Zahl bezeichnet wird, ließe
sich ohne grundsätzliche Schwierigkeit auch vermeiden, wie später noch deutlich wird, spielt aber im Augenblick keine Rolle.) Man gibt damit jeder Wortfunktion eine Deutung als - von dem fraglichen Alphabet unabhängige - arithmetische Funktion. *Die Theorie der berechenbaren Funktionen beliebiger Art lässt
sich somit auf die der berechenbaren zahlentheoretischen Funktionen zurückführen*. Aufgrund der herausragenden Bedeutung der natürlichen Zahlen für die
Mathematik wird die Berechenbarkeitstheorie gewöhnlich in der Tat so dargestellt.

Zu beachten ist dabei die *höhere Abstraktionsstufe* der Interpretation: Unmittelbar verarbeitet durch Algorithmen (Turingmaschinen) werden ja nicht die natürlichen Zahlen selbst, sondern gewisse Wörter, die zur Darstellung der Zahlen
dienen. Wenn man zwischen Wörtern und ihren schriftlichen Realisierungen
unterscheidet (was für die hier durchgeführten Untersuchungen unerheblich
wäre), sind allerdings Wörter ebenfalls *abstrakte* Gebilde. Die größere Abstraktheit der arithmetischen Interpretation liegt aber jedenfalls darin, dass von den
ganz unterschiedlichen Möglichkeiten der Darstellung von Zahlen durch Wörter
weitgehend abgesehen werden kann.

Der Berechenbarkeitscharakter einer zahlentheoretischen Funktion wird nicht
von der gewählten Zahlendarstellung abhängen, zumindest solange nicht, wie
die infrage kommenden Darstellungen sich algorithmisch in einander überführren lassen. Denn eine zur Berechnung dienender Algorithmus lässt sich offenbar
immer durch Davor- bzw. Dahinterschalten des erforderlichen Umrechnungsverfahrens entsprechend abändern.

Da es hier nicht auf die Kürze oder Eleganz einer Berechnung ankommt, kann
eine Zahlendarstellung gewählt werden, die bequeme theoretische Betrachtungen ermöglicht. Eine solche ist die sog. *unäre* Darstellung: Dazu kommt man mit
einem Alphabet α aus, das aus einer einzigen - hier durch | wiedergegebenen -
Markierung besteht (das Leerzeichen wird wie zuvor durch * dargestellt); die
Zahl $n \in \mathbf{N}$ wird dann jeweils durch das aus genau $n+1$ Vorkommen von | gebildete Wort $| \ldots | =_{Df} |^{n+1}$ bezeichnet (damit die Darstellung der Zahl 0 sich von
sozusagen gar nichts unterscheidet). - Es dürfte ziemlich klar sein, dass unäre
und etwa binäre, dezimale oder irgendwelche anderen g-adischen Zahlendar-

stellungen sich durch geeignete Turingmaschinen ineinander überführen lassen; der exakte Nachweis wäre lediglich eine Fleißaufgabe.

Überträgt man jetzt Definition 1 auf arithmetische Funktionen, so ergibt sich:

Definition 1°: Sei $f | \mathbf{N}^n \to \mathbf{N}$ mit $n \geq 0$ eine n-stellige partielle Funktion. Genau dann heißt *f partiell Turing-berechenbar*, wenn es eine Turingmaschine M_f mit folgenden Eigenschaften gibt:

1) Für $(x_1, ..., x_n) \in Db(f)$ gilt:

$$... * \mid^{x_1+1} * \mid^{x_2+1} * ... \mid^{x_n+1} * M_f * ... \vdash ... * \mid^{f(x_1, ..., x_n)+1} * M_f * ...$$

2) Ist $(x_1, ..., x_n) \notin Db(f)$, so erreicht M_f aus der durch

$$... * \mid^{x_1+1} * \mid^{x_2+1} * ... \mid^{x_n+1} * M_f * ...$$

dargestellten Anfangskonfiguration keine Endkonfiguration.

Ist f sogar eine n-stellige totale Funktion, so heißt f ggf. (*total*) *Turing-berechenbar*. In der ersten Bedingung ist dann die Voraussetzung $(x_1, ..., x_n) \in Db(f)$ immer von selbst erfüllt (und braucht daher nicht angeführt zu werden), während die zweite Bedingung wegen ihrer stets falschen Voraussetzung trivialerweise immer erfüllt und damit gegenstandslos ist. -

Wieder soll die erste Bedingung nicht ausdrücken, dass Argument und Ergebnis einer Rechnung sich auf dem Band "an derselben Stelle" befinden müssen. - Ausdrücklich erwähnt werden soll, dass f auch nullstellig sein darf. In diesem Fall muss M_f auf das leere Band angesetzt werden. - In Bezug auf das Verhalten von M_f über anderen als n-stelligen Argumenten wird nichts verlangt. -

Im Folgenden wird nun zunächst eine Reihe von Nachweisen der Turing-Berechenbarkeit geführt. Warum dies gerade für die hier behandelten Funktionen und Schemata erfolgt, wird sich später aus dem Aufbau der Theorie ergeben. Entsprechend der Definition der Berechenbarkeit bestehen die Beweise in der Angabe einer Turingmaschine, für die dann jeweils ein bestimmtes Verhaltensmuster nachgewiesen wird. Dies geschieht im Grundsatz auf die gleiche Weise wie bei den früher behandelten speziellen Turingmaschinen. In den meisten Fällen kann dabei die Behauptung aus den angegebenen Diagrammen leicht abgelesen werden. - Das den fraglichen Maschinen zugrunde liegende Alphabet ist immer $\alpha = \{ \mid \}$ und braucht nicht eigens notiert zu werden. Die *Markiermaschine* wird (wie bereits vorher) mit $\mid$ bezeichnet und die *Löschmaschine* mit $*$. Wenn es bei den behandelten Funktionen auf die Anzahl der Argumentstellen nicht besonders ankommt, wird statt $(x_1, ..., x_n)$ auch "vektoriell" einfach $\boldsymbol{x}$ geschrieben; dabei ist auch $n = 0$ nicht von vornherein ausgeschlossen.

Satz 0: Jede *nullstellige* Funktion $f \in \mathbf{N}$ ist (total) Turing-berechenbar.

Beweis: Ersichtlich leistet die Maschine $(\,|\,\boldsymbol{r})^{f+1}$ jeweils das Verlangte. -

Dieser (deshalb mit 0 nummerierte) Satz wird für später nicht benötigt, da er auf einem etwas gewundenen Wege aus anderen Aussagen gefolgert werden kann; wegen der Einfachheit seines Beweises wird er jedoch hier mit aufgeführt.

Satz 1: Die *Addition* $+ \,|\, \mathbf{N}^2 \to \mathbf{N}$ ist Turing-berechenbar.

Beweis: Aufgrund von Definition 1* sind die Darstellungen der beiden Summanden zu einem Wort zusammenzufassen und die Markierungen dabei um eine zu vermindern. Dies leistet offenbar die Maschine $\boldsymbol{L}\,|\,\boldsymbol{R}\,\boldsymbol{l} * \boldsymbol{l} *$. -

Satz 2: Die *Multiplikation* $\cdot \,|\, \mathbf{N}^2 \to \mathbf{N}$ ist Turing-berechenbar.

Beweis: Sei $\boldsymbol{M}$ durch das folgende Diagramm gegeben:

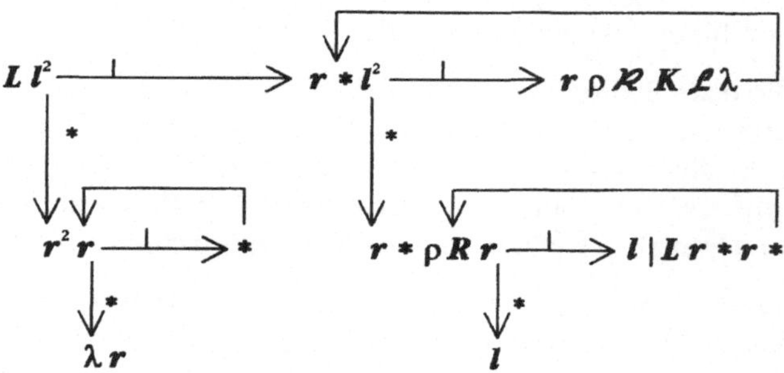

Aufgrund der früher in Bezug auf das Verhalten der verwendeten Komponenten getroffenen Feststellungen entnimmt man dem Diagramm (für den Fall, dass $\boldsymbol{M}$ konventionsgemäß auf die Darstellung zweier Faktoren x, y angesetzt wird):

Ist der erste Faktor $x = 0$, so wird links oben auf den Ausgang $*$ verzweigt und durch die darunter dargestellte Schleife der zweite Faktor y von links her gelöscht; schließlich bleibt $\boldsymbol{M}$ unmittelbar hinter der Darstellung von $0 = x \cdot y$ stehen.

Ist dagegen $x \neq 0$, so verzweigt *M* oben links auf den Ausgang |. Die rechts oben dargestellte Schleife kopiert dann y (d.h. jeweils Strichfolgen der Länge $y+1$) zunächst $(x-1)$-mal (im Entartungsfall $x=1$ also keinmal) nach rechts, wobei der "Rest" von x als Zähler dient und sukzessive gelöscht wird; danach befindet sich eine Sequenz aus genau x unären Darstellungen von y auf dem Band. *M* verzweigt dann auf die Schleife rechts unten; in dieser werden die Darstellungen von y (falls es mehrere sind) zu einem Wort zusammengefasst und dabei genau $x-1$ überzählige Markierungen entfernt. Schließlich bleibt *M* unmittelbar hinter der Darstellung von $x \cdot y$ stehen, qed. -

Vor der Formulierung des nächsten Satzes muss eine Schreibweise eingeführt werden. Sie dient zur Unterscheidung von Variablen, die jeweils bestimmte, im Verlauf der fraglichen Überlegung fest gehaltene, wenn auch nicht genau spezifizierte Werte bezeichnen, von solchen, die auch in Bezug auf die angestellte Betrachtung veränderliche Werte darstellen und gewissermaßen für ihre gesamte Variationsbreite stehen. Im ersten Fall sind Einsetzungen von konkreten Werten sinnvoll, im zweiten nicht. Dafür sind im ersten Fall Umbenennungen nicht ohne weiteres zulässig, während sie im zweiten keinen Schaden stiften, wenn man dabei keine offenkundigen Torheiten begeht. Beispielsweise bezeichnen *sin x* und *sin y* "im Allgemeinen" verschiedene Werte, wenn x und y für bestimmte feste Größen stehen, jedoch dieselbe Funktion, wenn sie deren gesamten Definitionsbereich vertreten. Um nun die verschiedenen Weisen des Gebrauchs von Variablen zu unterscheiden, wird auf die von CHURCH eingeführte sog. λ-*Schreibweise* zurückgegriffen. Hierbei werden die für ihren Variationsbereich stehenden Variablen jeweils vor Funktionstermen und ebenso auch vor Relationsausdrücken hinter einem λ aufgeführt. So bezeichnet z.B. $\lambda xy\, f(x, y, z)$ diejenige zweistellige Funktion, die aus der dreistelligen Funktion $\lambda xyz\, f(x, y, z)$ dadurch hervorgeht, dass für die dritte Argumentstelle eine (nicht näher bestimmte) Größe z als fester Parameterwert eingesetzt wird, während die beiden ersten frei variiert werden. - Offenbar ist $\lambda xy\, f(x, y, z) = \lambda ab\, f(a, b, z)$, aber im Allgemeinen *nicht* $\lambda xy\, f(x, y, z) = \lambda xy\, f(x, y, c)$. Dass für $\lambda xy\, f(x, y, z)$ nicht auch etwa $\lambda xz\, f(x, z, z)$ geschrieben werden darf, versteht sich wohl von selbst.

Satz 3: Die sog. *Identitätsfunktionen* $\lambda x_1 \ldots x_n\, I_n^k(x_1, \ldots, x_n)$ mit

$$I_n^k(x_1, \ldots, x_n) =_{Df} x_k \quad \text{(für } n > 0 \text{ und } 1 \leq k \leq n)$$

sind sämtlich Turing-berechenbar

Beweis: Aus der Argumentsequenz ist jeweils lediglich die richtige Stelle herauszuschneiden. Offenbar leistet dies jedesmal die durch das folgende Diagramm gegebene Maschine:

$$(l * l \xrightarrow{\quad * \quad})^{n-k} A$$

Dabei werden die Exemplare der innerhalb der Klammern stehenden Maschine nur für $k < n$ benötigt und die Abschlussmaschine A nur für $1 < k$. Für $k = n = 1$ genügt die Stoppmaschine s. -

Man erkennt übrigens, dass sich ein Algorithmus angeben lässt, der zu vorgegebenen k, $n \in \mathbf{N}$ mit $1 \leq k \leq n$ jeweils die obige Turingmaschine "ausrechnet". Setzt man zusätzlich fest, dass jedem "unpassenden" Paar (k, n) etwa eine bestimmte niemals terminierende Maschine zugeordnet wird, so erhält man eine über $\mathbf{N}^2$ totale effektiv berechenbare Funktion. Durch eine leichte Verfeinerung der Argumentation lässt sich sogar begründen, dass es über $\mathbf{N}^2$ eine zusätzlich injektive effektiv berechenbare Funktion gibt, deren "Werte" Turingmaschinen zur Berechnung der Identitätsfunktionen bzw. niemals terminierende Maschinen sind. Aus dem angegebenen Diagrammschema unmittelbar ersichtlich ist, dass man für k, m mit k, $m < n$ und $k \neq m$ immer *verschiedene* Diagramme erhält. - Zunächst ist hier nur von Berechenbarkeit im intuitiven Sinne die Rede. Die Programmierung einer entsprechenden Turingmaschine würde außer einiger Mühe auch die Festlegung einer geeigneten Kodierung erfordern, welche es ermöglicht, Turingmaschinen auf einem Turingband darzustellen. -

Bereits weiter oben war davon die Rede, dass viele mathematische Größen sich gewissermaßen in *Funktionen* transformieren lassen. Zu diesen Größen gehören auch *Mengen* und *Relationen*. Aufgrund der oben vorgenommenen Reduktion auf die Arithmetik werden hier gewöhnlich Mengen und Relationen von natürlichen Zahlen betrachtet. Eine *n-stellige Relation* - zunächst mit $n \geq 2$ - ist dann eine Menge von geordneten n-Tupeln natürlicher Zahlen, d.h. irgendeine Teilmenge von $\mathbf{N}^n$. Lässt man auch "geordnete Eintupel" zu, so kann man diese jeweils mit ihrer einzigen Komponente zumindest identifizieren; damit lassen sich Mengen als *einstellige Relationen* auffassen. Da *Eigenschaften* in der Mathematik gewöhnlich jeweils mit der Menge der mit ihnen behafteten Objekte identifiziert werden, sind also einstellige Relationen zugleich Eigenschaften. Lässt man auch das - einzige, weil komponentenlose - "geordnete Nulltupel" zu, so ist eine *nullstellige Relation* entweder leer, oder sie enthält das Nulltupel als einziges Element. Es liegt dann nahe, die beiden nullstelligen Relationen mit den *Wahrheitswerten* $\mathbf{F}$ bzw. $\mathbf{W}$ zu identifizieren; tatsächlich spielt diese Möglichkeit hier aber kaum eine Rolle. - Begrifflich wird vielfach scharf zwischen Relationen und ihren sprachlichen Bezeichnungen, sog. *Prädikaten*, unterschieden. In der hier behandelten Theorie hat es sich jedoch eingebürgert, diesen Unterschied zu verwischen, sodass häufig von "Prädikaten" gesprochen wird, wenn eigentlich Relationen gemeint sind. - Die angesprochene Reduktion von Relationen auf Funktionen führt jetzt zu

Definition 2: Sei $\lambda x_1 \ldots x_n\, R(x_1, \ldots, x_n)$ eine n-stellige (arithmetische) Relation; dann heißt $\chi_R \mid \mathbf{N}^n \to \mathbf{N}$ mit

$$\chi_R\,(x_1, \ldots, x_n) =_{\text{Df}} \begin{cases} 0 & \text{für } R(x_1, \ldots, x_n) \\ \\ 1 & \text{sonst} \end{cases}$$

die *charakteristische Funktion von R.* -

Hier wird gewissermaßen 0 als Antwort "ja" auf die Zugehörigkeitsfrage aufgefasst und 1 als "nein". In der *Booleschen Algebra* ist dies meistens umgekehrt. Warum man sich hier dieser Gepflogenheit gewöhnlich nicht anschließt, kann erst etwas später erklärt werden. Im Übrigen kommt es - auch bei den in der Definition ja nicht angesprochenen Berechenbarkeitsfragen - nicht grundsätzlich darauf an, für welche der beiden Alternativen man sich entscheidet; die aus Definition 2 wird aber in der Berechenbarkeitstheorie ganz überwiegend bevorzugt. Da es in der Mathematik bei Konventionsfragen niemals ganz einheitlich zugeht, findet man in der Literatur gelegentlich auch Abweichungen hiervon, z.B. 1 für ja und 0 für nein oder 0 für ja und $\neq 0$ für nein (ebenso gut wäre auch 17 bzw. 4 oder gerade bzw. ungerade möglich).

Ausdrücklich soll darauf hingewiesen werden, dass charakteristische Funktionen immer *totale* Funktionen (der fraglichen Stellenzahl) sind. Eine über einem infrage kommenden Argument nicht erklärte charakteristische Funktion würde darauf hinauslaufen, dass neben "wahr" und "falsch" ein weiterer Wahrheitswert - sinngemäß etwa "unentschieden" - eingeführt und damit bei der Logik das *Prinzip der Zweiwertigkeit* aufgegeben würde. Weil hier aber an diesem Prinzip festgehalten werden soll, würden "partielle Relationen" keinen rechten Sinn ergeben.

Satz 4: $\chi_< \mid \mathbf{N}^2 \to \mathbf{N}$ ist Turing-berechenbar.

Beweis: Die beiden zu vergleichenden Zahlen werden in Form einer aus zwei Strichfolgen gebildeten Sequenz vorgegeben, und es ist festzustellen, ob die linke Strichfolge kürzer ist als die rechte. Dies kann dadurch geschehen, dass abwechselnd - mit Rechts beginnend - von außen her in jedem Wort jeweils solange ein Strich gelöscht wird, bis eines der Wörter verschwunden ist; genau dann ist die links dargestellte Zahl kleiner als die rechte, wenn dabei die linke

Strichfolge als erste gelöscht ist. Demnach wird die charakteristische Funktion
der <-Relation durch folgende Maschine berechnet:

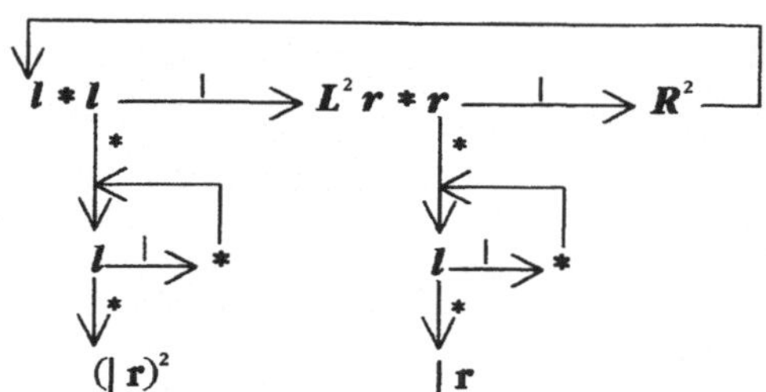

Man liest ab, dass zunächst durch die obere Schleife die vorgegebenen Zahldarstellungen auf die besagte Weise abwechselnd verkleinert werden. Falls die
rechte Zahl als erste verschwunden ist, wird auf die linke untere Schleife verzweigt und durch diese von rechts her der noch vorhandene Rest der linken
Zahl gelöscht und anschließend vor dem Anhalten die Darstellung der 1 erzeugt.
Andernfalls verschwindet zuerst die linke Zahl; danach wird durch die rechte
untere Schleife von links her auch der Überrest der rechten Zahl entfernt und
schließlich die Darstellung der 0 erzeugt, qed. -

Im Hinblick auf spätere Überlegungen soll festgehalten werden, dass die Maschinen aus den Sätzen 1, 2, 4 *paarweise verschieden* sind und auch nicht unter
den im Beweis von Satz 3 angegebenen vorkommen. Dies ergibt sich "semantisch" aus dem unterschiedlichen Leistungsvermögen der fraglichen Maschinen,
kann aber auch "syntaktisch" schon aus den zugehörigen Diagrammen abgelesen werden. (Eine gewisse Erschwerung des zuletzt genannten Vorgehens ergibt
sich für den "allgemeinen Fall" daraus, dass die in den Diagrammen auftretenden komplexen Teilmaschinen eigentlich zunächst durch aus Elementarmaschinen zusammengesetzte Teildiagramme ersetzt werden müssten, um ggf. unterschiedliche Strukturen und damit auch unterschiedliche Maschinentafeln feststellen zu können. In den vorliegenden konkreten Fällen erscheint dies jedoch
entbehrlich.)

Ein Umstand soll noch festgehalten werden: Vergegenwärtigt man sich die Arbeitsweise der oben zum Nachweis der Turing-Berechenbarkeit angegebenen
Maschinen, so stellt man fest, dass sie sämtlich *"nach rechts rechnen"*. Dies soll
besagen, dass die Maschinen - wenigstens bei normgerechten Anwendungen -
sämtlich auf dem Band jeweils um höchstens ein (bezogen auf alle Anwen-
dungsfälle) *beschränktes* Stück über das ursprünglich am weitesten links gelege-

ne markierte Feld nach links hinaus gelangen. Zumindest für die Berechnung der fraglichen Funktionen würde daher ein *einseitig nach rechts unbegrenztes Rechenband* genügen. -

Funktionen werden gewöhnlich durch Gleichungen zwischen sog. *Funktionstermen* definiert. Solche Terme sind "namenartige" Ausdrücke, die dem Sinn nach für Funktionswerte stehen, hier also durchweg für natürliche Zahlen. (Da diese von der jeweiligen Bedeutung vorkommender Variablen abhängen können, brauchen sie keine festen Werte zu sein.) Bei partiellen Funktionen ist jedoch damit zu rechnen, dass sie über bestimmten Argumenten nicht erklärt sind; zugehörige Funktionsterme bezeichnen deshalb u.U. überhaupt keinen Wert. (Auch dies kann natürlich von der Bedeutung vorkommender Variablen abhängen.) Nun sind Gleichungen "satzartige" Ausdrücke, welche ja für einen der beiden Wahrheitswerte stehen. (Welcher das jeweils ist, kann natürlich wiederum von der Bedeutung vorkommender Variablen abhängen.) Wenn man jetzt nicht gegen das Zweiwertigkeitsprinzip der Logik verstoßen will, kann man also nicht den Wahrheitswert einer Gleichung zwischen Funktionstermen, von denen einer (oder auch beide) keinen Funktionswert darstellen, als "unbestimmt" festlegen, obgleich dies vielleicht als nahe liegend erscheint; vielmehr muss man jeweils einen der beiden Werte "wahr" und "falsch" auch den Fällen zuschreiben, in denen eine oder beide Seiten einer Gleichung nicht erklärt sind. Dies geschieht (über die Bedeutung der aussagenlogischen Äquivalenz) durch die folgende

Definition 3: Für partielle (arithmetische) Funktionen $\lambda\, x f(x)$, $\lambda\, y g(y)$ wird festgesetzt:

$$f(x) = g(y) \Leftrightarrow_{Df} (f(x) \in \mathbf{N} \wedge g(y) \in \mathbf{N} \wedge f(x) = g(y)) \vee (f(x) \notin \mathbf{N} \wedge g(y) \notin \mathbf{N})$$

(Hier ist $\in \mathbf{N}$ bzw. $\notin \mathbf{N}$ so zu verstehen, dass der fragliche Funktionswert definiert bzw. nicht erklärt ist.)

Für den Gebrauch des Zeichens $\neq$ wird festgelegt:

$$f(x) \neq g(y) \Leftrightarrow_{Df} f(x) \in \mathbf{N} \wedge g(y) \in \mathbf{N} \wedge f(x) \neq g(y)$$

(Andernfalls hat man ggf. $\neg\, f(x) = g(y)$ zu schreiben.) -

Die jetzt auch auf nicht erklärte Werte ausgedehnte Bedeutung des Gleichheitszeichens wird als *erweiterte* oder auch als *verschärfte Gleichheit* bezeichnet. In der Literatur wird dafür meistens ein eigenes Zeichen benutzt, nämlich $\simeq$. Dies ist jedoch unnötig, da man stattdessen ebenso gut vereinbaren kann, dass *bei partiellen Funktionen das gewöhnliche Gleichheitszeichen immer die Bedeutung der erweiterten Gleichheit haben soll.* (Falls es sich um definierte Funktionswerte handelt, bedeuten die erweiterte und die gewöhnliche Gleichheit dasselbe.) - Der oben vereinbarte Gebrauch des $\neq$-Zeichens ist üblich; man muss dabei beachten, dass $\neq$ *nicht* die Negation der erweiterten Gleichheit ausdrückt. - Schließlich soll noch betont werden, dass die erweiterte Gleichheit immer nur die (definierten oder unerklärten) *Werte* von partiellen Funktionen betrifft. Diese Funktionen selbst sind ja wohldefinierte Objekte, für welche die obige Erweiterung der Gleichheit nicht infrage kommt. (Das gilt sogar für die nirgends definierte partielle Funktion.) - Wird eine Seite einer Gleichung von einer (Zahlen-) Variablen gebildet, wie z.B. bei $y = f(x)$, so ist diese in Bezug auf die erweiterte Gleichheit immer als "definiert" zu behandeln. Bei Variablen kann es nämlich nicht vorkommem, dass eine Wertzuweisung keinen erklärten Wert liefert.

Begrifflich lässt sich die erweiterte Gleichheit auf die gewöhnliche zurückführen: Fügt man ein von allen natürlichen Zahlen verschiedenes Objekt **u** (etwa die Menge **N**) hinzu und nennt die erweiterte Menge [**N**], so erhält man zu jeder partiellen Funktion $f \mid \mathbf{N}^n \to \mathbf{N}$ durch die Festsetzung

$$f^*(x) =_{\text{Df}} \begin{cases} f(x) & \text{für } f(x) \in \mathbf{N} \\ \mathbf{u} & \text{sonst} \end{cases}$$

eine überall auf $\mathbf{N}^n$ erklärte Funktion $f^* \mid \mathbf{N}^n \to [\mathbf{N}]$, und jede der beiden Funktionen f und f^* lässt sich aus der anderen gewinnen, wenigstens im "idealen" Sinne und nicht notwendig auch effektiv. Für zwei partielle Funktionen $\lambda x f(x)$ und $\lambda y g(y)$ gilt dann offenbar:

$$f(x) = g(y) \Leftrightarrow f^*(x) = g^*(y)$$

Dabei bezeichnet das Gleichheitszeichen links die erweiterte Gleichheit und rechts die gewöhnliche (weil dort die fraglichen Werte immer erklärt sind). - Falls man Wert auf Geschlossenheit legt, muss man die $f^* \mid \mathbf{N}^n \to [\mathbf{N}]$ noch zu Funktionen $f^* \mid [\mathbf{N}]^n \to [\mathbf{N}]$ fortsetzen. Wie etwas weiter unten deutlich wird, ist dazu die - ohnehin nahe liegende - Festsetzung

$$f^*(x) =_{\text{Df}} \mathbf{u}, \text{ falls } x \text{ wenigstens eine Komponente } \mathbf{u} \text{ aufweist}$$

die einzig sinnvolle Möglichkeit.

Der obige Kunstgriff ist im Hinblick auf die hier im Mittelpunkt stehende Fragestellung allerdings mit Vorsicht zu genießen: Bei der Erweiterung einer berechenbaren partiellen Funktion $f \mid \mathbf{N}^n \to \mathbf{N}$ zu der totalen Funktion $f^* \mid [\mathbf{N}]^n \to [\mathbf{N}]$ *braucht diese nicht mehr berechenbar zu sein.* Ist nämlich auch f^* berechenbar, so verfügt man über ein sog *effektives Entscheidungsverfahren* für die Frage, ob f über x erklärt ist oder nicht; man braucht dann ja nur $f^*(x)$ auszurechnen und nachzuprüfen, ob man eine natürliche Zahl oder u herausbekommen hat. Es gehört aber zu den wichtigen Ergebnissen der Berechenbarkeitstheorie, dass für gewisse berechenbare partielle Funktionen die Frage nach der Definiertheit über beliebigen infrage kommenden Argumenten *nicht effektiv entscheidbar* ist (das wird später noch gezeigt).

Solange es nicht um Effektivitätsfragen geht, ist der oben angewendete Kunstgriff aber unbedenklich, und die Eigenschaften der Identität übertragen sich unmittelbar auf die erweiterte Gleichheit. Insbesondere sind dies *Reflexivität*, *Symmetrie* und *Transitivität*. Darüber hinaus gilt für partielle Funktionen $\lambda x f(x)$, $\lambda y g(y)$ ersichtlich:

$$f = g \Leftrightarrow \forall x\ f(x) = g(x)$$

Zwei partielle Funktionen stimmen also genau dann im gewöhnlichen Sinne überein, wenn dies auf ihre Werte überall im erweiterten Sinne zutrifft.

Durch die gerade vorgenommene Interpretation der erweiterten Gleichheit zwischen "eigentlichen" Werten als gewöhnliche Identität zwischen Werten, die auch "uneigentlich" sein dürfen, wird der Gebrauch der erweiterten Gleichheit mathematisch ausreichend begründet. Im pragmatischen Sinne erscheint diese Auffassung jedoch vielleicht als nicht ganz befriedigend; vielmehr würde es der dahinter stehenden Absicht wohl besser entsprechen, die erweiterte Gleichheit als *Kongruenzrelation zwischen Funktionstermen* aufzufassen. Dies würde aber die Entwicklung einer mathematischen Theorie solcher Terme erfordern und wäre mit einigem zusätzlichen Aufwand verbunden. Da es in der Berechenbarkeitstheorie (wie fast überall in der Mathematik) ohnehin üblich ist, Definitionen von Funktionen "naiv" zu handhaben, wurde auch hier die dargelegte Auffassung bevorzugt. -

Um die erweiterte Bedeutung des Gleichheitszeichens handelt es sich auch bei dem zur Definition von Funktionen häufig angewendeten *Einsetzungsverfahren*, wenn dieses partielle Funktionen betrifft: Dazu wird zunächst festgesetzt:

Definition 4: Seien $\lambda y_1 \ldots y_m\ g(y_1, \ldots, y_m)$ und $\lambda x h_1(x)$, $\ldots$, $\lambda x h_m(x)$ partielle Funktionen. Dann gelte für die durch

$$f(x) =_{Df} g(h_1(x), \ldots, h_m(x))$$

erklärte Funktion $\lambda x f(x)$:

$$f(x) \in \mathbf{N} \Leftrightarrow_{Df} h_1(x) \in \mathbf{N} \wedge \ldots \wedge h_m(x) \in \mathbf{N} \wedge g(h_1(x), \ldots, h_m(x)) \in \mathbf{N}$$

Die Bedeutung dieses sog *Einsetzungsschemas* wird also dahingehend präzisiert, dass ein durch Einsetzung von partiellen Funktionen in eine ebensolche Funktion definierter Wert an einer Argumentstelle genau dann erklärt ist, wenn an dieser Stelle sämtliche einzusetzenden Funktionen definiert sind und an der durch die zugehörigen Werte gegebenen Stelle die Funktion erklärt ist, in welche eingesetzt wird. Obgleich diese Festsetzung natürlich nahe liegt, ist sie nicht die einzig mögliche: Durch sie wird nämlich verlangt, dass auch solche Werte einer einzusetzenden Funktion definiert sein müssen, von denen der Wert der "äußeren" Funktion gar nicht abhängt. Im Extremfall wird also eine nur "formal" von einigen Variablen abhängige konstante Funktion dadurch überall nicht erklärt, dass für eine ihrer Variablen die nirgends definierte Funktion eingesetzt wird. Demgegenüber führt die Einsetzung von totalen Funktionen in eine totale Funktion stets wieder zu einer ebensolchen Funktion.

Definition 4 bezieht sich lediglich auf Fälle, in denen sämtliche eingesetzten Funktionen von denselben Variablen abhängen und diese dort auch immer in derselben Reihenfolge erscheinen. Diese Normierung beinhaltet jedoch nur scheinbar eine Beschränkung der Allgemeinheit. Um dies zu sehen, sei beispielsweise die nicht normgerechte Definition

$$f(x,\, y,\, z) =_{\mathrm{Df}} g(h(z,\, y),\, k(z,\, x,\, z),\, y)$$

gegeben. Man setzt dann etwa

$$\varphi_1(x,\, y,\, z) =_{\mathrm{Df}} h(I_3^3(x,\, y,\, z),\, I_3^2(x,\, y,\, z))$$

$$\varphi_2(x,\, y,\, z) =_{\mathrm{Df}} k(I_3^3(x,\, y,\, z),\, I_3^1(x,\, y,\, z),\, I_3^3(x,\, y,\, z))$$

$$\varphi_3(x,\, y,\, z) =_{\mathrm{Df}} I_3^2(x,\, y,\, z)$$

und erhält $\varphi_1(x,\, y,\, z) = h(z,\, y)$, $\varphi_2(x,\, y,\, z) = k(z,\, x,\, z)$, $\varphi_3(x,\, y,\, z) = y$. Damit ergibt sich schließlich normgemäß:

$$f(x,\, y,\, z) = g(\varphi_1(x,\, y,\, z),\, \varphi_2(x,\, y,\, z),\, \varphi_3(x,\, y,\, z))$$

Man erkennt, dass *in jedem derartigen Fall* durch geeignete Verwendung von Identitätsfunktionen sich Variablen so formal hinzufügen bzw. permutieren lassen, dass eine gleichwertige Definition in normierter Form entsteht. Im Hinblick auf die hier behandelten Fragestellungen ist dabei noch wichtig, dass die einzusetzenden Identitätsfunktionen ja sämtlich berechenbar sind. Wie sich in Kürze herausstellen wird, ändert sich durch ihre gerade skizzierte Verwendung der Berechenbarkeitscharakter der definierten Funktion nicht. Für theoretische Untersuchungen genügt es daher, lediglich das *normierte* Einsetzungsschema zu betrachten. Bei konkreten Funktionsdefinitionen durch Einsetzungen braucht man sich trotzdem nicht an dieses Schema zu halten, da soeben ja vorgeführt wurde, dass und auf welche Weise man jedesmal zu der normierten Form übergehen kann. (Hier liegt ein Beispiel für den weiter oben angesprochenen Unterschied zwischen Benutzer- und Betrachterfreundlichkeit vor.) - Wenn es nicht auf die Anzahl der einzusetzenden Funktionen ankommt, soll auch eine "vektorielle" Schreibweise für das Einsetzungsschema zulässig sein; die Gleichung aus Definition 4 kann demnach auch als $f(x) =_{\mathrm{Df}} g(b(x))$ geschrieben werden.

Als Nächstes soll jetzt gezeigt werden, dass Anwendungen des Einsetzungsschemas auf (Turing-) berechenbare (partielle) Funktionen wieder zu ebensolchen Funktionen führen. Der Beweisgedanke hierzu ist sehr einfach: Man hat zunächst die einzusetzenden Funktionswerte der Reihe nach zu berechnen und sodann über diesen den Wert der "äußeren" Funktion zu bestimmen. Auf diese Weise erhält man genau dann einen Funktionswert, wenn alle gerade genannten Berechnungen terminieren; dies steht offenbar in Einklang mit der festgelegten Bedeutung des Einsetzungsschemas. Somit leuchtet unmittelbar ein, dass der behauptete Sachverhalt auf im intuitiven Sinne berechenbare Funktionen zutrifft. Der Beweis für Turing-Berechenbarkeit muss sich jedoch mit einer technischen Schwierigkeit auseinandersetzen, die sich aus der in Definition 1* vereinbarten Konvention ergibt: Dort wurde ja festgesetzt, dass am Schluss einer Rechnung neben den "Zwischenergebnissen" auch die vorgegebenen Argumente gelöscht sein sollen. Setzt man also zur Berechnung der einzusetzenden Funktionen und der äußeren Funktion dienende Turingmaschinen entsprechend der geschilderten Beweisidee zusammen, so geht das vorgegebene Argument bereits während der Berechnung des ersten einzusetzenden Funktionswertes verloren. (Im Allgemeinen lässt es sich auch nicht aus dem erhaltenen Wert zurückgewinnen, da die berechnete Funktion ja nicht injektiv zu sein braucht.) Andererseits kann man von keiner stärkeren Voraussetzung ausgehen als der Existenz von irgendwelchen Turingmaschinen, die zur konventionsgemäßen Berechnung der fraglichen Funktionen dienen. Deshalb muss nach Möglichkeiten gesucht werden, beliebige normgerecht rechnende Maschinen so abzuändern, dass nach Abschluss einer Rechnung die vorgegebenen Argumente sowie auch die bereits angefallenen Zwischenergebnisse noch in geeigneter Form vorhanden sind.

Hier hilft nun der Einfall, die fraglichen Maschinen zunächst so abzuändern, dass sie gewissermaßen "in Sperrschrift" rechnen. Dies kann leicht dadurch geschehen, dass bei den ja o.B.d.A. aus Elementarmaschinen zusammengesetzten Maschinen jedes Exemplar von l und ebenso jedes von r "verdoppelt" wird. Dann ist leicht zu sehen, dass eine so abgeänderte Maschine "dasselbe in Sperrschrift" tut wie die ursprüngliche in "Normalschrift", wenn auch die Normbedingungen einer entsprechenden "Spreizung" unterliegen. Dies allein genügt natürlich noch nicht; daneben müssen die für später benötigten Größen aufbewahrt werden. Dies kann dadurch erfolgen, dass sie etwa rechts von dem für die Rechnung in "Sperrschrift" benutzten Teil des Bandes in "Normalschrift" abgespeichert werden. Da nicht allgemein feststeht, welche Gestalt diese Größen haben, muss der zu ihrer Aufbewahrung dienende Bereich nach links erkennbar abgegrenzt werden; dies kann durch eine aus zwei benachbarten markierten Feldern gebildete "Schranke" geschehen. Nun ist natürlich nicht im Voraus zu erkennen, wieviel Platz die in "Sperrschrift" ausgeführte Rechnung beansprucht; deshalb muss im Verlauf der Rechnung vor jedem (Doppel-) Schritt nach rechts zunächst geprüft werden, ob man im Begriff steht, den durch die "Schranke" abgeteilten Bereich zu benutzen; trifft dies zu, müssen die abgespeicherten Daten zuvor um zwei Felder nach rechts verschoben werden. Da es sich bei ihnen immer um eine Sequenz handelt, stößt man dabei auf keine Schwierigkeiten; ebenso sind sie nach Abschluss der "gespreizten" Rechnung ohne weiteres wieder aufzufinden. Hinzu kommen müssen noch Programmteile, die für das Einrichten bzw. Rückgängigmachen der geschilderten Vorkehrungen sorgen. (Gerechnet werden muss ja nach wie vor gemäß der Konvention aus Definition 1*.) Obgleich diese Kodierungsprogramme sich noch als etwas mühsam erweisen werden, dürfte es ohnehin nicht mehr zweifelhaft erscheinen, dass ihre Leistungen jedenfalls von geeigneten Turingmaschinen erbracht werden können. -

Definition 5: Sei M eine aus Elementarmaschinen l, r, $*$, $|$ zusammengesetzte Turingmaschine. Dann entsteht die Maschine $M^{(2)}$ dadurch, dass in M jedes Exemplar von l durch l^2 und jedes r durch r^2 ersetzt wird.

Sei W bzw. X ein (nichtleeres) Wort bzw. eine Sequenz über $\alpha = \{ | \}$. Dann entsteht $W^{(2)}$ bzw. $X^{(2)}$ durch Einfügen von $*$ zwischen je zwei (markierte oder leere) Felder. -

Natürlich ist es auch möglich, beliebige Turingmaschinen entsprechend abzuändern; dies wäre aber nur etwas umständlicher zu beschreiben und wird nicht benötigt, weil jede Turingmaschine durch eine gleichwertige aus Elementarmaschinen zusammengesetzte ersetzt werden kann.

Hilfssatz 1: Sei die Turingmaschine M aus Elementarmaschinen zusammengesetzt; dann gilt:

$$\ldots * X * M * \ldots \;\vdash\; \ldots * W * M * \ldots \;\Leftrightarrow$$

$$\ldots * X^{(2)} * M^{(2)} * \ldots \;\vdash\; \ldots * W^{(2)} * M^{(2)} * \ldots$$

Beweis: Werden M bzw. $M^{(2)}$ in den fraglichen Ausgangspositionen angesetzt, so ergibt sich offenbar durch Induktion über die Folge Φ der durch M bereits abgearbeiteten Aufrufe von Elementarmaschinen: Jedem derartigen Φ entspricht eine Folge $\Phi^{(2)}$ von durch $M^{(2)}$ abgearbeiteten Aufrufen von Elementarmaschinen, welche sich von Φ dadurch unterscheidet, dass die Vorkommen von l und r jeweils verdoppelt werden. Dabei geht die durch $\Phi^{(2)}$ auf dem Band erzeugte Situation aus der von Φ erzeugten jeweils durch die weiter oben beschriebene "Spreizung" hervor, und die ggf. als nächste aufgerufenen Elementarmaschinen sind jeweils von derselben Art und entsprechen einander in Bezug auf ihre Lage in dem fraglichen Diagramm. Mehr ist nicht zu zeigen. -

Als "Schranke" zwischen dem links liegenden Teil des Bandes, auf dem mit Doppelschritten gerechnet wird, und dem rechts gelegenen Teil, auf dem die für spätere Rechnungen benötigten Daten gespeichert werden, sollen zwei benachbarte markierte Felder dienen. Um die Erkennbarkeit dieser Schranke zu gewährleisten, muss sich zwischen dieser und den rechts abgespeicherten Daten jeweils mindestens ein leeres Feld befinden, während aufgrund der doppelten Schrittweite unmittelbar links von ihr immer wenigstens zwei benachbarte Felder unmarkiert sein müssen. Durch die Programmierung wird dafür gesorgt werden, dass nach jedem im "linken Bereich" ausgeführten Doppelschritt zwischen dem Arbeitsfeld und der Schranke eine positive *gerade* Anzahl von (leeren oder markierten) Feldern liegt; deshalb ist dort vor jeder Rechtsbewegung zu prüfen, ob die durch $\sim M * * \,|\,|\, *$ dargestellte Situation vorliegt.

Hilfssatz 2: Es gibt eine Turingmaschine π mit genau zwei Ausgängen *Ja* und *Nein*, die prüft, ob $\sim \pi * * \,|\,|\, *$ vorliegt, und schließlich ohne Veränderung des Arbeitsfeldes oder der Bandinschrift auf dem entsprechenden Ausgang anhält.

Beweis: Ersichtlich leistet

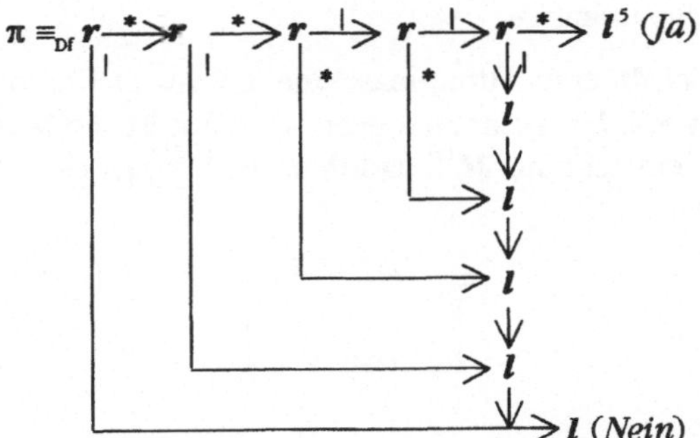

das Verlangte. –

Hilfssatz 3: Es gibt eine Turingmaschine τ mit folgender Leistung:

$$* W * \sim \tau \;\vdash\; * * \tau \, W \sim$$

Beweis: Offenbar leistet

$$\tau \equiv_{Df} l^2 \longrightarrow * r \,|$$

das Verlangte. (Bis auf die Normierung am Schluss ist τ gewissermaßen das Spiegelbild der weiter oben eingeführten linken Translationsmaschine T für das hier verwendete Alphabet.) -

Hilfssatz 4: Es gibt eine Turingmaschine $\mathcal{T}$, die Folgendes leistet:

$$\sim \mathcal{T} * * \,|\,|\, * X * \ldots \;\vdash\; \sim \mathcal{T} * * * * \,|\,|\, * X * \ldots$$

($\mathcal{T}$ verschiebt also die Schranke und eine unmittelbar rechts von dieser befindliche Sequenz um zwei Felder nach rechts.)

Beweis: Offenbar hat

$$\mathcal{T} \equiv_{Df} r \,\mathcal{R}\, r \, \tau \, l^3 \longrightarrow r$$

die behauptete Eigenschaft. -

Definition 5*: Sei M eine Turingmaschine gemäß Definition 5 (d.h. aus Elementarmaschinen $*$, $|$, l, r zusammengesetzt); dann ist die Maschine $M^{(2)}$ erklärt. Die Maschine $M^{\mathcal{T}}$ entsteht aus $M^{(2)}$ dadurch, dass vor jedes r^2 (im Diagramm von $M^{(2)}$) ein Exemplar

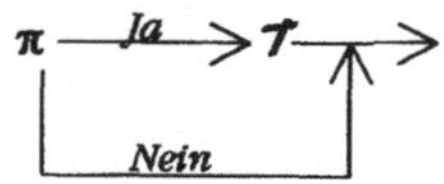

eingefügt wird. –

Hilfssatz 5: Für M wie oben gilt:

$$\ldots * X * M * \ldots \;\vdash\; \ldots * W * M * \ldots \;\Leftrightarrow$$

$$\ldots * * X^{(2)} * * M^{T} * * ||* Y * \ldots \;\vdash\; \ldots * * W^{(2)} * * M^{T} * \ldots * ||* Y * \ldots$$
$$\equiv 0(2),\; \geq 0$$

(M^{T} rechnet also wie $M^{(2)}$, aber verschiebt bei Bedarf jedesmal die Sequenz $**||* Y *$ um zwei Felder nach rechts. Liegt anfangs eine positive gerade Anzahl von leeren Feldern zwischen $X^{(2)}$ und der Schranke $||$, so trifft dies auch am Ende der Rechnung zu.)

Beweis: Wie beim Beweis von Hilfssatz 1 wird zunächst diejenige Teilfolge der Konfigurationenfolge von M gebildet, welche sich jeweils nach Abarbeiten der aufgerufenen Elementarmaschinen ergibt. Dieser Teilfolge entspricht wie vorher die Teilfolge der Konfigurationenfolge von $M^{(2)}$ nach Ausführung der aufgerufenen $*$, $|$, l^{2}, r^{2}, und die zu den einander entsprechenden Konfigurationen gehörenden Situationen auf dem Band stimmen jeweils bis auf die zusätzliche bzw. unterbliebene "Spreizung" überein.

Die für M^{T} zu erörternde Anfangssituation unterscheidet sich von der für $M^{(2)}$ lediglich dadurch, dass rechts vom anfänglichen Arbeitsfeld und durch eine positive gerade Anzahl von leeren Feldern von diesem entfernt die Bereichsschranke und dahinter die Sequenz Y gespeichert sind. Der ausgewählten Konfigurationenfolge von $M^{(2)}$ entspricht jetzt eine Teilfolge von M^{T}, bei der außerdem vor den aufgerufenen r^{2} jeweils noch die vor diesen eingefügten Programmstücke ausgeführt worden sind. Durch Induktion über die zu $M^{(2)}$ gebildete Folge ergibt sich dann offenbar, dass die beschriebene Beziehung zwischen den einander entsprechenden Konfigurationen erhalten bleibt. Dabei terminiert M^{T} genau dann, wenn auch $M^{(2)}$ dies tut. Die Behauptung ergibt sich jetzt aus Hilfssatz 1. -

Als Nebenergebnis dieser Überlegungen wird sich herausstellen, dass man auch mit einem nur *einseitig* - etwa nach rechts - *unbegrenzten* Rechenband auskommen könnte. Da für das Rechnen mit doppelter Schrittweite zunächst die Argumente in Sperrschrift nach links kopiert werden (s.u.) und der zu ihrer Darstellung benötigte Platz unbeschränkt groß ist, müssen zunächst die vorgegebenen Größen entsprechend weit nach rechts verschoben werden. Nimmt man als *Länge einer Sequenz X* die Anzahl der Felder von dem am weitesten links befindlichen zugehörigen markierten Feld bis zu dem unmittelbar an das am weitesten rechts liegende zugehörige markierte Feld grenzenden rechten Nachbarfeld, so hat offenbar die zweimal unmittelbar hintereinander geschriebene Sequenz X gerade die Länge der in Sperrschrift geschriebenen Sequenz $X^{(2)}$.

Hilfssatz 6: Zu jedem $n > 0$ gibt es eine Maschine $\mathcal{A}_n$ mit der Eigenschaft: Ist X eine Sequenz aus genau n Wörtern, so verlegt $\mathcal{A}_n$ die normgemäße Anfangssituation $\ldots * X * \mathcal{A}_n * \ldots$ um die Länge von $X^{(2)}$ nach rechts.

Beweis: Für $n > 0$ leistet offenbar jeweils

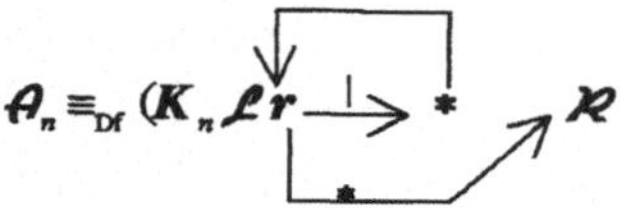

$$\mathcal{A}_n \equiv_{\mathrm{Df}} \left(K_n \mathcal{L} r \xrightarrow{\ |\ } * \nearrow \mathcal{R} \right)^{2n}$$

das Verlangte. (Für den - hier nicht interessierenden - Entartungsfall $n = 0$ kann man sinnentsprechend $\mathcal{A}_0 \equiv_{\mathrm{Df}} l\, r$ nehmen.) -

Hilfssatz 7: Es gibt eine Turingmaschine ξ mit der Eigenschaft:

$$\ldots * * W^{(2)} * * \xi * \underset{\geq 0}{\ldots} * | | * X * \ldots \;\vdash\; \ldots * \xi\, X * W * \ldots$$

(ξ kopiert W unmittelbar hinter die gespeicherte Sequenz X und löscht das Original $W^{(2)}$ sowie die Bereichsschranke $| |$.)

Beweis: Man bestätigt leicht, dass

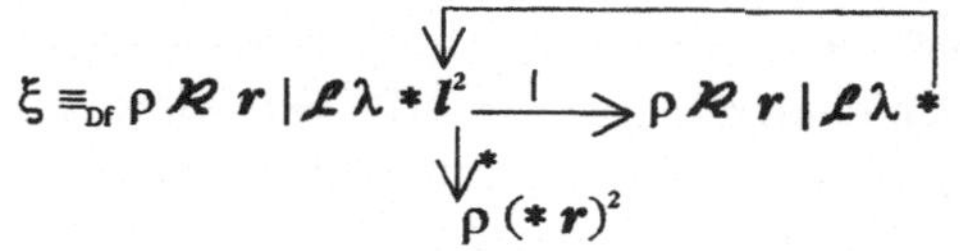

$$\xi \equiv_{\mathrm{Df}} \rho\, \mathcal{R}\, r\, |\, \mathcal{L}\, \lambda * l^2 \xrightarrow{\ |\ } \rho\, \mathcal{R}\, r\, |\, \mathcal{L}\, \lambda * \quad \xrightarrow{*} \quad \rho\, (* r)^2$$

die behauptete Eigenschaft hat. -

Folgerung: Die Maschine $\xi\, \mathcal{R}^n$ leistet sonst dasselbe wie ξ, steht aber am Ende der Rechnung unmittelbar hinter dem n. Wort (falls wenigstens n Wörter vorhanden sind).

Hilfssatz 8: Es gibt eine Turingmaschine K, sodass gilt:

$$\ldots * X * K\, Y * \ldots \;\vdash\; \ldots * * X^{(2)} * * K * * | | * X * Y * \ldots$$

Dabei ist X eine Sequenz und Y eine Sequenz oder auch leer. (K setzt die Bereichsschranke und kopiert X in Sperrschrift nach links.)

Beweis: K soll im Wesentlichen wie folgt arbeiten: Zunächst wird die Schranke gesetzt und die Sequenz X von rechts her in Sperrschrift an die vorgesehene Stelle kopiert; dabei werden die kopierten Zeichen jeweils gelöscht. Man erhält so schließlich:

$$\ldots * * X^{(2)} * * * * \mid \mid * * \ldots * * Y * \ldots$$
$$\underset{\text{vorher Platz von } X}{\uparrow}$$

Jetzt muss X wieder zurückkopiert werden. Dazu werden zunächst Hilfsmarkierungen gesetzt: Jedem Feld $\sim$ in X entsprechen zwei Felder $* \sim$ in $X^{(2)}$; die jeweils vorangehenden Felder $*$ werden zunächst von links her markiert. Anschließend wird $X^{(2)}$ von links her zurückkopiert; dabei werden die Hilfsmarkierungen für jedes übertragene Zeichen wieder gelöscht. Schließlich hält K auf dem vorgeschriebenen Feld. - Da beim Kopieren von Sequenzen auch Lücken zu übertragen sind, müssen in die Kopierschleifen entsprechende Verzweigungen eingebaut werden.

K kann nach folgendem Diagramm konstruiert werden:

$$l * l
\begin{cases}
\xrightarrow{\;\;\mid\;\;} \mathcal{L}\,(l\mid)^2\,l^5\mid r^2 \longrightarrow (1)\\[2mm]
\xrightarrow{\;\;*\;\;} \mathcal{L}\,(l\mid)^2\,l^5\mid r^2 \longrightarrow (2)
\end{cases}$$

(Setzen der Schranke und Kopieren des hinteren Zeichens aus X)

$$(1) \longrightarrow r^6 \xrightarrow{\;\;\mid\;\;} \mathcal{R}\,l * l
\begin{cases}
\xrightarrow{\;\;\mid\;\;} \mathcal{L}\,\mathcal{L}^{(2)}\mid \mathcal{R}^{(2)} \longrightarrow (1)\\[2mm]
\xrightarrow{\;\;*\;\;} \mathcal{L}\,\mathcal{L}^{(2)}\mid \mathcal{R}^{(2)} \longrightarrow (2)
\end{cases}$$
$$r^6 \xrightarrow{\;*\;} (3)$$

(Kopieren einer Markierung, die nicht ein Wortende bildet)

$$(2) \longrightarrow r^6 \xrightarrow{\;\;\mid\;\;} \mathcal{R}\,l * l
\begin{cases}
\xrightarrow{\;\;\mid\;\;} \mathcal{L}\,\mathcal{L}^{(2)}\,l^2\mid \mathcal{R}^{(2)} \longrightarrow (1)\\[2mm]
\xrightarrow{\;\;*\;\;} \mathcal{L}\,\mathcal{L}^{(2)}\,l^2\mid \mathcal{R}^{(2)} \longrightarrow (2)
\end{cases}$$
$$r^6 \xrightarrow{\;*\;} (3)$$

(Kopieren eines Wortendes)

$$(3) \longrightarrow \mathcal{L}\,\mathcal{L}^{(2)}\,r\,|\,r\,r^2 \xrightarrow{\;*\;} r^2 \xrightarrow{\;\perp\;} l^2\,l\,| \qquad\qquad (4)$$

(Einfügen der Hilfsmarkierungen in $X^{(2)}$)

$$(4) \longrightarrow \mathcal{L}\,r * \mathcal{R}\,r^7\,|\,\mathcal{L}\,\lambda\,l \xrightarrow{\;\perp\;} (5) \qquad\qquad (6) \qquad r^3$$

(Rückkopieren der vorderen Markierung aus $X^{(2)}$)

$$(5) \longrightarrow \mathcal{L}^{(2)}\,r^2 * r \;\big\langle\; \genfrac{}{}{0pt}{}{\xrightarrow{\;\perp\;}\mathcal{R}\,\rho\,\mathcal{R} \longrightarrow |}{\xrightarrow{\;*\;} r * \mathcal{R}\,\rho\,\mathcal{R}\,r} \;\longrightarrow (6)$$

(Rückkopieren des Restes von $X^{(2)}$)

Ein vollständiger Beweis der Tauglichkeit der angegebenen Maschine wäre zumindest recht mühsam und soll deshalb hier nur angedeutet werden: Das Durchspielen eines "typischen" Falls (wie auch von etwaigen einzelnen Sonderfällen) erfordert dabei lediglich ein gewisses Maß an Ausdauer und Konzentration; zu einem Beweis gehört jedoch auch der Nachweis, dass das Durchspielen in jedem der unendlich vielen infrage kommenden Fälle zu dem gewünschten Ergebnis führen würde. Man muss dazu häufig Induktionen über die Anzahl der erforderlichen Durchläufe durch Programmschleifen führen. Dabei ist es oft hilfreich, sog. *Schleifenkonstanten* zu betrachten: Beispielsweise kann zu zeigen sein, dass die Summe aus den Anzahlen der bereits übertragenen und der noch zu übertragenden Zeichen bzw. Wörter nach jedem Schleifendurchlauf konstant geblieben ist und dass bei jedem Durchlauf genau ein weiteres Zeichen bzw. Wort übertragen wird; dies muss dann noch dahingehend ergänzt werden, dass die Schleife erst dann abgearbeitet ist, wenn keine Zeichen bzw. Wörter mehr zu übertragen sind.

Anstelle einer Durchführung des angedeuteten Vorgehens sei es mir ausnahmsweise einmal gestattet, ins Anekdotische abzugleiten: Sicher nicht überraschend ist die Mitteilung, dass dieses Buch aus einer Vorlesung hervorgegeangen ist, die ich mehrfach gehalten habe. Ein einziges Mal habe ich dabei das Verhalten der Maschine K anhand eines typischen Falles in allen Einzelheiten durchgespielt und mich zu vergewissern versucht, dass die Maschine in allen gleichartigen Fällen sowie auch in den infrage kommenden Entartungsfällen sich entsprechend verhalten würde. Zu meiner nicht geringen Verblüffung leistete sie anscheinend tatsächlich, was sie sollte; ich hatte mich schon auf etliche Programmierfehler gefasst gemacht. In der Vorlesung habe ich dann die Anwendung soweit vorgeführt und erläutert, dass meine Hörerschaft damit zufrieden war.

Zu dieser Mühe habe ich mich nie wieder durchringen können, sondern bei den folgenden Malen in einer Art Starre nur noch den Gedanken aufgebracht: "Bitte nicht schon wieder!" In der Vorlesung habe ich mich dann darauf beschränkt, die beabsichtigte Funktionsweise der Maschine zu skizzieren und das Diagramm mit der Bemerkung vorzuzeigen, es sei ja wohl ohnehin klar, dass eine Turingmaschine mit der fraglichen Eigenschaft gebaut werden könne, auch wenn diese hier einige Programmierfehler aufweisen sollte. Mein Publikum war auch damit zufrieden. -

Anmerkung: Ersichtlich benutzt die Maschine K auch einige Felder, die weiter links von der ersten Markierung aus X liegen als die Länge von $X^{(2)}$. Die Anzahl dieser Felder ist jedoch offenbar unabhängig von X und Y. (Mit etwas zusätzlichem Programmierungsaufwand ließe sich diese Anzahl dadurch auf zwei verringern, dass X und Y zunächst um einen entsprechenden Betrag nach rechts verschoben werden; dies ist hier aber ohne Belang.) Ist $n > 0$ die Anzahl der Wörter in X, so kommt also die Maschine $A_n K$ jedenfalls mit einer ("kleinen") festen Anzahl von Feldern aus, die links von der ursprünglichen Position der Eingabesequenz X liegen. Hat eine Maschine diese Eigenschaft, so soll dies (wie schon bei einigen weiter oben aufgetretenen Maschinen) durch die Redensart ausgedrückt werden, die fragliche Maschine "rechne nach rechts".

Satz 5: Sind $\lambda y_1 \ldots y_m g(y_1, \ldots, y_m)$ und $\lambda x h_1(x), \ldots, \lambda x h_m(x)$ partiell Turing-berechenbar, so ist auch $\lambda x f(x)$ mit

$$f(x) =_{\text{Df}} g(h_1(x), \ldots, h_m(x))$$

partiell Turing-berechenbar. (Mit g und $h_1, \ldots, h_m$ ist auch f total Turing-berechenbar.)

Beweis: Sei G eine Turingmaschine zur (normgerechten) Berechnung von $\lambda y g(y)$ und H_i jeweils eine Maschine zur Berechnung von $\lambda x h_i(x)$. Dann wird $\lambda x f(x)$ offenbar durch die Maschine F mit

$$F \equiv_{Df} A_n \, K \, H_1{}^{\mathcal{T}} \xi \, R^n \, K \, H_2{}^{\mathcal{T}} \xi \, R^n \ldots H_m{}^{\mathcal{T}} \xi \, (r * r)^n \, \mathcal{R} \, G$$

berechnet, qed. -

Anmerkungen: 1) Rechnen G und $H_1, \ldots, H_m$ nach rechts, so tut dies ersichtlich auch F.

2) Offenbar gibt es einen Algorithmus (im intuitiven Sinne), der zu vorgegebenen m, n, G, $H_1, \ldots, H_m$ jeweils die obige Turingmaschine F erzeugt. Dabei liefert die Zusammensetzung unterschiedlicher Komponenten G, $H_1, \ldots, H_m$ immer auch *unterschiedliche* Maschinen F. Außerdem ergibt sich offenbar, dass die fraglichen Turingmaschinen von den in den Beweisen der Sätze 1 bis 4 aufgeführten Maschinen verschieden sind. (Eigentlich müsste man auch hier zunächst die auftretenden komplexen Teilmaschinen - natürlich mit Ausnahme der ja gar nicht festliegenden Teile G, $H_1, \ldots, H_m$ - durch aus Elementarmaschinen aufgebaute Teildiagramme ersetzen.) -

Eine bedeutende Rolle beim Aufbau der Mathematik kommt der Bildung von sog. *Auswahlmengen* zu. Die Möglichkeit dazu wird allgemein erst durch das *Auswahlprinzip* gesichert, dessen Tiefe und Tragweite hier jedoch unerörtert bleiben kann. Eine spezielle arithmetische Variante des Auswahlproblems liegt vor, wenn etwa jeder natürlichen Zahl eine (leere oder nichtleere) Menge von natürlichen Zahlen zugeordnet ist und aus jeder dieser Mengen - sofern vorhanden - genau eine Zahl als Element einer zu bildenden Auswahlmenge herausgegriffen werden soll. In einem komplizierten Fall sind die fraglichen Mengen paarweise disjunkt und enthalten jeweils mehr als eine Zahl. Nun ist zwar das Herausgreifen irgendeines nicht näher spezifizierten *Beispielelements* aus einer nichtleeren Menge eine als unproblematisch betrachtete und ständig angewendete logische Operation, aber im vorliegenden Fall würde man auch bei fortgesetzter Anwendung dieses Prinzips mit der Bildung einer Auswahlmenge niemals zu Ende kommen. Man könnte daher vielleicht vermuten, dass die Anwendung des *Auswahlaxioms* hier unumgänglich sei. Dies trifft jedoch nicht zu, weil die natürlichen Zahlen eine sog. *Wohlordnung* bilden, d.h. dass jede nichtleere Menge dieser Zahlen ein (jeweils eindeutig bestimmtes) kleinstes Element enthält. Man braucht hier deshalb die gesuchte Auswahlmenge nicht aus unspezifizierten Elementen zu bilden, sondern kann einfach aus jeder fraglichen Menge das wohlbestimmte kleinste Element herausgreifen.

Die geschilderte Aufgabenstellung lässt sich mithilfe von charakteristischen Funktionen etwa so ausdrücken: Die der Zahl x zugeordnete Menge kann jeweils durch ihre charakteristische Funktion $\lambda y\, g_x\,(y)$ ersetzt werden; man hat damit zunächst eine *Funktionenschar* mit dem *Scharparameter* x. Diese Schar von einstelligen Funktionen kann nun auch als zweistellige Funktion $\lambda xy\, g\,(x,\, y)$ (mit $g\,(x,\, y) =_{Df} g_x\,(y)$) aufgefasst werden. Die Aufgabe, aus jeder jetzt durch $\lambda y\, g\,(x,\, y)$ charakterisierten Menge die kleinste Zahl (falls vorhanden) herauszugreifen, besteht dann darin, zu x jeweils $min\,\{y \mid g(x,\, y) = 0\}$ zu bestimmen. Man erhält so eine - im Allgemeinen partielle - Funktion $\lambda x\, f\,(x)$ mit $f\,(x) =_{Df} min\,\{y \mid g\,(x,\, y) = 0\}$. (Das Gleichheitszeichen hat hier natürlich die vereinbarte *erweiterte* Bedeutung; ist die Menge $\{y \mid g(x,\, y) = 0\}$ leer, so sind beide Seiten der Gleichung nicht erklärt.)

Es liegt nahe, die behandelte Fragestellung dadurch leicht zu verallgemeinern, dass die Einschränkung auf zweistellige totale Funktionen $\lambda xy\, g\,(x,\, y)$ fallengelassen wird und stattdessen partielle Funktionen $\lambda x\, y\, g(x,\, y)$ mit beliebiger (positiver) Stellenzahl zugelassen werden. Demgegenüber werden sich die Überlegungen hier im Wesentlichen auf partiell-berechenbare $\lambda x\, y\, g\,(x,\, y)$ beschränken. Um dann überschaubare Ergebnisse zu erhalten, müssen die Bedingungen an die fraglichen kleinsten Zahlen noch etwas verschärft werden; in den ursprünglich betrachteten Fällen mit totalen $\lambda x\, y\, g\,(x,\, y)$ wird sich dies jedoch nicht auswirken. Zur Begründung der Verschärfung sei zunächst $\lambda x\, y\, g\,(x,\, y)$ eine *totale* und im intuitiven Sinne berechenbare Funktion. Dann lässt sich die Funktion $\lambda x\, min\,\{y \mid g(x,\, y) = 0\}$ offenbar durch folgendes Verfahren effektiv berechnen: Zu vorgegebenem x bestimme man der Reihe nach $g(x,\, 0)$, $g(x,\, 1)$, $g(x,\, 2)$, ... solange, bis man erstmalig ein z mit $g(x,\, z) = 0$ findet; falls überhaupt y mit $g(x,\, y) = 0$ vorhanden sind, ist dieses $z = min\,\{y \mid g(x,\, y) = 0\}$. Der skizzierte Algorithmus berechnet in der Tat die Funktion $\lambda x\, min\,\{y \mid g(x,\, y) = 0\}$. Gibt es zu x solche y, so findet er das kleinste offenbar nach endlich vielen Schritten; gibt es dagegen zu x kein derartiges y, so terminiert er nicht. (Die Funktion $\lambda x\, min\,\{y \mid g(x,\, y) = 0\}$ ist in diesem Fall also genau dann total, wenn es zu jedem fraglichen x ein y mit $g(x,\, y) = 0$ gibt.)

Ist dagegen $\lambda x\, y\, g\,(x,\, y)$ nicht total, so braucht der skizzierte Algorithmus die Funktion $\lambda x\, min\,\{y \mid g(x,\, y) = 0\}$ nicht mehr zu berechnen. Es kann dann nämlich vorkommen, dass zwar ein kleinstes y mit $g(x,\, y) = 0$ existiert, für ein noch kleineres z aber $g\,(x,\, z)$ nicht erklärt ist, und in solchen Fällen terminiert der

Algorithmus über der Eingabe x offenbar nicht, obgleich die Funktion dort definiert ist. Nun könnte man vielleicht hoffen, mit raffinierteren Algorithmen doch noch zum Ziel zu kommen, aber auch das würde sich als nicht allgemein durchführbar erweisen (aus Gründen, die an dieser Stelle nicht erörtert werden sollen). Wenn man an der Berechenbarkeit des jeweils kleinsten y mit $g(x, y) = 0$ durch den geschilderten Algorithmus festhalten will, muss man zusätzlich verlangen, dass $g(x, z)$ ggf. für sämtliche z mit $z < min\{y \mid g(x, y) = 0\}$ erklärt (aber von 0 verschieden) ist. Der Algorithmus berechnet dann offenbar die Funktion

$$\lambda x \ min\{y \mid g(x, y) = 0 \wedge (\forall z < y)\, g(x, z) \neq 0\}$$

(nach einer früher getroffenen Vereinbarung bezeichnet das Ungleichheitszeichen nur die Verschiedenheit von *definierten* Größen). Dass diese Funktion für ein x nicht erklärt ist, kann jetzt zum einen daran liegen, dass kein y mit $g(x, y) = 0$ vorhanden ist, zum anderen aber auch trotz der Existenz eines solchen y daran, dass $g(x, z)$ für gewisse noch kleinere z nicht erklärt ist. Die zweite Möglichkeit entfällt für totale $\lambda x y\, g(x, y)$, und für solche gilt offenbar (mit dem Gleichheitszeichen in der erweiterten Bedeutung):

$$min\{y \mid g(x, y) = 0 \wedge (\forall z < y)\, g(x, z) \neq 0\} = min\{y \mid g(x, y) = 0\}$$

Für die Bildung des Minimums in der verschärften Bedeutung wird eine neue Schreibweise eingeführt, der sog. *μ-Operator*. Diese Bezeichnung rührt daher, dass durch seine Anwendung der Ausgangsfunktion jeweils wieder eine Funktion zugeordnet wird, und Funktionen, deren Argumente und Werte selbst ("einfachere") Funktionen sind, werden auch gern als *Operatoren* bezeichnet.

Definition 6: Sei $\lambda x y\, g(x, y)$ eine partielle (arithmetische) Funktion und $z \in N$. Dann gelte (mit den in Bezug auf die erweiterte Bedeutung des Gleichheitszeichens getroffenen Vereinbarungen):

$$z = \mu y\, (g(x, y) = 0) \Leftrightarrow_{Df} g(x, z) = 0 \wedge (\forall w < z)\, g(x, w) \neq 0$$

Da zu jedem $x \in N^n$ (mit dem passenden n) höchstens ein derartiges $z \in N$ existiert, wird durch

$$f(x) =_{Df} \mu y\, (g(x, y) = 0)$$

eine partielle Funktion erklärt; diese entsteht durch Anwendung des *(unbeschränkten) μ-Operators* auf g. Aufgrund von dessen Operatoreneigenschaft wird auch $f(x) =_{Df} \mu g(x)$ geschrieben.

Gilt $\forall x \exists z\ z = \mu y\ (g\,(x,\ y) = 0)$, so liegt für g der sog. *Normalfall* vor. (Insbesondere gilt dies für totale $g \mid \mathbf{N}^{m+1} \to \mathbf{N}$ mit $\forall x \exists y\ g(x,\ y) = 0$.) -

Anmerkung: In der obigen Definition wird die letzte Argumentstelle in Bezug auf den μ-Operator ausgezeichnet. Dies beinhaltet jedoch keine grundsätzliche Einschränkung, da Anwendungen analoger Operatoren auf andere Argumentstellen sich immer auf Definition 6 zurückführen lassen. Dazu braucht man sich nur klarzumachen, dass die Argumentstellen irgendeiner mehrstelligen Funktion in geeigneter Weise permutiert werden können, ohne dass sich dabei der Berechenbarkeitscharakter der Funktion ändert. Bereits bei der Erörterung des Einsetzungsschemas wurde vorgeführt, wie man beliebige Permutationen der Argumentstellen durch Einsetzungen von Identitätsfunktionen erzeugen kann. Dass die Berechenbarkeit einer Funktion dabei nicht verloren gehen kann, ist inzwischen gezeigt worden. Dass sie umgekehrt dadurch auch nicht entstehen kann, geht dann daraus hervor, dass jede Permutation sich durch ihre *inverse* wieder rückgängig machen lässt.

Soll nun eine bestimmte Komponente des Arguments x an die letzte Stelle gerückt werden, so wird dies durch eine Permutation π geleistet; in $\pi(x)$ erscheinen die Komponenten in der gewünschten Reihenfolge. Die zu π inverse Permutation sei π^{-1}. Wird jetzt $\varphi^*(x) =_{\mathrm{Df}} \varphi\,(\pi^{-1}(x))$ gesetzt, so erhält man $\varphi^*(\pi(x)) = \varphi\,(\pi^{-1}(\pi(x))) = \varphi\,(x)$, und bei $\varphi^*(\pi(x))$ erscheint die fragliche Argumentstelle in der gewünschten Position. Statt beispielsweise $\mu y\ (g\,(x,\ y,\ z,\ w) = 0)$ zu schreiben, kann man also etwa $g^*\,(x,\ y,\ z,\ w) =_{\mathrm{Df}} g\,(x,\ w,\ z,\ y)$ setzen; dann wird $g\,(x,\ y,\ z,\ w) = g^*\,(x,\ z,\ w,\ y)$ und damit $\mu y\ (g\,(x,\ y,\ z,\ w) = 0) = \mu y\ (g^*(x,\ z,\ w,\ y) = 0)$.

Nachdem dies einmal klargestellt ist, braucht man sich in konkreten Fällen nicht an das normierte Schema zu halten, sondern kann bequemlichkeitshalber den μ-Operator auch auf andere Argumentstellen als die letzte beziehen. Dies geht sogar bei Variablen, die nicht ausdrücklich erscheinen, da solche sich offenbar immer mittels einer ähnlichen Technik formal hinzufügen lassen. - In der Literatur bezieht sich der μ-Operator gelegentlich auf die erste statt auf die letzte Argumentkomponente.

Übrigens lässt sich jetzt auch ein Grund dafür angeben, warum in der Berechenbarkeitstheorie meistens 0 für "ja" und 1 für "nein" steht: Offenbar erschiene es ästhetisch weniger befriedigend, wenn durch den μ-Operator nach Argumenten gesucht würde, über denen der Funktionswert in Bezug auf die überhaupt möglichen Werte kein Extremum bildet. -

Im Folgenden soll nun gezeigt werden, dass die Anwendung des μ-Operators auf berechenbare (partielle) Funktionen stets wieder zu derartigen Funktionen führt. Für die Berechenbarkeit im intuitiven Sinne wurde dies bereits deutlich gemacht; zu beweisen ist es jedoch noch für deren begriffliche Präzisierung in Gestalt der Turing-Berechenbarkeit. Der Beweis folgt im Wesentlichen der für die intuitive Berechenbarkeit angedeuteten Überlegung.

Hilfssatz 9: Es gibt eine Turingmaschine *o* mit genau zwei Ausgängen *Ja* und *Nein*, die prüft, ob $*\,|\,*\,o$ (d.h. das Ergebnis 0) vorliegt, und schließlich ohne Veränderung des Arbeitsfeldes und der Bandinschrift auf dem entsprechenden Ausgang hält.

Beweis: Offenbar verhält sich

$$o \equiv_{\mathrm{Df}} l^2 \xrightarrow{\;*\;} r \xrightarrow{\;|\;} r \xrightarrow{\;*\;} Ja$$

auf die angegebene Weise. -

Hilfssatz 10: Es gibt eine Turingmaschine *n* derart, dass gilt:

$$\sim *\,*\,|\,n\,|\,*\,X*\,W*\,\ldots\ \vdash\ \sim *\,*\,*\,*\,*\,*\,*\,*\,X*\,W\,|\,*\,n\,*\,\ldots$$

(Aus der dargestellten Ausgangslage beseitigt *n* die Schranke $|\,|$, verschiebt $X*W$ um zwei Felder nach rechts und erhöht die durch *W* dargestellte Zahl um 1.)

Beweis: Man bestätigt leicht, dass

$$n \equiv_{\mathrm{Df}} l^3 \; \mathcal{T} \; r^4 \, (r\,*)^2 \; \mathcal{R} \; |\,r$$

die fragliche Eigenschaft hat.

Satz 6: Sei $\lambda x\,y\,g(x,\,y)$ $(n+1)$-stellig mit $n \geq 0$ sowie partiell Turing-berechenbar; dann ist $\lambda x\,f(x)$ mit

$$f(x) =_{\mathrm{Df}} \mu y\,(g(x,\,y) = 0)$$

(n-stellig und) partiell Turing-berechenbar.

Beweis: Sei *G* eine Maschine zur normgemäßen Berechnung von *g*. Aufgrund von Definition 6 sowie nach den vorausgegangenen Feststellungen wird dann *f* offenbar durch die Maschine *F* mit

$$F \equiv_{Df} r \mid r \, \mathcal{A}_{n+1} \, K \, G^{\tau} o^{(2)} \xrightarrow{\text{Nein}} (l * l)^{(2)} \rho \, n$$

$$\Big\downarrow \text{Ja}$$

$$l^2 * \rho \, \mathcal{R} \, A$$

normgemäß berechnet. Die Zusatzbehauptungen sind dann evident. -

Anmerkungen: 1) Rechnet G nach rechts, so tut dies offenbar auch F.

2) Man macht sich leicht klar, dass es einen Algorithmus (im intuitiven Sinne) gibt, der zu n und G jeweils F bestimmt. Unterschiedliche G führen dabei auch zu *unterschiedlichen F*. Außerdem ergibt sich offenbar aus dem angegebenen Diagrammschema, dass die fraglichen Turingmaschinen von den in den Beweisen der Sätze 1 bis 5 angegebenen verschieden sind. (Eigentlich müsste man auch hier zunächst die auftretenden komplexen Teilmaschinen - mit Ausnahme des ja variablen Teils G^{τ} - durch aus Elementarmaschinen zusammengesetzte Teildiagramme ersetzen.) -

Weitere Aussagen über die Turing-Berechenbarkeit bestimmter Funktionen brauchen hier nicht mehr bewiesen zu werden, da sich herausstellen wird, dass jede Turing-berechenbare partielle Funktion sich aus den in den Sätzen 1 bis 4 behandelten Funktionen durch endlich viele Anwendungen des in Satz 5 behandelten Einsetzungsschemas und des in Satz 6 behandelten μ-Operators definieren lässt. Auf die hierdurch bereits angedeutete *induktive Struktur* des Bereichs der berechenbaren Funktionen soll genauer aber erst im nächsten Kapitel eingegangen werden. Hier sei lediglich festgehalten, dass daraufhin *echte Partialität* offenbar *nur durch Anwendung des μ-Operators* aufkommen kann: Die sog. *Basisfunktionen* aus den Sätzen 1 bis 4 sind sämtlich total, und Einsetzungen von totalen Funktionen in totale liefern wieder ebensolche Funktionen. Solange man beim Aufbau von weiteren Funktionen vom μ-Operator keinen Gebrauch macht, verlässt man den Bereich der totalen berechenbaren Funktionen nicht.

Die Möglichkeit, sämtliche effektiv berechenbaren partiellen Funktionen aus den genannten Basisfunktionen durch endlich viele Anwendungen der beiden behandelten Definitionsschemata aufzubauen, hat eine interessante Konsequenz für die zur Berechnung erforderlichen Turingmaschinen: Etwa durch Induktion über die Anzahl der zum Aufbau einer solchen Funktion herangezogenen Schritte ergibt sich, dass man zur Berechnung jedesmal eine Turingmaschine konstruieren kann, die nach rechts rechnet. Wenn es also zutrifft, dass sich jede berechenbare Funktion auf die angegebene Weise gewinnen lässt, *kommt man für Funktionsberechnungen immer mit einem einseitig nach rechts unbegrenzten Rechenband aus.* (Natürlich ließe sich das Ganze auch spiegelbildlich nach links aufziehen, wobei dann das Band nur nach links unbegrenzt sein müsste.)

Einige der beim Beweis der Sätze 5 und 6 angegebenen Maschinen benutzen eine (in Bezug auf die zulässigen Eingaben) beschränkte Anzahl von Feldern links von der vorgegebenen Eingabe. Bei der Nachbildung von "übereinander geschichteten" Funktionsdefinitionen durch die entsprechenden Maschinenkonstruktionen (aufgrund der Beweise zu den Sätzen 1 bis 6) können solche "nach links überstehenden" Bandstücke akkumuliert werden. Die Größe eines derartigen Bandstücks kann damit von der konstruierten Maschine abhängen; sie ist aber unabhängig von der Größe der infrage kommenden Eingaben. Durch eine etwas ausgefeiltere Programmierung hätte sie sich sogar - einheitlich für alle aufgrund der Sätze 1 bis 6 konstruierten Programme - auf *zwei Felder* beschränken lassen (wenn man gewisse Hilfsprogramme entsprechend der Stellenzahl variiert hätte, sogar auf *ein einziges*). Dies ist jedoch nicht wesentlich, da man die vorzugebenden Argumente ja jeweils in einem geeigneten, nur von der fraglichen Maschine abhängigen Abstand vom Bandende auf das Band schreiben kann.

Schließlich soll noch mitgeteilt werden, dass die Abhängigkeit der in den Anmerkungen 2 zu den Sätzen 5 bzw. 6 angesprochenen Maschinen von den Stellenzahlen m, n bzw. n ebenfalls durch aufwändigere Programmierung hätte vermieden werden können. In diesem Fall wäre aber (bei der hier angewandten Technik) jedenfalls ein "nach links überstehendes" Bandstück aus zwei Feldern erforderlich. -

Durch den Begriff der Turing-Berechenbarkeit wird eine *Klasse von partiellen arithmetischen Funktionen* bestimmt. (Im Hinblick auf viele Fragestellungen könnte man sogar den Begriff mit dieser Klasse identifizieren.) Mit jeder derartigen Klasse ist die Teilklasse der zugehörigen (totalen) charakteristischen Funktionen von arithmetischen Relationen verbunden sowie auch die Klasse derjenigen Zahlenmengen, die als Wertebereiche von zugehörigen einstelligen totalen Funktionen auftreten. Enthält die fragliche Funktionenklasse nur effektiv berechenbare Funktionen (nicht unbedingt alle), so sind die durch zugehörige charakteristische Funktionen repräsentierten Relationen mittels dieser Funktionen *"effektiv entscheidbar"*, und die Wertebereiche von zugehörigen einstelligen Funktionen werden durch diese *"effektiv aufgezählt"*. Zu jedem Berechenbarkeitsbegriff gehört damit "kanonisch" ein *Entscheidbarkeits-* und ein *Aufzählbarkeitsbegriff.*

Definition 7: Sei $\lambda x\ R(x) \subseteq \mathbf{N}^n$ (mit $n \geq 0$) eine n-stellige Relation. R heißt genau dann *Turing-entscheidbar*, wenn die zugehörige charakteristische Funktion (total) Turing-berechenbar ist.

Eine Menge $M \subseteq \mathbf{N}$ heißt genau dann *Turing-aufzählbar*, wenn es eine total Turing-berechenbare Funktion $f\,|\ \mathbf{N} \to \mathbf{N}$ gibt mit $Wb(f) = M$ oder aber M leer ist. -

Nach Satz 4 ist jetzt also die <-Relation für natürliche Zahlen Turing-entscheidbar. - Beim Aufzählbarkeitsbegriff wurde die Alternative $M = \varnothing$ (die sich ja durch Wertebereiche von *totalen* Funktionen nicht erfüllen lässt) aus Gründen der systematischen Geschlossenheit hinzugefügt, die später von selbst ersichtlich werden. Die Bedingung der Einstelligkeit von f wird sich als nicht so wesentlich erweisen. Ausdrücklich betont werden soll, dass eine nichtleere aufzählbare Menge durch die fragliche Funktion *nicht wiederholungsfrei* aufgezählt zu werden braucht; bei endlichen aufzählbaren Mengen ist dies offenbar sogar unmöglich. (Demgegenüber ist es nicht schwierig zu zeigen, dass *unendliche* aufzählbare Mengen immer auch *ohne Wiederholungen* effektiv aufgezählt werden können.)

Der Grund für das Interesse an aufzählbaren Mengen liegt darin, dass diese gewissermaßen zumindest *"halbentscheidbar"* sind: Ist bei einer derartigen durch $\lambda x\ f\,(x)$ aufgezählten (nichtleeren) Menge $y \in M$, so lässt sich dies dadurch effektiv bestätigen, dass man $f(0)$, $f(1)$, $f(2)$, ... solange berechnet, bis y als Wert erscheint. Ist dagegen $y \notin M$, so bricht das angedeutete Verfahren bei Eingabe von y nicht ab, und ob die negative Antwort mithilfe eines anderen Verfahrens ermittelt werden könnte, erscheint zumindest fraglich. Deshalb werden aufzählbare Mengen auch als *"positiv kalkulierbar"* bezeichnet. (Es gehört zu den interessanten Ergebnissen der hier behandelten Theorie, dass sich aufzählbare Mengen sogar konkret beschreiben lassen, die nicht zugleich "negativ kalkulierbar" sind; solche Mengen sind *"effektiv unentscheidbar".*)

U.a. bei der weiteren Erörterung der gerade eingeführten Begriffe als nützlich erweist sich die folgende allgemeine Begriffsbildung:

Definition 8: Sei $\lambda x\ f\,(x)$ eine (totale oder partielle) n-stellige Funktion (mit $n \geq 0$). Dann heißt die Relation $\lambda x y\, \mathcal{G}_f(x, y) \subseteq \mathbf{N}^{n+1}$ mit

$$(x, y) \in \mathcal{G}_f \Leftrightarrow \mathcal{G}_f(x, y) \Leftrightarrow_{\mathrm{Df}} f(x) = y$$

Graph von f. -

Da aufgrund der erweiterten Bedeutung des Gleichheitszeichens $f(x) = y$ stets entweder wahr oder falsch ist, gilt jedenfalls $\mathcal{G}_f(x, y) \vee \neg \mathcal{G}_f(x, y)$, und damit ist die charakteristische Funktion $\chi_{\mathcal{G}_f} \mid \mathbf{N}^{n+1} \to \mathbf{N}$ des Graphen einer n-stelligen Funktion f - auch wenn diese echt partiell ist - immer eine *totale* ((n+1)-stellige) Funktion. Dabei gilt:

$$f(x) \in \mathbf{N} \Leftrightarrow \exists y\, f(x) = y$$

$$\Leftrightarrow \exists y\, \mathcal{G}_f(x, y)$$

$$\Leftrightarrow \exists y\, \chi_{\mathcal{G}_f}(x, y) = 0$$

$$f(x) \notin \mathbf{N} \Leftrightarrow \forall y\, \neg\, f(x) = y \quad \text{(sic!)}$$

$$\Leftrightarrow \forall y\, \neg\, \mathcal{G}_f(x, y)$$

$$\Leftrightarrow \forall y\, \chi_{\mathcal{G}_f}(x, y) = 1$$

$$\Leftrightarrow \forall y\, \chi_{\mathcal{G}_f}(x, y) \neq 0$$

Bei diesen Feststellungen spielen Effektivitätsfragen ersichtlich noch keine Rolle. ($f(x) \notin \mathbf{N}$ wurde weiter oben als bequeme Schreibweise dafür zugelassen, dass $f(x)$ nicht erklärt ist.) -

Der in diesem Kapitel eingeführte Berechenbarkeitsbegriff ermöglicht nicht nur eine mathematisch exakte Behandlung von Fragen der effektiven Lösbarkeit; darüber hinaus ließ sich unmittelbar begründen, dass er allem Anschein nach die intuitive Vorstellung von algorithmischer Berechenbarkeit *angemessen* nachbildet. Diesem Vorteil steht jedoch ein erheblicher Nachteil gegenüber: Die Behandlung von Effektivitätsfragen mit Hife von Turingmaschinen ist schwerfällig und erscheint manchmal kaum zumutbar. Dies dürfte auch hier bereits deutlich geworden sein; denn z.B. ließ sich sehr einfach begründen, dass Einsetzungen und Anwendungen des μ-Operators nicht aus dem Bereich des im intuitiven Sinne Berechenbaren hinausführen, während dieser Nachweis für die Turing-Berechenbarkeit ja beträchtlichen technischen Aufwand erforderte. Es liegt deshalb nahe, nach weiteren Möglichkeiten zur Erfassung der effektiv berechenbaren Funktionen zu suchen, die sich leichter handhaben lassen. Bei derartigen Möglichkeiten kann man sogar darauf verzichten, dass ihre Deckungsgleichheit mit der intuitiven Konzeption von Berechenbarkeit unmittelbar ersichtlich ist; stattdessen muss aber ihre *Gleichwertigkeit mit der Turing-Berechenbarkeit* mathematisch bewiesen werden.

2. Partiell-rekursive Funktionen

2.1. Rekursive Funktionen

Bei den vorausgegangenen Erörterungen wurde u.a. die Auffassung dargelegt, dass die im Hinblick auf effektive Berechenbarkeit wesentlichen Fragen schon anhand von arithmetischen Funktionen studiert werden können, dass sich also die Berechenbarkeitstheorie im Wesentlichen als Theorie der effektiv berechenbaren arithmetischen (partiellen) Funktionen darstellen lässt. Diese Auffassung liegt auch allen weiteren hier vorgetragenen Ausführungen zugrunde; damit wird immer von *Zahlenfunktionen, -mengen* und *-relationen* die Rede sein. Der im Folgenden behandelte Ansatz soll nun einen bequemeren Umgang mit diesen Größen ermöglichen, als ihn die Abstützung auf Turingmaschinen gestatten würde. Er besteht darin, dass stattdessen bestimmte Verfahren zur *Definition von Funktionen* - und nur diese - als zulässig erklärt werden. Es ist dann (inzwischen) leicht zu sehen, dass die dadurch erfassten Funktionen sämtlich Turing-berechenbar sind; dass umgekehrt auch jede Turing-berechenbare Funktion auf die besagte Weise gewonnen werden kann, erfordert dagegen einen längeren Beweis. - Der Ansatz geht zurück auf Ideen der amerikanischen Mathematikerin JULIA ROBINSON und wurde in Lehrbuchform von SHOENFIELD vorgestellt. Die folgende Darstellung lehnt sich weitgehend an die von SHOENFIELD an. -

Definition 1: Die Klasse **PR** der *partiell-rekursiven Funktionen* wird *induktiv* erklärt:

1) $\lambda xy\,(x+y)$, $\lambda xy\,(x\cdot y)$, $\lambda xy\,\chi_<(x,\,y)$ und die $\lambda x\,I_n^k(x)$ (mit $1 \leq k \leq n$) sind partiell-rekursiv.

2) Sind $\lambda y_1 \ldots y_m\,g(y_1,\,\ldots,\,y_m)$ und $\lambda x\,h_1(x)$, $\ldots$, $\lambda x\,h_m(x)$ partiell-rekursiv, so ist es auch $\lambda x\,f(x)$ mit $f(x) =_{Df} g(h_1(x),\,\ldots,\,h_m(x))$.

3) Ist $\lambda\,xy\,g\,(x,\,y)$ partiell-rekursiv, so ist es auch $\lambda\,x\,f\,(x)$ mit $f\,(x) =_{Df} \mu y\,(g(x,\,y) = 0)$.

(Außer aufgrund dieser Bedingungen ist eine Funktion nicht partiell-rekursiv.) -

Induktive Definitionen wie die obige werden in der mathematischen Logik und in der theoretischen Informatik häufig angewandt. In der obigen bestimmt die erste Bedingung den *Induktionsanfang*, während die verschiedenen Möglichkeiten für den *Induktionsschritt* durch die zweite und die dritte Bedingung festgelegt werden. Der Zusatz, dass keine weiteren Objekte als die durch die angegebenen Bedingungen erfassten der definierten Rubrik angehören sollen, wird gewöhnlich weggelassen. Vergegenwärtigt man sich die Wirkungsweise dieser Definition, so erkennt man, dass partiell-rekursiv gerade diejenigen Funktionen sind, welche aus den im Induktionsbeginn genannten *Basis-* oder auch *Anfangsfunktionen* durch endlich viele Anwendungen des für den Induktionsschritt zugelassenen Einsetzungsschemas und des ebenso zulässigen μ-Operators gewonnen werden können.

Der Gebrauch derartiger Induktionsschemata erfordert natürlich eine solidere mathematische Rechtfertigung. Eine solche kann gewöhnlich dadurch gegeben werden, dass die fragliche Induktion *auf diejenige für die natürlichen Zahlen zurückgeführt wird* (welche ihrerseits auf einem *Induktionsaxiom* beruht und deren Anwendungsmöglichkeiten in der - hier vorausgesetzten - *elementaren Arithmetik* begründet werden). Im vorliegenden Fall kann dies dadurch erfolgen, dass zunächst jeder natürlichen Zahl n die *Teilklasse n. Stufe* $\mathbf{PR}_n$ der partiell-rekursiven Funktionen induktiv zugeordnet wird und diese Teilklassen anschließend vereinigt werden:

1) $\mathbf{PR}_0$ enthalte genau die oben genannten *Basisfunktionen*.

2) $\mathbf{PR}_{n+1}$ entstehe aus $\mathbf{PR}_n$ jeweils dadurch, dass genau diejenigen Funktionen hinzugefügt werden, welche sich durch (einmalige) Anwendung des *Einsetzungsschemas* auf zu $\mathbf{PR}_n$ gehörige Funktionen ergeben oder aber durch Anwendung des *μ-Operators* auf eine zu $\mathbf{PR}_n$ gehörige Funktion (falls die neu definierte Funktion nicht bereits $\mathbf{PR}_n$ angehört).

Schließlich sei $\mathbf{PR} =_{\mathrm{Df}} \bigcup \{ \mathbf{PR}_n \mid n \in \mathbf{N} \}$.

Durch Induktion über n erkennt man zunächst, dass die $\mathbf{PR}_n$ eine *aufsteigende Mengenfolge* bilden: $\mathbf{PR}_0 \subseteq \mathbf{PR}_1 \subseteq \mathbf{PR}_2 \subseteq \dots$ Dass jedesmal beim Übergang von $\mathbf{PR}_n$ zu $\mathbf{PR}_{n+1}$ tatsächlich neue Funktionen hinzukommen, müsste natürlich bewiesen werden, wird aber hier gar nicht benötigt: Sollte wirklich einmal $\mathbf{PR}_n = \mathbf{PR}_{n+1}$ sein, so würde aufgrund der Bildungsregel für die $\mathbf{PR}_n$ durch Induktion über k offenbar $\forall k \; \mathbf{PR}_n = \mathbf{PR}_{n+k}$ folgen, und dann wäre bloß außerdem $\mathbf{PR} = \bigcup \{ \mathbf{PR}_n \mid n \in \mathbf{N} \} = \mathbf{PR}_{n_0}$ mit $n_0 =_{\mathrm{Df}} min \{ n \mid \mathbf{PR}_n = \mathbf{PR}_{n+1} \}$.

Die Menge $\mathbf{PR} = \bigcup \{ \mathbf{PR}_n \mid n \in \mathbf{N} \}$ ist dadurch gekennzeichnet, dass sie die (im Sinne der Inklusion $\subseteq$) *kleinste* Funktionenklasse ist, welche die Basisfunktionen enthält und abgeschlossen ist gegenüber den beiden zugelassenen Definitionsoperationen: Dass die Anfangsfunktionen dazugehören, ist trivial. Jede Einsetzung benutzt nur endlich viele Funktionen, jede Anwendung des μ-Operators sogar nur eine. Wird also eins dieser Definitionsschemata auf partiell-rekursive

Funktionen angewendet, so gehören diese bereits alle einer Stufe $\mathbf{PR}_n$ mit hinreichend großem n an, und die neu definierte Funktion gehört deshalb jedenfalls zur Stufe $\mathbf{PR}_{n+1}$ und ist somit erst recht partiell-rekursiv. Die Klasse $\mathbf{PR}$ hat damit die behauptete *Abgeschlossenheitseigenschaft*. Ihre behauptete *Minimalität* ergibt sich daraus, dass offenbar auf keine Anfangs- sowie auf keine durch (zulässige) Definition gewonnene Funktion verzichtet werden kann, wenn die fragliche Abgeschlossenheit gewahrt bleiben soll. (Man mache sich klar, dass dies nicht zu bedeuten braucht, dass auch alle zum Aufbau von $\mathbf{PR}$ herangezogenen Funktions*definitionen* unentbehrlich sind; dieselbe Funktion kann nämlich durch mehrere der fraglichen Definitionen gewonnen werden. In der Tat lässt sich sogar beweisen, dass jede partiell-rekursive Funktion durch *unendlich viele* dieser Definitionen erfasst wird.)

Auch der Aufbau von $\mathbf{PR}$ mittels Induktion für die natürlichen Zahlen liefert also gerade diejenigen Funktionen, die sich durch endlich viele Anwendungen des Einsetzungsschemas und des μ-Operators aus den vorgegebenen Basisfunktionen erzeugen lassen. Es erscheint daher gerechtfertigt, die genaue Bedeutung der Induktion aus Definition 1 im Sinne der nun folgenden Ausführungen festzulegen (anstatt die Zulässigkeit dieser Art Induktion durch eine abstrakte Theorie induktiver Verfahren nachzuweisen).

Jeder partiell-rekursiven Funktion f lässt sich jetzt als *Stufe* das kleinste n zuordnen, für das $f \in \mathbf{PR}_n$ gilt. Eigenschaften der partiell-rekursiven Funktionen können dann durch *Induktion über deren Stufe* bewiesen werden. Diese Induktion kann auf eine der Definition 1 entsprechende Form gebracht werden. Um nachzuweisen, dass jede partiell-rekursive Funktion die Eigenschaft E aufweist, hat man dann zu zeigen:

1) E kommt jeder Basisfunktion zu. *(Induktionsanfang)*

2) Wird f durch eine Anwendung des Einsetzungsschemas auf Funktionen definiert, die sämtlich die Eigenschaft E haben, so wird diese auf f übertragen.

3) Entsteht f durch Anwendung des μ-Operators auf eine Funktion mit der Eigenschaft E, so trifft diese auch auf f zu.

Als *Induktionsvoraussetzung* ist dabei jeweils anzunehmen, dass E allen bei der Definition benutzten Funktionen zukommt; der *Induktionsschritt* besteht in dem Nachweis, dass dann auch die neu definierte Funktion immer die Eigenschaft E besitzt. Der *Induktionsschluss* liefert schließlich die Aussage, dass sämtliche partiell-rekursiven Funktionen die Eigenschaft E haben.

Die Zulässigkeit dieses sog. Beweises durch *Induktion über den Aufbau der partiell-rekursiven Funktionen* ergibt sich folgendermaßen: Andernfalls gäbe es einen Fall, in dem die fragliche Eigenschaft E nicht allen partiell-rekursiven Funktionen zukäme, obgleich ein Induktionsbeweis über deren Aufbau geführt werden kann. Es gäbe dann eine kleinste Stufe n, sodass E nicht auf sämtliche Funktionen aus PR_n zuträfe. Nach dem vorausgesetzten Induktionsanfang wäre dieses $n \neq 0$, ließe sich also als $n = m+1$ für genau ein m schreiben. Eine Funktion $f \in PR_n$ ohne die Eigenschaft E wäre aber mithilfe einer oder mehrerer Funktionen aus PR_m definiert worden, die also sämtlich die Eigenschaft E haben müssten. Aufgrund des gleichfalls vorausgesetzten Induktionsschrittes würde sich E auf f übertragen, im Widerspruch zur Wahl von f. Deshalb ist schließlich der *Beweis* durch die fragliche Induktion zulässig.

Dagegen sind im vorliegenden Fall *Definitionen* durch diesen Induktionstyp unzulässig. Dies liegt daran, dass diese Induktion gewissermaßen die Definitionsstrukturen der partiell-rekursiven Funktionen nachbildet und diese Funktionen aber jeweils auf vielen "Definitionswegen" erreicht werden (s.o.). Im Allgemeinen werden deshalb die den Funktionen induktiv zugeordneten Werte nicht eindeutig bestimmt sein, weil sie nicht nur von den Funktionen selbst, sondern auch noch von den unterschiedlichen Möglichkeiten zu deren Definition abhängen. -

Satz 1: Jede partiell-rekursive Funktion ist (echt oder unecht) partiell Turing-berechenbar.

Beweis: Dies folgt durch Induktion über den Aufbau der partiell-rekursiven Funktionen aufgrund der Sätze 1.3.1 bis 6. -

Bereits erwähnt wurde, dass die Umkehrung dieses Satzes zwar gleichfalls gilt, aber nicht ebenso leicht zu beweisen ist. -

Definition 1*: Die Klasse R der *(total-) rekursiven Funktionen* wird induktiv erklärt:

R1: $\lambda xy\,(x+y)$, $\lambda xy\,(x \cdot y)$, $\lambda xy\,\chi_<(x, y)$ und die $\lambda x\,I_n^k(x)$ (mit $1 \leq k \leq n$) sind rekursiv.

R2: Sind $g \mid N^m \to N$ und $h_1 \mid N^n \to N$, ..., $h_m \mid N^n \to N$ rekursiv, so ist es auch $f \mid N^n \to N$ mit $f(x) =_{Df} g(h_1(x), ..., h_m(x))$.

R3: Ist $g \mid N^{n+1} \to N$ rekursiv und gilt $\forall x \exists y\, g(x, y) = 0$ (Normalfall), so ist es auch $f \mid N^n \to N$ mit $f(x) =_{Df} \mu y\,(g(x, y) = 0)$.

(Außer aufgrund dieser Bedingungen ist eine Funktion nicht rekursiv.) -

In der Form lehnt sich diese Definition eng an Definition 1 an. Der wesentliche Unterschied besteht darin, dass jetzt die Anwendung des μ-Operators nur im sog. Normalfall erfolgen darf. Dabei wird *nicht* verlangt, dass effektiv erkennbar ist, ob der Normalfall vorliegt oder nicht; tatsächlich lässt sich (nach einer begrifflichen Präzisierung) zeigen, dass dies nicht zutrifft. Trotz dieser Nicht-Effektivität ist die Klasse der rekursiven Funktionen im "idealen" Sinne ebenso erklärt wie vorher die der partiell-rekursiven. Alles, was dort über die zur Definition benutzte induktive Definition ausgeführt wurde, behält offenbar für die jetzt angewandte seine Gültigkeit. Hier soll deshalb nur noch das Schema für die *Induktion über den Aufbau der rekursiven Funktionen* festgehalten werden: Um darauf zu schließen, dass eine Eigenschaft E allen rekursiven Funktionen zukommt, hat man zu zeigen:

1) $E(\lambda xy\,(x+y))$, $E(\lambda xy\,(x \cdot y))$, $E(\chi_<)$ und $E(I_n^k)$ für jedes I_n^k (mit $1 \le k \le n$).

2) $E(\lambda y\,g(y)) \wedge E(\lambda x\,h_1(x)) \wedge \ldots \wedge E(\lambda x\,h_m(x)$

   $\wedge\ \forall x\,f(x) =_{Df} g(h_1(x), \ldots, h_m(x)) \Rightarrow E(\lambda x\,f(x))$

   (für jede derartige Definition durch Einsetzung

3) $E(\lambda xy\,g(x, y)) \wedge \forall x \exists y\,g(x, y) = 0 \wedge \forall x\,f(x) = \mu y\,(g(x, y) = 0) \Rightarrow$

   $E(\lambda x\,f(x))$

   (für jede derartige Definition) -

Durch Induktion über den Aufbau der rekursiven Funktionen erhält man offenbar die

Folgerung: Jede rekursive Funktion ist total und (unecht) partiell-rekursiv.

Wegen Satz 1 folgt daraus:

Satz 1*: Jede rekursive Funktion ist (total) Turing-berechenbar.

Die Umkehrung gilt ebenfalls, ist aber nur mit größerem Aufwand beweisbar (s.u.). Dabei ergibt sich zugleich die Umkehrung der obigen Folgerung: Jede totale partiell-rekursive Funktion ist rekursiv. -

Zum Begriff der rekursiven Funktion gehören "kanonisch" dieBegriffe des *rekursiven Prädikats* und der *(rekursiv) aufzählbaren Menge* (vgl Definition 1.3.7):

Definition 2: Sei $\lambda x\,R(x) \subseteq \mathbf{N}^n$ eine *n*-stellige Relation (mit $n \ge 0$). R heißt genau dann *rekursiv*, wenn die zugehörige charakteristische Funktion χ_R rekursiv ist. (In der Berechenbarkeitstheorie werden Relationen häufig auch als "Prädikate" bezeichnet.)

Eine Menge $M \subseteq \mathbf{N}$ heißt genau dann *(rekursiv) aufzählbar*, wenn M Wertebereich einer rekursiven Funktion $f \mid \mathbf{N} \to \mathbf{N}$ oder aber leer ist. -

Wegen Satz 1* erhält man jetzt sofort:

Folgerung: Jede rekursive Relation ist Turing-entscheidbar, und jede rekursiv aufzählbare Menge ist Turing-aufzählbar. -

Im Folgenden werden nun zunächst weitere Regeln zusammengestellt, die bei der Definition von rekursiven Funktionen bzw. Prädikaten anwendbar sind. Insgesamt ermöglichen sie eine verhältnismäßig bequeme Handhabung solcher Definitionen.

R4: Sei $\lambda y\, R(y) \subseteq \mathbf{N}^m$ rekursiv und ebenso $f_1 \mid \mathbf{N}^n \to \mathbf{N}$, ..., $f_m \mid \mathbf{N}^n \to \mathbf{N}$; dann ist auch $\lambda x\, P(x) \subseteq \mathbf{N}^n$ mit

$$P(x) \Leftrightarrow_{\mathrm{Df}} R(f_1(x), ..., f_m(x))$$

rekursiv.

Beweis: Offenbar gilt $\chi_P(x) = \chi_R(f(x))$. Nach Definition 2 mit R2 ist daher χ_P rekursiv. -

Definition 3: Sei $\lambda x y\, R(x, y) \subseteq \mathbf{N}^{n+1}$ ein beliebiges Prädikat. Dann wird die (partielle) Funktion $\lambda x\, \mu y\, R(x, y)$ durch

$$\mu y\, R(x, y) =_{\mathrm{Df}} \mu y\, (\chi_R(x, y) = 0)$$

erklärt. -

R6: Jede *konstante* Funktion $C_n^k \mid \mathbf{N}^n \to \mathbf{N}$ mit

$$C_n^k(x) =_{\mathrm{Df}} k$$

(und $n \geq 0$) ist rekursiv.

Beweis: Induktion über k:

1) Ersichtlich gilt bei jeweils vorliegendem Normalfall:

$$C_n^0(x) = 0 = \mu y\, (y = 0) = \mu y\, (I_{n+1}^{n+1}(x, y) = 0)$$

Damit sind die C_n^0 wegen R1 und R3 rekursiv.

2) Die C_n^k seien rekursiv. Offenbar gilt bei jeweils vorliegendem Normalfall:

$$C_n^{k+1}(\pmb{x}) = k+1 = \mu y\,(k < y) = \mu y\,(C_n^{k}(\pmb{x}) < y)$$

$$= \mu y\,(C_n^{k}(I_{n+1}^{1}(\pmb{x}, y), \ldots, I_{n+1}^{n}(\pmb{x}, y)) < I_{n+1}^{n+1}(\pmb{x}, y))$$

Damit sind auch die C_n^{k+1} rekursiv wegen R1, R4 und R5, qed. -

Folgerungen: 1) Bei der Definition von rekursiven Funktionen bzw. Prädikaten sind *Einsetzungen von Konstanten* zulässig.

2) Insbesondere ist daher die *Nachfolgerfunktion* $\lambda x\,(x+1)$ rekursiv.

Definition 4: Für Prädikate $\lambda \pmb{x}\ P(\pmb{x})$, $\lambda \pmb{x}\ Q(\pmb{x}) \subseteq \mathbf{N}^n$ wird festgesetzt:

$$(\neg P)(\pmb{x}) \Leftrightarrow_{\mathrm{Df}} \neg P(\pmb{x})$$

$$(P \vee Q)(\pmb{x}) \Leftrightarrow_{\mathrm{Df}} P(\pmb{x}) \vee Q(\pmb{x})$$

Analog werden $P \wedge Q$, $P \Rightarrow Q$, $P \Leftrightarrow Q$ erklärt. -

R7: Sind P und Q rekursive (o.B.d.A. gleichstellige) Prädikate, so sind es auch $\neg P$, $P \vee Q$, $P \wedge Q$, $P \Rightarrow Q$, $P \Leftrightarrow Q$.

Beweis: Seien P und Q rekursiv. Offensichtlich gilt:

$$(\neg P)(\pmb{x}) \Leftrightarrow \chi_{\neg P}(\pmb{x}) = 0 \Leftrightarrow 0 < \chi_P(\pmb{x}) \Leftrightarrow \chi_<(0, \chi_P(\pmb{x})) = 0$$

$$P(\pmb{x}) \vee Q(\pmb{x}) \Leftrightarrow \chi_P(\pmb{x}) = 0 \vee \chi_Q(\pmb{x}) = 0 \Leftrightarrow \chi_P(\pmb{x}) \cdot \chi_Q(\pmb{x}) = 0$$

Damit hat man $\chi_{\neg P}(\pmb{x}) = \chi_<(0, \chi_P(\pmb{x}))$ und $\chi_{P \vee Q}(\pmb{x}) = \chi_P(\pmb{x}) \cdot \chi_Q(\pmb{x})$; χ_P und $\chi_{P \vee Q}$ können also durch Einsetzungen von rekursiven Funktionen in ebensolche erzeugt werden. Die übrigen Behauptungen folgen dann offenbar wegen $P \wedge Q \Leftrightarrow \neg(\neg P \vee \neg Q)$, $P \Rightarrow Q \Leftrightarrow \neg P \vee Q$, $(P \Leftrightarrow Q) \Leftrightarrow (P \Rightarrow Q) \wedge (Q \Rightarrow P)$. -

Folgerung: Da jede ausagenlogische Verknüpfung sich bekanntlich schon z.B. durch $\neg$ und $\wedge$ mittels geeigneter Einsetzungen ausdrücken lässt, liefern *aussagenlogische Verknüpfungen von rekursiven Prädikaten* stets wieder rekursive Prädikate.

R8: Die *Vergleichsprädikate* $\lambda xy\,(x < y)$, $\lambda xy\,(x \leq y)$, $\lambda xy\,(x > y)$, $\lambda xy\,(x \geq y)$, $\lambda xy\,(x = y)$, $\lambda xy\,(x \neq y)$ sind rekursiv.

Beweis: $\lambda xy\,(x < y)$ ist es wegen R1 und Definition 2; für die übrigen folgt dies aus $x \leq y \Leftrightarrow \neg\, y < x$, $x > y \Leftrightarrow y < x$, $x \geq y \Leftrightarrow y \leq x$, $x = y \Leftrightarrow x \leq y \wedge y \leq x$, $x \neq y \Leftrightarrow \neg\, y = x$ aufgrund der vorangegangenen Feststellungen. -

Folgerung: Mit $f \mid \mathbf{N}^m \to \mathbf{N}$ und $g \mid \mathbf{N}^n \to \mathbf{N}$ ist auch $\lambda \pmb{x}\pmb{y}\ P(\pmb{x}, \pmb{y})$ mit

$$P(\pmb{x}, \pmb{y}) \Leftrightarrow_{\mathrm{Df}} f(\pmb{x}) = g(\pmb{y})$$

rekursiv; dies gilt ebenso für $<$, $\leq$, $>$, $\geq$, $\neq$. (Es ist wohl klar, dass dabei x und y auch gemeinsame Komponenten haben dürfen; dies kommt hier lediglich schreibtechnisch nicht zum Ausdruck.) -

Bei der Erörterung des μ-Operators ist deutlich geworden, dass dessen Anwendung außerhalb des Normalfalls auch bei totalen Funktionen zu echt partiellen Funktionen führt. Es wäre jetzt leicht, ein Beispiel für eine rekursive Funktion ohne Normalfall anzugeben, bei der also der μ-Operator eine nicht mehr rekursive (weil nicht mehr totale) Funktion liefert. Mit später hier entwickelten Hilfsmitteln lässt sich sogar zeigen, dass sich auf diese Weise gewonnene Funktionen nicht einmal immer zu rekursiven Funktionen fortsetzen lassen. Aus diesen Gründen wird jetzt der μ-Operator dahingehend abgeändert, dass die Suche (nach einem y mit $g(x, y) = 0$) im Falle der Erfolglosigkeit nach Erreichen einer Schranke abgebrochen werden soll.

Definition 5: Sei $\lambda x\, f(x)$ eine *totale* Funktion und $\lambda x y\, R(x, y)$ ein Prädikat (wobei y nicht unter den Variablen aus x vorkommt und die übrigen Variablen o.B.d.A. Argumente sowohl von f als auch von R sind). Dann wird festgesetzt:

$$(\mu y < f(x))\, R(x, y) =_{Df} \mu y\, (R(x, y) \vee y = f(x))$$

$\mu y < f(x)$ wird als *beschränkter μ-Operator* (im Unterschied zum unbeschränkten) bezeichnet. -

Folgerung: $\lambda x\, (\mu y < f(x))\, R(x, y)$ ist immer eine totale Funktion, wobei gilt:

$$(\mu y < f(x))\, R(x, y) = \begin{cases} \mu y\, R(x, y) & \text{für } (\exists y < f(x))\, R(x, y) \\ f(x) & \text{sonst} \end{cases}$$

Anmerkungen: 1) Dass die Variablen bei f und mit Ausnahme von y bei R dieselben sind, lässt sich offenbar stets mithilfe der im Zusammenhang mit dem Einsetzungsschema erläuterten Technik erreichen. In konkreten Fällen kann daher auch beispielsweise $(\mu y < f(x))\, R(z, y)$ statt $(\mu y < f^*(x, z))\, R^*(x, z, y)$ (mit $f^*(x, z) =_{Df} f(x)$ und $R^*(x, z, y) \Leftrightarrow_{Df} R(z, y)$) geschrieben werden.

2) In der Literatur finden sich auch andere Schreibweisen und Normierungen, z.B. $\mu y_{y < f(x)}\, R(x, y)$ bzw. $(\mu y \leq f(x))\, R(x, y) =_{Df} \mu y\, (R(x, y) \vee y = f(x) + 1)$.

R9: Sei $\lambda x y\, R(x, y) \subseteq \mathbf{N}^{n+1}$ ein rekursives Prädikat; dann ist $f \mid \mathbf{N}^{n+1} \to \mathbf{N}$ mit

$$f(x, z) =_{Df} (\mu y < z)\, R(x, y)$$

eine rekursive Funktion.

Beweis: $\lambda x y z\, P(x, y, z) \subseteq \mathbf{N}^{n+2}$ mit $P(x, y, z) \Leftrightarrow_{Df} R(x, y) \vee y = z$ ist rekursiv, und offenbar gilt $(\forall x, z)\, \exists y\, P(x, y, z)$. Außerdem ist $\mu y\, P(x, y, z) = \mu y\,(R(x, y) \vee y = f(x)) = (\mu y < z)\, R(x, y)$, qed. -

Folgerung: Ist $g \mid \mathbf{N}^m \to \mathbf{N}$ eine rekursive Funktion und $\lambda x y\, R(x, y) \subseteq \mathbf{N}^{n+1}$ ein rekursives Prädikat und kommt y nicht unter den Variablen aus x vor, so ist $\lambda x z\, f(x, z)$ mit

$$f(x, z) =_{Df} (\mu y < g(z))\, R(x, y)$$

eine rekursive Funktion. -

Eine wichtige Einsicht wird sein, dass *Quantifizierungen* von rekursiven Prädikaten - anders als aussagenlogische Verknüpfungen - nicht wieder rekursive Prädikate zu ergeben brauchen. Deshalb werden beschränkte Varianten der Quantoren eingeführt.

Definition 6: Sei $\lambda x\, f(x)$ eine *totale* Funktion und $\lambda y z\, R(z, y)$ ein Prädikat, wobei y nicht unter den Variablen aus x vorkommt. Dann wird der *beschränkte Existenzquantor* $\exists y < f(x)$ durch

$$(\exists y < f(x))\, R(z, y) \Leftrightarrow_{Df} (\mu y < f(x))\, R(z, y) < f(x)$$

und der *beschränkte Allquantor* $\forall y < f(x)$ durch

$$(\forall y < f(x))\, R(z, y) \Leftrightarrow_{Df} \neg(\exists y < f(x))\, \neg R(z, y)$$

erklärt. -

Wie beim beschränkten μ-Operator sind auch hier andere Schreibweisen und Normierungen gebräuchlich.

Folgerung: Offenbar gilt:

$$(\exists y < f(x))\, R(z, y) \Leftrightarrow \exists y\, (y < f(x) \wedge R(z, y))$$

$$(\forall y < f(x))\, R(z, y) \Leftrightarrow \forall y\, (y < f(x) \Rightarrow R(z, y))$$

$$(\exists y < f(x))\, R(z, y) \Leftrightarrow \neg(\forall y < f(x))\, \neg R(z, y)$$

R10: Ist $\lambda x y\, R(x, y) \subseteq \mathbf{N}^{n+1}$ rekursiv, so sind auch $\lambda x z\, P(x, z) \subseteq \mathbf{N}^{n+1}$ mit

$$P(x, z) \Leftrightarrow_{Df} (\exists y < z)\, R(x, y)$$

und $\lambda x z\, Q(x, z) \subseteq \mathbf{N}^{n+1}$ mit

$$Q(x, z) \Leftrightarrow_{Df} (\forall y < z)\, R(x, y)$$

rekursiv.

Beweis: wegen Definition 6 und R1 bis R9. -

Folgerung: Ist $\lambda x\, f(x)$ eine rekursive Funktion und $\lambda yz\, R(z, y)$ ein rekursives Prädikat, wobei y nicht unter den Variablen aus x vorkommt, so sind $\lambda xz\, P(x, z)$ mit

$$P(x, z) \Leftrightarrow_{Df} (\exists y < f(x))\, R(z, y)$$

und $\lambda xz\, Q(x, z)$ mit

$$Q(x, z) \Leftrightarrow_{Df} (\forall y < f(x))\, R(z, y)$$

rekursive Prädikate. -

Definition 7: Die *modifizierte Differenz* $\dot{-} \mid \mathbf{N}^2 \to \mathbf{N}$ wird erklärt durch:

$$x \dot{-} y =_{Df} \begin{cases} x-y & \text{für } x \geq y \\ \\ 0 & \text{sonst} \end{cases}$$

Witzbolde lesen das modifizierte Minuszeichen $\dot{-}$ gern als "monus".

R11: $\lambda xy\, (x \dot{-} y)$ ist rekursiv.

Beweis: $x \dot{-} y = (\mu z < x+1)\, (x = y+z \vee x < y)$

Wie auch bereits im Verlauf der bisherigen Ausführungen deutlich geworden ist, werden Funktionen und Relationen häufig mithilfe von Fallunterscheidungen erklärt. Eine selbstverständliche Voraussetzung ist dabei jedesmal, dass die unterschiedenen Fälle sich gegenseitig ausschließen und (wenn totale Funktionen definiert werden sollen) zusammen alle Möglichkeiten ausschöpfen. Die beiden nächsten Regeln besagen, dass *Definitionen durch Fallunterscheidung* im Bereich des Rekursiven zulässige Hilfsmittel sind.

R12: Seien $\lambda x\, g_1(x)$, ..., $\lambda x\, g_m(x)$ rekursive Funktionen und $\lambda x\, R_1(x)$, ..., $\lambda x\, R_m(x)$ rekursive Prädikate derart, dass stets *genau ein* $R_k(x)$ zutrifft. Dann ist $\lambda x\, f(x)$ mit

$$f(x) =_{Df} \begin{cases} g_1(x) & \text{für } R_1(x) \\ \dots \\ g_m(x) & \text{für } R_m(x) \end{cases}$$

eine rekursive Funktion.

Beweis: $f(x) = g_1(x) \, \chi_{\neg R_1}(x) + \ldots + g_m(x) \, \chi_{\neg R_m}(x)$, da nach Voraussetzung jeweils genau ein $\chi_{\neg R_i}(x) = 1$ ist und die übrigen $\chi_{\neg R_i}(x) = 0$ sind. -

R13: Seien $\lambda x \; Q_1(x)$, ..., $\lambda x \; Q_m(x)$ rekursive Prädikate und $\lambda x \; R_1(x)$, ..., $\lambda x \; R_m(x)$ rekursive Prädikate derart, dass stets *genau ein* $R_k(x)$ zutrifft. Dann ist $\lambda x \; P(x)$ mit

$$P(x) \Leftrightarrow_{\mathrm{Df}} \begin{cases} Q_1(x) & \text{für } R_1(x) \\ \ldots & \\ Q_m(x) & \text{für } R_m(x) \end{cases}$$

ein rekursives Prädikat.

Beweis: wegen R12, weil offenbar gilt:

$$\chi_Q(x) = \begin{cases} \chi_{Q_1}(x) & \text{für } R_1(x) \\ \ldots & \\ \chi_{Q_m}(x), & \text{für } R_m(x) \end{cases}$$

Folgerung: Voraussetzungsgemäß gilt in R12 und R13:

$$R_m(x) \Leftrightarrow \neg(R_1(x) \vee \ldots \vee R_{m-1}(x))$$

R_m lässt sich also durch die übrigen R_k aussagenlogisch ausdrücken und ist damit rekursiv, sobald die übrigen R_k es sind. Die Bedingung "für $R_m(x)$" kann deshalb jeweils durch die Bedingung "sonst" ersetzt werden.

In konkreten Anwendungsfällen dieser Definitionsschemata brauchen nicht sämtliche dabei auftretenden Funktionen und Relationen von denselben Argumenten abzuhängen, da man dies mithilfe der schon wiederholt besprochenen Technik offenbar immer erreichen kann.

Anmerkung: Zum Nachweis der Rekursivität einer Funktion muss also gezeigt werden, dass sie sich aus den Basisfunktionen von R1 mithilfe der Regeln R2 bis R13 "explizit definieren" lässt. In oben angegebenen derartigen Definitionen ist wiederholt die übliche Schreibweise mit drei Pünktchen angewendet worden, um eine unbestimmte Anzahl von gleichartigen Bestandteilen anzudeuten. Dies ist jedoch natürlich nur dann zulässig, wenn *die Gestalt des dadurch angedeuteten Ausdrucks unabhängig von den auftretenden Argumenten ist* (was in den erwähnten Fällen tatsächlich zutraf). Beispielsweise wäre es unzulässig, zum Nachweis der Rekursivität des durch $(\exists z < y+1) \; x = f(z)$ mit rekursivem f definierten Prädikats $\lambda xy \; P(x, y)$ die Äquivalenz $P(x, y) \Leftrightarrow x = f(0) \vee \ldots \vee x = f(y)$ hinzuschreiben (um die Rekursivität von $\lambda xz \, (x = f(z))$ auszunutzen), weil dabei die Anzahl der Gleichungen sich mit dem Wert von y ändert und der "definierende Ausdruck" keine feste Gestalt hat. -

Mengen $M \subseteq \mathbf{N}$ können als einstellige Relationen (Prädikate) aufgefasst werden. Damit sind auch *rekursive Mengen* erklärt.

Satz 2: $\emptyset$ und $\mathbf{N}$ sind rekursiv.

Beweis: wegen $x \in \emptyset \Leftrightarrow x \neq x$ und $x \in \mathbf{N} \Leftrightarrow x = x$ aufgrund der vorangegeangenen Feststellungen.

Satz 3: Jede endliche Menge $\emptyset \neq M = \{a_0, ..., a_n\} \subseteq \mathbf{N}$ mit $n \in \mathbf{N}$ ist rekursiv.

Beweis: wegen $x \in M \Leftrightarrow x = a_0 \vee ... \vee x = a_n$ aufgrund der vorausgegeangenen Feststellungen (da hier die Anzahl der Gleichungen nur von der Menge selbst abhängt). -

Satz 4: Mit $M, N \subseteq \mathbf{N}$ sind auch $\overline{M} = M \setminus N$, $M \cup N$, $M \cap N$ rekursiv.

Beweis: Nach Voraussetzung sind die Prädikate $\lambda x \, x \in M$, $\lambda x \, x \in N$ rekursiv. Wegen $x \in \overline{M} \Leftrightarrow x \notin M \Leftrightarrow \neg \, x \in M$, $x \in M \cup N \Leftrightarrow x \in M \vee x \in N$, $x \in M \cap N \Leftrightarrow x \in M \wedge x \in N$ sind daher aufgrund von R7 auch die Prädikate $\lambda x \, x \in \overline{M}$, $\lambda x \, x \in M \cup N$, $\lambda x \, x \in M \cup N$ rekursiv, qed. -

Folgerung: Jede *finite* und jede *kofinite* Zahlenmenge ist also rekursiv. Eine nichtrekursive Menge kann daher nur unendlich sein, muss aber zugleich ein unendliches Komplement besitzen. -

Schließlich sollen noch einige Worte über die Bezeichnung "rekursiv" gesagt werden, da diese insbesondere in der Informatik auch mit einer etwas abweichenden Bedeutung gebraucht wird: Bei der Entwicklung der Berechenbarkeitstheorie haben mittels sog. *Rekursionen* definierbare Funktionen anfangs eine bedeutende Rolle gespielt. Formal bestanden derartige Definitionen aus *Gleichungssystemen*, die gewisse zusätzliche Merkmale aufwiesen und nach bestimmten *Regeln* ausgewertet werden konnten. Es wurden ganze Hierarchien von immer komplexeren Rekursionstypen bekannt, die aber den Bereich der effektiv berechenbaren Funktionen noch nicht ausschöpften. In dieser Situation ging der Amerikaner KLEENE einen entscheidenden Schritt weiter, indem er überhaupt auf zusätzliche Merkmale verzichtete und nur noch verlangte, dass die fraglichen Funktionen durch Auswertung von irgendwelchen definierenden Gleichungssystemen - mittels des sog. *Gleichungskalküls* - berechnet werden konnten. Die dadurch gekennzeichneten totalen Funktionen nannte KLEENE "allgemein-rekursiv" und die partiellen "partiell-rekursiv". Später stellte sich dann heraus, dass diese Funktionen zugleich gerade die total bzw. partiell Turing-berechenbaren waren. Inzwischen ist es allgemein üblich, sie als die rekursiven bzw. partiell-rekursiven Funktionen zu bezeichnen. Dieses Buch könnte deshalb auch unter dem - als pars pro toto verstandenen - Titel "Rekursive Funktionen" erscheinen.

2.2. Folgenzahlen

Ein wichtiges methodisches Hilfsmittel in der Berechenbarkeitstheorie ist die *Verschlüsselung* von Gegenständen der Theorie, wie z.B. Turingmaschinen, Konfigurationen usw., *durch natürliche Zahlen*. Die Größen aus der Theorie erhalten dadurch *arithmetische Gegenstücke*, und die Fragestellungen der Theorie werden gewissermaßen in solche über die arithmetischen Entsprechungen übersetzt. Nachdem man sich einmal darauf verständigt hat, die Berechenbarkeitstheorie als Theorie der effektiv berechenbaren zahlentheoretischen Funktionen aufzufassen, werden also die Objekte dieser Theorie in deren eigenen Anwendungsbereich transformiert, und die Theorie erhält dadurch ein Element von *Selbstbezug*. Dies eröffnet die Möglichkeit zu sog. *Diagonalschlüssen*, und diese haben sich, wie auch in anderen Bereichen der Mathematik, als überaus fruchtbar erwiesen. - Eingeführt wurde die besagte Verschlüsselung zuerst von KURT GÖDEL zum Beweis seines berühmten Unvollständigkeitssatzes; daher werden derartige Verschlüsselungsverfahren auch als *Gödelisierungen* bezeichnet.

Im Grundsatz sind solche *Arithmetisierungen* hier bereits angesprochen worden, nämlich bei der Überlegung, dass die ggf. berechneten Funktionen sich immer durch zahlentheoretische Funktionen repräsentieren lassen; dort wurden die bearbeiteten Wörter durch Schlüsselzahlen ersetzt. Die Bestimmung dieser als *Gödelnummern* bezeichneten Zahlen fußte zunächst auf irgendeiner Nummerierung der Zeichen des zugrunde liegenden Alphabets; danach mussten endliche Zahlenfolgen verschlüsselt werden. Das mathematisch wesentliche Moment liegt dabei in der *Verschlüsselung von endlichen Folgen natürlicher Zahlen durch natürliche Zahlen*. Dies trifft auch zu auf die Gödelisierung der übrigen Objekte aus der Berechenbarkeitstheorie, da diese ja zumindest mit ihren Beschreibungen durch endliche Wörter über endlichen Alphabeten identifiziert werden können.

Wesentlich bei den Verschlüsselungen ist, dass sie *in beiden Richtungen effektiv* durchgeführt werden können. Die früheren Überlegungen haben gezeigt, dass derartige Gödelisierungen von endlichen Zahlenfolgen im Sinne der intuitiven

Algorithmusvorstellung als nicht besonders schwierig erscheinen. Jetzt kommt es aber darauf an, die Verschlüsselung ausschließlich mit solchen Hilfsmitteln vorzunehmen, die bereits als zulässig innerhalb des Bereichs der Rekursivität erkannt worden sind. Dabei erwächst eine beträchtliche technische Schwierigkeit daraus, dass *Definitionen durch Rekursion* (in der ursprünglichen Bedeutung dieses Wortes) *noch nicht verfügbar* sind. Die folgenden Überlegungen erfordern deshalb Einiges an mathematischer Raffinesse. -

Definition 1: Die Prädikate $\lambda xy\ Tb(x,\ y)$, $\lambda xy\ Rp(x,\ y) \subseteq \mathbf{N}^2$ werden wie folgt erklärt:

$$Tb(x,\ y) \Leftrightarrow_{Df} (\exists z < x{+}1)\ x = y \cdot z$$

$$\Leftrightarrow x \text{ ist } \textit{teilbar} \text{ durch } y$$

$$Rp(x,\ y) \Leftrightarrow_{Df} x \cdot y \neq 0 \wedge \forall z\,(Tb(xz,\ y) \Rightarrow Tb(z,\ y))$$

$$\Leftrightarrow x,\ y \text{ sind } \textit{relativ prim}$$

Folgerungen: 1) $\lambda xy\ Tb(x,\ y)$ ist ein rekursives Prädikat.

2) $Tb(x,\ y) \Leftrightarrow \exists z\ x = yz$

3) $Tb(x,\ y) \Rightarrow \forall z\ Tb(xz,\ y)$

4) $Rp(x,\ y) \Rightarrow x,\ y \neq 0$

Anmerkung: Man erkennt leicht, dass mit $Tb(xz,\ y)$ immer auch $Tb(x(z{-}ky),\ y)$ gilt und umgekehrt. Hieraus folgt offenbar, dass

$$Rp(x,\ y) \Leftrightarrow x \cdot y \neq 0 \wedge (\forall z < y{+}1)\ (Tb(xz,\ y) \Rightarrow Tb(z,\ y))$$

gilt; damit ist auch $\lambda xy\ Rp(x,\ y)$ rekursiv. Das wird aber im Folgenden nicht benötigt.

Hilfssatz 1: $Rp(x,\ y) \wedge y \neq 1 \Rightarrow \neg Tb(x,\ y)$

Beweis: Sei $Rp(x,\ y) \wedge y \neq 1$. Wegen Folgerung 4 ist dann $y > 1$. Außerdem gilt nach Definition von Rp aufgrund von $Rp(x,\ y)$ insbesondere:

$$Tb(x \cdot 1,\ y) \Rightarrow Tb(1,\ y)$$

Wegen $y > 1$ hat man aber $\neg\,Tb(1,\ y)$. Daher folgt schließlich $\neg Tb(x \cdot 1,\ y)$, d.h.

$\neg Tb(x,\ y)$, qed. -

Hilfssatz 2: $Rp(x,\ z) \wedge Rp(y,\ z) \Rightarrow Rp(xy,\ z)$

Beweis: Sei $Rp(x, z) \wedge Rp(y, z)$. Zunächst sind dann x, y, $z \neq 0$. Sei $Tb(xy \cdot k, z)$ mit beliebigem $k \in \mathbf{N}$; aufgrund der Definition von Rp ist dann $Tb(k, z)$ nachzuweisen. Wegen $Rp(x, z)$ und $(xy)k = x(yk)$ erhält man $Tb(yk, z)$, und wegen $Rp(y, z)$ folgt schließlich $Tb(k, z)$, qed. -

Hilfssatz 3: $Rp(x, y) \Rightarrow Rp(y, x)$

Beweis: Sei $Rp(x, y)$; dann sind x, $y \neq 0$. Zu zeigen bleibt für beliebiges $z \in \mathbf{N}$:

$$Tb(yz, x) \Rightarrow Tb(z, x)$$

Sei $Tb(yz, x)$; dann ist zu zeigen: $Tb(z, x)$

Wegen $Tb(yz, x)$ ist $yz = xm$ mit $m \in \mathbf{N}$; man hat also $Tb(xm, y)$. Wegen $Rp(x, y)$ folgt daher $Tb(m, y)$. Deshalb ist $m = yn$ mit $n \in \mathbf{N}$; insgesamt hat man also:

$$yz = xm = x \cdot yn = y \cdot xn$$

Wegen $y \neq 0$ folgt hieraus $z = xn$, und damit gilt $Tb(z, x)$, qed. -

Im Vorgriff auf diesen Hilfssatz wurde bei der verbalen Benennung des Prädikats Rp nicht deutlich zwischen x und y unterschieden.

Hilfssatz 4: Sei a_0, ..., a_{n-1}, b_0, ..., $b_{m-1} > 1$ (mit beliebigen m, $n \in \mathbf{N}$); und es gelte $(\forall k < n, l < m)\, Rp(a_k, b_l)$. Dann gibt es $c \in \mathbf{N}$ mit der Eigenschaft:

$$(\forall k < n)\, Tb(c, a_k) \wedge (\forall l < m)\, \neg Tb(c, b_l)$$

Beweis: Sei $c =_{\mathrm{Df}} \prod(a_k \mid k < n) = a_0 \cdot \ldots \cdot a_{n-1}$. Dann gilt offensichtlich: $(\forall k < n)\, Tb(c, a_k)$

Nach Voraussetzung und Hilfssatz 2 folgt durch Induktion über n zunächst $(\forall l < m)\, Rp(c, b_l)$. Wegen $(\forall l < m)\, b_l > 1$ und Hilfssatz 1 erhält man daher auch $(\forall l < m)\, \neg Tb(c, b_l)$, qed. -

Hilfssatz 5: $k \cdot x \neq 0 \wedge Tb(x, k) \Rightarrow \forall j\, Rp(1 + (j+k) \cdot x, 1 + j \cdot x)$

Beweis: Sei $k \cdot x \neq 0 \wedge Tb(x, k)$; dann sind k, $x \neq 0$.

Zunächst wird für $j \in \mathbf{N}$ gezeigt: $Rp(x, 1 + jx)$

Sei $Tb((1+jx)v, x)$ mit beliebigem $v \in \mathbf{N}$, d.h. $(1+jx)v = v + jxv = xw$ mit $w \in \mathbf{N}$: Dann ist $v = xw - jxv = x(w - jv)$ und damit $Tb(v, x)$. Es gilt also $Tb((1+jx)v, x) \Rightarrow Tb(v, x)$. Wegen $x \neq 0$, $1 + jx \neq 0$ folgt $Rp(1+jx, x)$ und damit $Rp(x, 1+jx)$ wegen Hilfssatz 3.

Zum Beweis der Behauptung sei jetzt $Tb((1+(j+k)x)y, 1+jx)$ mit beliebigem $y \in \mathbf{N}$, d.h. $(1+(j+k)x)y = (1+jx)y+kxy = (1+jx)z$ mit $z \in \mathbf{N}$. Wegen $1+jx \neq 0$, $1+(j+k)x \neq 0$ ist dann zu zeigen: $Tb(y, 1+jx)$

Aus der letzten Gleichung ergibt sich $kxy = (1+jx) \cdot (z-y)$ und damit $Tb(x \cdot ky, 1+jx)$. Wegen $Rp(x, 1+jx)$ folgt daraus $Tb(ky, 1+jx)$, und da voraussetzungsgemäß $Tb(x, k)$ gilt, erhält man nach Folgerung 3 aus Definition 1 erst recht $Tb(xy, 1+jx)$. Wieder wegen $Rp(x, 1+jx)$ folgt hieraus schließlich $Tb(y, 1+jx)$, und mehr war nicht zu zeigen. -

Definition 2: Die Funktion $gp \mid \mathbf{N}^2 \to \mathbf{N}$ wird wie folgt erklärt:

$$gp(x, y) =_{Df} (x+y) \cdot (x+y) + x + 1$$

(Die Bezeichnung gp steht für "geordnetes Paar", weil die Funktion zur Verschlüsselung von geordneten Paaren natürlicher Zahlen dient.) -

Folgerung: $\lambda xy\, gp(x, y)$ ist eine rekursive Funktion, und es gilt:

1) $(\forall x, y)\, gp(x, y) \geq 1$

2) $(\forall x, y)\, x, y < gp(x, y)$

3) $\lambda xy\, gp(x, y)$ wächst *strikt monoton* in x und in y.

Hilfssatz 6: Für beliebige $a, b, x, y \in \mathbf{N}$ gilt:

$$gp(a, b) = gp(x, y) \Rightarrow a = x \wedge b = y$$

Beweis: Sei $gp(a, b) = gp(x, y)$. Falls dann nicht $a+b = x+y$ ist, gilt $a+b < x+y$ oder $a+b > x+y$. Im ersten Fall ist dann $a+b+1 \leq x+y$, und aus

$$gp(a, b) = (a+b)^2+a+1 \leq (a+b+1)^2 \leq (x+y)^2 < (x+y)^2 + x+1 = gp(x, y)$$

ergibt sich mit $gp(a, b) < gp(x, y)$ ein Widerspruch zur Voraussetzung. Analog erhält man auch im zweiten Fall einen Widerspruch. Daher ist zunächst $a+b = x+y$.

Wegen $gp(a, b) = gp(x, y)$ folgt hieraus offenbar zunächst $a = x$ und deshalb schließlich auch $b = y$, qed. -

Die Abbildung $gp \mid \mathbf{N}^2 \to \mathbf{N}$ ist also *injektiv* (aber *nicht bijektiv*). Daher kann $gp(x, y)$ jeweils als *Gödelnummer des geordneten Paares* (x, y) aufgefasst werden.

Definition 3: Die sog. *Gödel'sche β-Funktion* $\lambda xy\,\beta\,(x,\ y)$ wird folgendermaßen erklärt:

$$\beta\,(a,\ k) =_{\mathrm{Df}} (\mu x < a \dot{-} 1)\ (\exists y < a)\ (\exists z < a)\ (a = gp(y,\ z) \wedge Tb(y,\ 1 + (gp(x,\ k) + 1) \cdot z))$$

Folgerungen: 1) $\lambda ak\,\beta\,(a,\ k)$ ist eine rekursive Funktion.

2) $(\forall a,\ k)\ \beta\,(a,\ k) \le a \dot{-} 1$

3) $\forall k\,\beta\,(0,\ k) = 0$

4) $(\forall a,\ k)\ (a \ne 0 \Rightarrow \beta\,(a,\ k) < a)$

Hilfssatz 7: Zu jeder endlichen Folge $(a_0,\ ...,\ a_{n-1})$ gibt es $a \in \mathbf{N}$, sodass gilt:

$$(\forall i < n)\ \beta\,(a,\ i) = a_i$$

Beweis: Für $n = 0$ ist nichts zu zeigen; sei deshalb $n > 0$.

Sei $c =_{\mathrm{Df}} max\{gp(a_0,\ 0) + 1,\ ...,\ gp(a_{n-1},\ n-1) + 1\}$; dann gilt nach Folgerung 1 aus Definition 2:

$$(1) \qquad\qquad (\forall i < n)\ 1 < gp(a_i,\ i) + 1 \le c$$

Sei weiter $z \in \mathbf{N}$ so gewählt, dass $z > 0$ und $(\forall x < c)\ Tb(z,\ x+1)$ gilt (beispielsweise hat $z = c!$ diese Eigenschaft). Für sonst beliebige $j,\ k \in \mathbf{N}$ mit $0 \le j < j+k =_{\mathrm{Df}} l < c$ gilt dann $0 < k = l - j < c$ und daher $Tb(z,\ k)$ nach Wahl von z. Wegen Hilfssatz 5 mit Hilfssatz 3 erhält man deshalb (mit $l = j+k$):

$$(2) \qquad\qquad Rp(1+jz,\ 1+lz) \wedge Rp(1+lz,\ 1+jz)$$

Wegen $z > 0$ gilt $(\forall i < n)\ 1 + (gp(a_i,\ i) + 1) \cdot z > 1$ sowie $1 + jz > 1$ für $j > 0$. Aufgrund von (1) kommen daher alle $1 + (gp(a_i,\ i) + 1) \cdot z$ mit $i = 0,\ ...,\ n-1$ unter den $1 + jz$ mit $j = 1,\ ...,\ c$ vor. Wegen (2) ist daher Hilfssatz 4 auf die $1 + (gp(a_i,\ i) + 1) \cdot z$ und die (etwaigen) restlichen $1 + jz$ mit $j = 1,\ ...,\ c$ anwendbar. (Den $1 + (gp(a_i,\ i) + 1) \cdot z$ wird die Rolle der a_i aus der Formulierung des Hilfssatzes zugesprochen und den restlichen $1 + jz$ die der b_i.) Daher gibt es offenbar jedenfalls $y > 0$, sodass für $j = 1,\ ...,\ c$ gilt:

$$(3) \qquad\qquad Tb(y,\ 1+jz) \Leftrightarrow (\exists i < n)\ j = gp(a_i,\ i) + 1$$

Sei deshalb y so gewählt (etwa minimal) und $a =_{\mathrm{Df}} gp(y,\ z)$. Nach Wahl von y und wegen Folgerung 2 aus Definition 2 gilt dann offenbar:

$$(4) \qquad\qquad (\forall i < n)\ a_i < y < a \wedge z < a$$

Sei jetzt ein $i < n$ beliebig herausgegriffen und $x < a_i$: Wegen (1) und Folgerung 3 aus Definition 2 gilt dann $gp(x, i) < gp(a_i, i) < c$, aufgrund von Hilfssatz 6 folgt daraus offenbar $(\forall r < n)\ gp(x, i) \neq gp(a_r, r)$. Nach Wahl von y und wegen (3) gilt deshalb für die $x < a_i$:

$$Tb(y, 1+(gp(a_i, i)+1)\cdot z) \wedge \neg Tb(y, 1+(gp(x, i)+1)\cdot z)$$

Wegen (4) hat man außerdem $a_i < a \dot{-} 1$; damit gilt für die $i < n$ offenbar zunächst:

$$a_i = (\mu x < a \dot{-} 1)\ Tb(y, 1+(gp(x, i)+1)\cdot z)$$

Aufgrund der oben erfolgten Festsetzungen ist $a = gp(y, z)$ und damit $y, z < a$. Deshalb kann die Bedingung $a = gp(y, z)$ dem Prädikat und dem μ-Operator gleichwertig hinzugefügt werden:

$$a_i = (\mu x < a \dot{-} 1)\ (a = gp(y, z) \wedge Tb(y, 1+(gp(x, i)+1)\cdot z))$$

Da die Komponenten y, z ja durch a bestimmt werden und beide kleiner als a sind, dürfen sie offenbar gleichwertig mit einem durch a beschränkten Existenzquantor gebunden werden. Man erhält so schließlich mit dem fraglichen a für die $i < n$:

$$a_i = (\mu x < a \dot{-} 1)\ (\exists y < a)\ (\exists z < a)\ (a = gp(y, z) \wedge Tb(y, 1+(gp(x, i)+1)\cdot z))$$

$$= \beta(a, i)$$

Damit ist der Hilfssatz bewiesen. -

Zugleich hat man:

Lemma 1 (GÖDEL): Es gibt eine rekursive Funktion $\lambda xy\ \beta(x, y)$ mit folgenden Eigenschaften:

1) Stets ist $\beta(x, k) \leq x \dot{-} 1$

2) Zu jeder endlichen Folge $(a_0, ..., a_{n-1})$ (mit $n \geq 0$) gibt es $a \in \mathbf{N}$, sodass gilt:

$$(\forall k < n)\ \beta(a, k) = a_k$$

GÖDEL selbst hatte noch eine andere Funktion als die hier erklärte in derselben Rolle als β-Funktion eingeführt. - Mit Lemma 1 verfügt man zunächst über die Möglichkeit zur effektiven *Entschlüsselung* von bereits vorhandenen Gödelnummern endlicher Zahlenfolgen. Deren effektive *Verschlüsselung* ergibt sich gewissermaßen durch Umkehrung:

Definition 4: Sei $(a_1, ..., a_n) \in \mathbf{N}^n$ mit $n \geq 0$.

$$<a_1, ..., a_n> =_{Df} min\{a \mid \beta(a, 0) = n \wedge (\forall k < n+1)(k > 0 \Rightarrow \beta(a, k) = a_k)\}$$

heißt *Folgenzahl (Gödelnummer)* von $(a_1, ..., a_n)$. -

Aufgrund von Lemma 1 ist $<a_1, ..., a_n>$ stets erklärt. Wegen Folgerung 3 aus Definition 3 ist 0 die Gödelnummer der *leeren Folge*. - Die Verschlüsselung der Anzahl der Folgenglieder an vorderster Stelle ist erforderlich, weil $\beta(a, k)$ ja für sämtliche $k \in \mathbf{N}$ definiert ist und deshalb aus a selbst nicht hervorgeht, bis zu welcher Stelle die beabsichtigte Verschlüsselung reicht. - Ersichtlich ist $<a_1, ..., a_n>$ stets *effektiv bestimmbar* (wenn auch nur mit ungeheurem Aufwand), aufgrund der veränderlichen Stellenzahl jedoch *nicht* rekursiv. Demgegenüber gilt:

Satz 1: Für jedes (fest gehaltene) $n \in \mathbf{N}$ ist $\lambda a_1 ... a_n <a_1, ..., a_n>$ eine rekursive Funktion.

Beweis: Offenbar gilt für jedes n:

$$<a_1, ..., a_n> = \mu a\, (\beta(a, 0) = n \wedge \beta(a, 1) = a_1 \wedge ... \wedge \beta(a, n) = a_n)$$

Nach Lemma 1 liegt der Normalfall vor; damit ist alles gezeigt. -

Definition 5: Für beliebige $a \in \mathbf{N}$ wird festgesetzt:

$$lg(a) =_{Df} \beta(a, 0)$$

$$(a)_k =_{Df} \beta(a, k+1)$$

Satz 2: $\lambda a\, lg(a)$, $\lambda ak\, (a)_k$ sind rekursive Funktionen, und für $a = <a_0, ..., a_{n-1}>$ gilt:

$$lg(a) = n \quad (\textit{Länge von } (a_0, ..., a_{n-1}))$$

$$(\forall k < n)\, (a)_k = a_k \quad (\text{jeweils } k.\ \textit{Glied von } (a_0, ..., a_{n-1}))$$

Beweis: evident. -

Anmerkung: Zu jeder Folge $(a_0, ..., a_{n-1})$ gibt es unendlich viele $a \in \mathbf{N}$ mit $lg(a) = n$ und $(a)_k = a_k$ für $k < n$: Nach Lemma 1 gibt es nämlich a zu jedem $b \in \mathbf{N}$ mit $lg(a) = \beta(a, 0) = n$, $(a)_0 =_{Df} \beta(a, 1) = a_0$, ..., $(a)_{n-1} = \beta(a, n) = a_{n-1}$, $(a)_n = \beta(a, n+1) = b$, und zu verschiedenen b gehörige a sind natürlich ebenfalls verschieden. Nur das kleinste derartige a ist jedoch Folgenzahl. Die Größen aus Definition 5 sind *immer* erklärt, erhalten aber nur bei Folgenzahlen $a = <a_0, ..., a_{n-1}>$ die in Satz 2 angegebene Bedeutung; dann gilt:

$$lg(<a_0, \ldots, a_{n-1}>) = n$$

$$(<a_0, \ldots, a_{n-1}>)_k = a_k \quad \text{für } k < n$$

Dass den fraglichen Größen die angegebene inhaltliche Bedeutung nur bei bestimmten Argumentwerten zukommt, trifft auch auf die im Folgenden eingeführten Funktionen zu.

Definition 6: Das Prädikat $\lambda x \, Seq(x)$ wird wie folgt erklärt:

$$Seq(a) \Leftrightarrow_{Df} (\forall x < a) \, (lg(x) \neq lg(a) \vee (\exists k < lg(a)) \, (x)_k \neq (a)_k)$$

Satz 3: $\lambda x \, Seq(x)$ ist rekursiv, und es gilt:

$$Seq(a) \Leftrightarrow a \text{ ist Folgenzahl}$$

$$\Leftrightarrow a = \mu x(lg(x) = lg(a) \wedge (\forall k < lg(a)) \, (x)_k = (a)_k)$$

$$\Leftrightarrow a = \begin{cases} <(a)_0, \ldots, (a)_{lg(a) \cdot 1}> & \text{für } lg(a) \neq 0 \\ \\ <\text{leer}> = 0 & \text{sonst} \end{cases}$$

Beweis: evident. -

Definition 7: Die sog *Anfangsstücke* von a werden so erklärt:

$$anf(a, m) =_{Df} \mu x(lg(x) = m \wedge (\forall k < m) \, (x)_k = (a)_k)$$

Satz 4: $\lambda xy \, anf(x, y)$ ist eine rekursive Funktion, und für $m \leq n$ gilt:

$$anf(<a_1, \ldots, a_n>, m) = <a_1, \ldots, a_m>$$

Beweis: evident, da nach Lemma 1 für den μ-Operator der Normalfall vorliegt. -

Folgerung: Für $m \leq n \leq lg(a)$ gilt:

$$anf(anf(a, n), m) = anf(a, m)$$

Definition 8: Die *Verkettung* * wird erklärt durch:

$$a*b =_{Df} \mu x(lg(x) = lg(a)+lg(b)$$

$$\wedge (\forall k < lg(a)) \, (x)_k = (a)_k \wedge (\forall l < lg(b)) \, (x)_{lg(a)+l} = (b)_l)$$

Satz 5: $\lambda xy \, x*y$ ist eine rekursive Funktion, und es gilt:

$$<a_1, \ldots, a_m>*<b_1, \ldots, b_n> = <a_1, \ldots, a_m, b_1, \ldots, b_n>$$

Beweis: evident, da nach Lemma 1 für den μ-Operator der Normalfall vorliegt. -

Folgerung: Ersichtlich gilt:

$$(<a_1, ..., a_l>*<b_1, ..., b_m>)*<c_1, ..., c_n> = <a_1, ..., a_l>*(<b_1, ..., b_m>*<c_1, ..., c_n>)$$

$$= <a_1, ..., a_l, b_1, ..., b_m, c_1, ..., c_n>$$

Anmerkung: Offenbar sind $anf(a, m)$ und $a*b$ *immer* Folgenzahlen; dabei gilt:

$$0 < m \le lg(a) \Rightarrow anf(a, m) = <a_0, ..., a_{m \dot{-} 1}>$$

$$lg(a), lg(b) > 0 \Rightarrow a*b = <(a)_0, ..., (a)_{lg(a) \dot{-} 1}, (b)_0, ..., (b)_{lg(b) \dot{-} 1}>$$

$$(a*b)*c = a*(b*c)$$

Sowohl die hier vorgeführte Gödelisierung von geordneten Paaren als auch die von endlichen Folgen ist *nicht bijektiv*, aber natürlich injektiv. (Es ist nicht besonders schwierig zu sehen, dass beide Male sogar unendlich viele Nicht-Gödelnummern vorhanden sind.) In beiden Fällen ist aber die Menge der Gödelnummern rekursiv und natürlich unendlich. Für die Menge der Folgenzahlen wurde dies bereits gezeigt (Satz 3), und für die Paarnummern ergibt es sich wegen Folgerung 2 aus Definition 2 sofort aus:

$$Gp(z) \Leftrightarrow_{Df} (\exists x, y)\, gp(x, y) = z \Leftrightarrow (\exists x < z)\, (\exists y < z)\, gp(x, y) = z$$

Da das Auftreten von Nicht-Gödelnummern gelegentlich etwas störend wirkt, soll jetzt noch dargelegt werden, wie man sich dieses Umstands bei Bedarf entledigen kann. Dazu sei zunächst $M \subseteq \mathbf{N}$ irgendeine unendliche und rekursive Menge. Eine - strikt monoton wachsende - Bijektion $\alpha \mid \mathbf{N} \to M$ wird dann aufgrund der Voraussetzung für M offenbar durch

$$\alpha(0) =_{Df} \mu x\, x \in M$$

$$\alpha(n+1) =_{Df} \mu x\, (x \in M \wedge x > \alpha(n))$$

definiert; ersichtlich ist $\lambda n\, \alpha(n)$ effektiv berechenbar, und es gilt $(\forall x \in M)\, \exists n\, \alpha(n) = x$. Die - ja gleichfalls bijektive - Umkehrung $\alpha^{-1} \mid M \to \mathbf{N}$ kann deshalb durch

$$\alpha^{-1}(x) =_{Df} \mu n(\alpha(n) = x) \quad \text{für } x \in M$$

erklärt werden, und auf M ist α^{-1} offenbar jedenfalls effektiv berechenbar. Etwa durch die Festsetzung

$$\alpha^{-1}(x) =_{Df} \mu n((x \in M \wedge \alpha(n) = x) \vee (x \notin M \wedge n = 0))$$

wird α^{-1} zu einer - dann außer für $M = \mathbf{N}$ nur noch surjektiven - Abbildung $\alpha^{-1} \mid \mathbf{N} \to \mathbf{N}$ fortgesetzt; für den μ-Operator liegt offensichtlich der Normalfall vor, und α^{-1} ist eine zumindest effektiv berechenbare totale Funktion. Dass man jetzt noch nicht auf die Rekursivität von α^{-1} schließen kann, liegt offenbar lediglich daran, dass die Definition durch Rekursion noch nicht als innerhalb des Bereichs der rekursiven Funktionen zulässig nachgewiesen ist.

Wird jetzt eine Menge A durch die *Bijektion* $\gamma \mid A \to M$ gödelisiert, so ist die *Verkettung* $\varphi =_{\mathrm{Df}} \alpha^{-1} \circ \gamma$ (mit $\varphi\,(x) =_{\mathrm{Df}} \alpha^{-1}(\gamma\,(x))$) offenbar eine bijektive Abbildung $\gamma \mid A \to \mathbf{N}$. (Da zum Begriff der Gödelisierung gewöhnlich auch gehört, dass die *Umkehrung* - d.h. der Übergang von den Gödelnummern zu den gödelisierten Objekten - ebenfalls effektiv erfolgt, hat man sich außerdem klar zu machen, daß ggf. wegen $\varphi^{-1} =_{\mathrm{Df}} \gamma^{-1} \circ \alpha$ auch $\varphi^{-1} \mid \mathbf{N} \to A$ effektiv berechenbar bzw. rekursiv und natürlich bijektiv ist.) - Sobald die Zulässigkeit von Definitionen durch Rekursion im Bereich der Rekursivität feststeht, ist man also berechtigt, von *bijektiven* Gödelisierungen geordneter Paare bzw. endlicher Zahlenfolgen auszugehen; dadurch erspart man sich die manchmal etwas lästige Fallunterscheidung zwischen Gödelnummern und Nicht-Gödelnummern. -

Die oben besprochenen Verfahren zur Gödelisierung von geordneten Paaren und endlichen Folgen sind natürlich bei weitem nicht die einzigen und nicht einmal die am leichtesten zu handhabenden. Da es hier aber nicht auf Effizienz ankommt, sondern nur auf die grundsätzliche Möglichkeit, wurde die Verschlüsselung von Paaren danach ausgewählt, möglichst wenige Rekursivitätsnachweise zu erfordern, und die Verschlüsselung von Folgen wurde notgedrungen dadurch etwas knifflig, dass Definitionen durch Rekursion noch nicht verfügbar sind.

2.3. Definition durch Rekursion

Definition 1: Sei $\lambda\,xy\,f\,(x,\,y)$ eine beliebige *totale* Funktion. Die mit $\lambda\,xy\,\overline{f}(x,\,y)$ bezeichnete sog *Wertverlaufsfunktion von f bzgl.* y wird dann wie folgt erklärt:

$$\overline{f}(x,\,y) =_{\mathrm{Df}} \mu z\,(lg(z) = y \land (\forall k < y)\,(z)_k = f(x,\,k))$$

Folgerung: Aufgrund von Lemma 2.1 ist $\lambda xy\,\overline{f}(x,\,y)$ total, und es gilt:

$$\overline{f}(x,\,y) = \langle f(x,\,0),\,...,\,f(x,\,y-1)\rangle$$

Die Auszeichnung der hinteren Argumentkomponente erfolgte aus rein schreibtechnischen Gründen; selbstverständlich können ebenso Werteverlaufsfunktionen in Bezug auf *beliebige* Komponenten gebildet werden. Auch die folgenden Überlegungen gelten dann natürlich entsprechend.

Satz 1: Für $f, \bar{f}$ wie oben gilt:

1) $f(x, y) = (\bar{f}(x, y+1))_y = (\bar{f}(x, y+k+1))_y$ mit beliebigem $k \in \mathbf{N}$

2) $y \le z \Rightarrow \bar{f}(x, y) = anf(\bar{f}(x, z), y)$

3) f ist rekursiv $\Leftrightarrow \bar{f}$ ist rekursiv

Beweis: Die beiden ersten Behauptungen sind evident. - Ist f rekursiv, so ist es nach dem Bisherigen auch $\bar{f}$, da für den μ-Operator in Definition 1 nach Lemma 2.1 der Normalfall vorliegt. Ist umgekehrt $\bar{f}$ rekursiv, so ergibt sich die Rekursivität von f aus der ersten Behauptung, qed. -

Das folgende Lemma rechtfertigt zunächst das Verfahren der Definition von Funktionen durch Rekursion, ohne auf Effektivitätsfragen einzugehen. Der behandelte Rekursionstyp ist insofern allgemein, als die Rekursionsbedingung zur Bestimmung des jeweils nächsten Funktionswertes sich nicht nur auf den unmittelbar vorangehenden Funktionswert zu stützen braucht, sondern im Prinzip von sämtlichen vorausgehenden Werten abhängen darf. Neu gegenüber der üblichen Fassung ist jetzt lediglich, dass der Wertverlauf über den jeweils vorangehenden Argumenten durch die zugehörige Folgenzahl dargestellt wird (und nicht als mengentheoretische Größe auftaucht). Auch der Beweis stimmt bis auf die entsprechenden Formulierungen mit dem üblichen überein. Obgleich das Lemma also auch zu den hier vorausgesetzten Grundlagen gerechnet werden könnte, soll es aufgrund seiner neuartigen Formulierung jetzt nochmals bewiesen werden.

Lemma 1 (Rekursionssatz der Arithmetik): Sei $\lambda x y z\, g(x, y, z)$ eine beliebige *totale* Funktion. Dann gibt es genau eine (totale) Funktion $\lambda x y\, f(x, y)$, welche überall die folgende *Rekursionsbedingung* erfüllt:

$$f(x, y) = g(x, y, \bar{f}(x, y))$$

Beweis: Sei x beliebig gewählt und werde dann fest gehalten.

Zunächst wird die Behauptung gewissermaßen für Funktionen bewiesen, die nur über *endlichen Anfangsstücken* von $\mathbf{N}$ erkärt sind. Dazu wird das Prädikat $\lambda n\, A_x(n)$ definiert:

$A_x(n) \Leftrightarrow_{Df}$ Es gibt genau eine Folge $(a_m)_{m \le n} = (a_0, ..., a_n)$, sodass gilt:

$$(\forall m \le n)\ a_m = g(x, m, anf(<a_0, ..., a_n>, m)) = g(x, m, <a_0, ..., a_{m-1}>)$$

$A_x(n)$ besagt also jeweils, dass es über dem durch n bestimmten Anfangsstück genau eine Funktion (mit dem fest gehaltenen Parameterwert x) gibt, die dort überall die Rekursionsbedingung erfüllt. - Zunächst wird durch Induktion über n gezeigt, dass $\forall n\, A_x(n)$ gilt:

1) Offensichtlich ist $(a_m)_{m \leq 0}$ mit

$$a_0 = g(x, 0, \text{<leer>}) = g(x, 0, 0)$$

die einzig mögliche Folge der fraglichen Art für $n = 0$.

2) Es gebe genau eine derartige Folge $(a_m)_{m \leq n}$. Ersichtlich lässt sich diese ohne Verstoß gegen die Rekursionsbedingung höchstens durch die Festsetzung

$$a_{n+1} =_{\mathrm{Df}} g(x, n+1, <a_0, \ldots, a_n>)$$

zu einer Folge $(a_m)_{m \leq n+1}$ der verlangten Art verlängern. Andererseits entsteht durch diese Verlängerung auch tatsächlich eine derartige Folge. Zugleich ist nämlich $a_{n+1} = g(x, n+1, anf(<a_0, \ldots, a_{n+1}>, n+1))$, und für $m \leq n$ gilt:

$$a_m = g(x, m, <a_0, \ldots, a_{m-1}>) \quad \text{(nach Induktionsvoraussetzung)}$$

$$= g(x, m, anf(<a_0, \ldots, a_{n+1}>, m))$$

Wegen $m \leq n+1 \Leftrightarrow m \leq n \vee m = n+1$ erfüllt daher $(a_m)_{m \leq n+1}$ überall die Rekursionsbedingung. Damit gibt es zunächst zu $n+1$ wenigstens eine Folge der verlangten Art.

Sei jetzt $(b_m)_{m \leq n+1}$ eine beliebige Folge dieser Art zu $n+1$. Dann erhält man insbesondere für jedes $m \leq n$:

$$b_m = g(x, m, anf(<b_0, \ldots, b_{n+1}>, m))$$

$$= g(x, m, anf(anf(<b_0, \ldots, b_{n+1}>, n+1), m)) \quad \text{(wegen } m \leq n)$$

$$= g(x, m, anf(<b_0, \ldots, b_n>, m))$$

$$= g(x, m, <b_0, \ldots, b_{m-1}>)$$

Nach Induktionsvoraussetzung ist daher $(a_0, \ldots, a_n) = (b_0, \ldots, b_n)$ und deshalb offenbar auch $(a_0, \ldots, a_{n+1}) = (b_0, \ldots, b_{n+1})$. Damit gibt es zu $n+1$ eine einzige Folge der fraglichen Art, und es gilt $A_x(n+1)$.

Insgesamt hat man damit zunächst $\forall n\, A_x(n)$. Außerdem hat sich bei dem Eindeutigkeitsbeweis im Induktionsschritt offenbar zugleich ergeben: Genügen $(a_0, \ldots, a_n)$ und $(b_0, \ldots, b_{n+1})$ jeweils überall der Rekursionsbedingung, so ist $(a_m)_{m \leq n}$ ein Anfangsstück von $(b_m)_{m \leq n+1}$. Durch Induktion über $k \geq 0$ folgt dies dann auch für beliebige derartige Folgen $(a_m)_{m \leq n}$ und $(b_m)_{m \leq n+k}$. Sind zwei derartige Folgen über einem endlichen Anfangsstück von **N** beide erklärt, so stimmen sie dort also (gliedweise) überein.

Man erhält deshalb eine wohldefinierte *unendliche* Folge $(a_n)_{n \in \mathbf{N}}$, wenn man als a_n jeweils das allen für den Index n erklärten Folgen der fraglichen Art gemeinsame Glied nimmt. (Werden endliche Folgen als über einem endlichen Anfangsstück von **N** erklärte Funktionen aufgefasst und Funktionen als Mengen von geordneten Paaren aus Argument und zugehörigem Wert, so wird jetzt also die Vereinigung sämtlicher endlicher Folgen der fraglichen Art gebildet.)

Nach Konstruktion erfüllt dann $(a_n)_{n \in \mathbf{N}}$ überall die Rekursionsbedingung $a_n = g(x, n, <a_0, ..., a_{n-1}>)$. Ist umgekehrt $(b_n)_{n \in \mathbf{N}}$ eine unendliche Folge mit dieser Eigenschaft, so trifft dies erst recht auf jedes ihrer endlichen Anfangsstücke $(b_n)_{n \leq m}$ zu; nach den vorausgegeangenen Feststellungen stimmt daher b_n für jedes $n \in \mathbf{N}$ mit dem vorher erklärten a_n überein. Deshalb gibt es genau eine Folge $(a_n)_{n \in \mathbf{N}}$ mit der faglichen Eigenschaft.

Dies gilt für jedes infrage kommende x. Setzt man jeweils $f(x, y) =_{Df} a_y$ (wobei die zusätzliche Abhängigkeit von x bisher bei $a_y(x)$ einfachheitshalber nicht notiert wurde), so erhält man also eine (totale) Funktion $\lambda x y f(x, y)$, welche überall die Rekursionsbedingung $f(x, y) = g(x, y, \overline{f}(x, y))$ erfüllt. Da diese Gleichung ja nichts anderes besagt, als dass die Werte $f(x, y)$ für jedes fest gehaltene x eine Folge der oben betrachteten Art bilden, ist nach den dort getroffenen Feststellungen $\lambda x y f(x, y)$ schließlich auch die einzige derartige Funktion. -

R14: Sei $\lambda x y z\, g(x, y, z)$ eine rekursive Funktion und $f(x, y) =_{Df} g(x, y, \overline{f}(x, y))$; dann ist auch $\lambda x y f(x, y)$ rekursiv.

Beweis: Nach Lemma 1 wird durch $f(x, y) =_{Df} g(x, y, \overline{f}(x, y))$ jedenfalls eine totale Funktion bestimmt, und nach den vorausgegangenen Überlegungen gilt offenbar:

$$Seq(\overline{f}(x, y)) \wedge lg(\overline{f}(x, y)) = y$$

$$\wedge\ (\forall k < y)\, f(x, k) = (\overline{f}(x, y))_k = g(x, k, anf(\overline{f}(x, y), k))$$

Daher liegt bei

$$h(x, y) =_{Df} \mu z\, (Seq(z) \wedge lg(z) = y \wedge (\forall k < y)\, ((z)_k = g(x, k, anf(z, k))))$$

für den μ-Operator der Normalfall vor; deshalb wird durch diese Gleichung eine rekursive Funktion $\lambda x y\, h(x, y)$ definiert. Für $k < y$ genügt dann $(h(x, y))_k$ offenbar jeweils der definierenden Bedingung für $f(x, k)$; nach dem Beweis von

Lemma 1 gilt daher zunächst $(\forall k < y)\,((h(x, y))_k = (f(x, k)$. Aus der Definition von $h(x, y)$ folgt dann ersichtlich $h(x, y) = \overline{f}(x, y)$; deshalb lässt sich die Definitionsgleichung für $f(x, y)$ auch als $f(x, y) =_{Df} g(x, y, h(x, y))$ schreiben. Damit ist schließlich $\lambda x y f(x, y)$ rekursiv. -

Definition 2: $\lambda x y f(x, y)$ aus Lemma 1 ist durch sog. *Wertverlaufsrekursion bzgl. y in* $\lambda x y z g(x, y, z)$ definiert.

Seien jetzt $\lambda x\ g(x)$ und $\lambda x y z\ h(x, y, z)$ beliebige *totale* Funktionen; dann ist

$$f(x, 0) =_{Df} g(x)$$

$$f(x, y+1) =_{Df} h(x, y, f(x, y))$$

eine sog. *Definition durch primitive Rekursion bzgl. y in g und h.* -

Satz 2: Seien $\lambda x\ g(x)$, $\lambda x y z\ g(x, y, z)$ rekursiv, und sei $\lambda x y f(x, y)$ durch primitive Rekursion bzgl. y in g, h definiert. Dann ist f (wohldefiniert und) rekursiv.

Beweis: Nach dem Rekursionssatz der Arithmetik ist zunächst f wohldefiniert. Daher rechnet man aus:

$$f(x, y) = \begin{cases} g(x) & \text{für } y = 0 \\[2mm] h(x, y\dot{-}1, f(x, y\dot{-}1)) & \text{sonst} \end{cases}$$

(nach Definition)

$$= \begin{cases} g(x) & \text{für } y = 0 \\[2mm] h(x, y\dot{-}1, (\overline{f}(x, y))_{y\dot{-}1}) & \text{sonst} \end{cases}$$

(wegen 1) in Satz 1)

$$= \begin{cases} g(x) & \text{für } y = 0 \\[2mm] \varphi(x, y, \overline{f}(x, y)) & \text{sonst} \end{cases}$$

mit $\varphi(x, y, z) =_{Df} h(x, y\dot{-}1, (z)_{y\dot{-}1})$, also mit rekursivem φ

$$= \psi(x, y, \overline{f}(x, y))$$

mit rekursivem ψ, da nach R12 Definitionen durch Fallunterscheidung zulässig sind

Die Behauptung folgt jetzt wegen R14. -

Die Auszeichnung der letzten Argumentstelle in R14 und Satz 2 erfolgte hier wieder nur einfachheitshalber aus schreibtechnischen Gründen. Ersichtlich gelten die getroffenen Feststellungen ganz entsprechend auch für Rekursion über andere Argumentkomponenten. (Natürlich lässt sich die Rekursion in Bezug auf andere Argumentstellen auch mithilfe der früher schon mehrfach angewandten Permutationstechnik mittels Identitätsfunktionen auf die hier ausdrücklich behandelte Form zurückführen.) Bei konkreten Anwendungen braucht deshalb die obige Form nicht immer strikt eingehalten zu werden. Insbesondere braucht die y-Komponente bei der Rekursionsfunktion $\lambda\,x\,yz\,h\,(x,\ y,\ z)$ nicht explizit aufzutreten, da deren Abhängigkeit von y ja "rein formal" sein kann.

Anmerkung: Die Klasse der sog. *primitiv-rekursiven Funktionen* wird, ähnlich wie die der rekursiven Funktionen, *induktiv* erklärt:

PR1: Die C_n^0, die I_n^k und $\lambda x\,(x{+}1)$ sind primitiv-rekursiv.

PR2: Sind $\lambda y_1 \ldots y_m\,g\,(y_1,\ \ldots,\ y_m)$ und $\lambda\,x\,h_1(x),\ \ldots,\ \lambda\,x\,h_m(x)$ primitiv-rekursiv, so ist es auch die folgende Funktion $\lambda\,x\,f(x)$:

$$f(x) =_{\text{Df}} g(h_1(x),\ \ldots,\ h_m(x))$$

PR3: Sind $\lambda\,x\,g\,(x)$ und $\lambda\,xyz\,h\,(x,\ y,\ z)$ primitiv-rekursiv, so ist es auch die durch

$$f(x,\ 0) =_{\text{Df}} g(x)$$

$$f(x,\ y{+}1) =_{\text{Df}} h\,(x,\ y,\ f(x,\ y))$$

erklärte Funktion $\lambda\,x\,y\,f(x,\ y)$.

Ein Prädikat $\lambda\,x\,y\,P\,(x,\ y)$ wird genau dann als *primitiv-rekursiv* bezeichnet, wenn seine charakteristische Funktion χ_P primitiv-rekursiv ist.

Eine Menge $M \subseteq \mathbf{N}$ wird genau dann *primitiv-rekursiv aufzählbar* genannt, wenn sie Wertebereich einer einstelligen primitiv-rekursiven Funktion oder aber leer ist.

Lediglich mitgeteilt werden sollen die folgenden Sachverhalte:

1) Jede primitiv-rekursive Funktion ist rekursiv. Daher ist auch jedes primitiv-rekursive Prädikat rekursiv und jede primitiv-rekursiv aufzählbare Menge rekursiv aufzählbar.

2) Es gibt rekursive Funktionen, die nicht primitiv-rekursiv sind, z.B. die durch

$$f(0, y) =_{\text{Df}} y+1$$

$$f(x+1, 0) =_{\text{Df}} f(x, 1)$$

$$f(x+1, y+1) =_{\text{Df}} f(x, f(x+1, y))$$

definierte (und nach ihrem Entdecker, dem deutschen Mathematiker WILHELM ACKERMANN, benannte) sog. *Ackermann-Funktion.*

3) Es gibt rekursive Prädikate, die nicht primitiv-rekursiv sind.

4) Jede rekursiv aufzählbare Menge ist zugleich primitiv-rekursiv aufzählbar.

5) R1, R2, R4, R6 bis R14 gelten analog für primitiv-rekursive Funktionen bzw. Prädikate. -

Wenn man konkrete in der Mathematik gebräuchliche arithmetische Funktionen daraufhin untersucht, wird man fast immer feststellen, dass sie primitiv-rekursiv sind. Einiges spricht sogar dafür, dass man deshalb ursprünglich die Vorstellung gehabt hat, in der Klasse der primitiv-rekursiven Funktionen bereits die aller totalen effektiv berechenbaren Funktionen vor sich zu haben. Wie dann das Beispiel der Ackermann-Funktion gezeigt hat, trifft dies jedoch nicht zu.

2.4. Rekursivität der Turing-berechenbaren Funktionen

Im Verlauf der vorausgegangenen Erörterungen dürfte auch deutlich geworden sein, dass der Begriff der partiellen Rekursivität häufig beqemere Untersuchungen ermöglicht als derjenige der partiellen Turing-Berechenbarkeit. Begründet wird die Turing-Berechenbarkeit einer partiellen Funktion ja durch die Existenz einer geeigneten Turingmaschine, die (partielle) Rekursivität durch die Möglichkeit einer entsprechenden Definition. Die Programmierung einer zur Berechnung dienenden Turingmaschine ist gewöhnlich recht mühsam; desgleichen ist es umgekehrt meistens nicht leicht, von einer gegebenen Turingmaschine auf die Eigenschaften der durch sie (ggf.) berechneten Funktion zu schließen. Demgegenüber ist es zumeist wesentlich einfacher, eine entsprechende Definition zu finden bzw. von einer solchen auf die definierte Funktion zu schließen. Deshalb kommt einem Nachweis, dass die beiden Begriffe *dieselben* (partiellen) Funktionen erfassen, auch eine beträchtliche pragmatische Bedeutung zu; danach kann man sich immer an die jeweils bequemere Version halten.

Wesentlich bedeutsamer ist ein solcher Beweis jedoch in grundsätzlicher Hinsicht: Insoweit man die partielle Rekursivität als eine Art Berechenbarkeitsbegriff auffassen kann - das wird noch genauer zu erörtern sein - hat man mit einem derartigen Beweis einen *Musterfall* für den Nachweis der Gleichwertigkeit von verschiedenen Berechenbarkeitsbegriffen. Darüber hinaus wird der methodische Ansatz zu diesem Nachweis weit reichende Einsichten ermöglichen.

Zunächst zerfällt der fragliche Beweis in zwei Teile (deren einer bereits erledigt ist); es sind nämlich für zwei Funktionenklassen die beiden kombinatorisch möglichen *Inklusionen* nachzuweisen. Inhaltlich bedeuten diese Inklusionen, dass die unter den einen fraglichen Berechenbarkeitsbegriff fallenden Funktionen auch nach dem jeweils anderen Begriff berechenbar sind.

Der - ja bereits geführte - Beweis für die Turing-Berechenbarkeit der partiell-rekursiven Funktionen stützt sich auf spezielle Gegebenheiten und lässt sich deshalb nicht allgemein auf andere Verhältnisse übertragen. Dies ist jedoch bei dem Beweis für die Umkehrung der Fall; daher soll zunächst dessen Gedanken-führung skizziert werden:

Die erste Grundidee dabei ist die einer Art *indirekten Simulation* von Turingma-schinen: Statt eine Maschine M_f zur Bestimmung eines Funktionswertes $f(x)$ auf die Eingabe x anzusetzen und sie dann selbst rechnen zu lassen, kann man nach einer endlichen Konfigurationenfolge suchen, die eine Berechnung durch die Maschine M_f über der Eingabe x darstellt und deren letztes Glied eine End-konfiguration ist; hat man eine solche Konfigurationenfolge gefunden, so lässt sich der durch M_f berechnete Wert der erreichten Endkonfiguration entnehmen. Es ist klar, dass eine derartige Konfigurationenfolge genau dann existiert, wenn M_f über x terminiert. Außerdem lassen sich die zu durchmusternden endlichen Folgen effektiv aufzählen, wie man sich leicht überlegt; deshalb kann die Suche nach einem allgemeinen Verfahrensschema erfolgen, und es versteht sich fast von selbst, dass im Erfolgsfall der gesuchte Funktionswert sich der gefundenen Endkonfiguration gleichfalls effektiv entnehmen lässt. Die skizzierte Grundidee liefert also zunächst eine Verfahrensvorschrift, nach welcher ggf. der durch M_f berechnete Wert ebenfalls bestimmt werden kann. (Dass dieses Verfahren offen-sichtlich ungemein ineffizient ist, stört in diesem Zusammenhang nicht.)

Um hieraus Nutzen für den Nachweis der partiellen Rekursivität von $\lambda x\, f(x)$ zu ziehen, muss eine zweite Grundidee bemüht werden, nämlich die einer *Gödeli-sierung* bestimmter Größen, die bei der Anwendung von Turingmaschinen eine Rolle spielen. Das skizzierte Verfahren wird dadurch sozusagen in den Zustän-digkeitsbereich der partiell-rekursiven Funktionen verpflanzt, und man kann versuchen, die für dieses Verfahren maßgeblichen Größen mithilfe von im Be-reich des Partiell-Rekursiven zulässigen Definitionen nachzubilden. Wenn dies gelingt (was tatsächlich der Fall sein wird), hat man schließlich die durch M_f berechnete Funktion $\lambda x\, f(x)$ als partiell-rekursive dargestellt.

Die Erörterung der Tragweite des geschilderten Beweisgedankens soll erst nach
dessen Ausführung erfolgen. Zuvor soll aber noch angemerkt werden, dass eine
Reihe von Festlegungen bei der mathematischen Modellierung des Konzepts der
Turing-Berechenbarkeit im Hinblick darauf vorgenommen wurde, die jetzt anstehenden Gödelisierungen nach Möglichkeit einfach zu gestalten. Einige andere
Modellierungen wären grundsätzlich ebenso gut möglich, würden aber in den
meisten Fällen zu einer größeren Schwerfälligkeit bei den folgenden - ohnehin
etwas mühsamen - Überlegungen führen.

Eine weitere Festlegung dieser Art soll jetzt noch erfolgen: Die Definition der
Turing-Berechenbarkeit einer arithmetischen Funktion stützte sich zunächst auf
die Einsicht, dass man zum Rechnen grundsätzlich nur ein einziges (eigentliches) Zeichen benötigt; Turingmaschinen über umfangreicheren Alphabeten
konnten daraufhin aus den weiteren Betrachtungen ausscheiden. Außerdem ist
gezeigt worden, dass die Benennung der Zustände einer Turingmaschine deren
Verhalten nicht beeinflusst und dass sogar die einzelnen Zeilen einer Maschinentafel beliebig permutiert werden dürfen (solange gewährleistet bleibt, dass
der Anfangszustand der Maschine diese Funktion behält). Man verliert in grundsätzlicher Hinsicht also überhaupt nichts, wenn man jetzt zusätzlich verlangt,
dass die Zustände einer Turingmaschine immer "von oben", mit 0 beginnend,
fortlaufend nummeriert werden und dass die zu einem leeren Arbeitsfeld gehörige Zeile unmittelbar über die zu einem markierten Arbeitsfeld gehörige Zeile
desselben Zustands geschrieben werden soll. Die Maschinentafeln sollen also
die folgende Form erhalten, wobei der Anfangszustand mit 0 nummeriert ist:

$$
\begin{array}{llll}
0 & * & t_0 & c_0 \\
0 & | & t_1 & c_1 \\
1 & * & t_2 & c_2 \\
1 & | & t_3 & c_3 \\
& \cdots & & \\
m & * & t_{2m} & c_{2m} \\
m & | & t_{2m+1} & c_{2m+1}
\end{array}
$$

In dieser Form vorliegende Maschinen sollen hier als *normiert* bezeichnet werden, und für die folgenden Überlegungen wird jetzt o.B.d.A. vorausgesetzt, dass
nur mit normierten Turingmaschinen gerechnet wird. Dies wird eine etwas weniger mühsame Gödelisierung erlauben.

Die Eigenschaften der im Folgenden definierten Funktionen und Prädikate werden in Hilfssätzen festgehalten. In den meisten Fällen sind diese derart evident, dass von der Wiedergabe eines Beweises abgesehen werden kann.

Die folgende Definition erhält ihren Sinn dadurch, dass die *Felder des Rechenbandes* ja durch die natürlichen Zahlen mit der durch

$$\ldots, 5, 3, 1, 0, 2, 4, 6, \ldots$$

angedeutete Ordnung dargestellt werden.

Definition 1: Die Funktionen $l, r \mid \mathbf{N} \to \mathbf{N}$ werden wie folgt erklärt:

$$l(x) =_{Df} \begin{cases} x+2 & \text{für } \neg Tb(x, 2) \\ 1 & \text{für } x = 0 \\ x \dot{-} 2 & \text{sonst} \end{cases}$$

$$r(x) =_{Df} \begin{cases} x \dot{-} 2 & \text{für } Tb(x, 2) \\ 0 & \text{für } x = 1 \\ x+2 & \text{sonst} \end{cases}$$

Hilfssatz 1: $\lambda x\, l(x)$, $\lambda x\, r(x)$ sind rekursiv, und bei Deutung der wie oben geordneten natürlichen Zahlen als Felder eines Rechenbandes gilt:

$$l(x) = \textit{linkes Nachbarfeld} \text{ von } x$$

$$r(x) = \textit{rechtes Nachbarfeld} \text{ von } x$$

Definition 2: Sei $B \mid \mathbf{N} \to \alpha_0$ mit $\alpha_0 = \{*, \mid\}$ eine (zulässige) *Bandinschrift*, bei der genau die Felder $a_1, \ldots, a_n$ (mit $n \geq 0$) markiert sind. Dann ist

$göd(B) =_{Df}$ die kleinste Folgenzahl, welche eine Folge verschlüsselt, in der genau die Zahlen $a_1, \ldots, a_n$ vorkommen, und zwar jede genau einmal

die *Gödelnummer* von B. - Das Prädikat $\lambda x\, Göd(x)$ wird so erklärt:

$$Göd(b) \Leftrightarrow_{Df} \text{es gibt } B \text{ wie oben mit } b = göd(B)$$

$$\Leftrightarrow b \text{ ist Gödelnummer einer zulässigen Bandinschrift}$$

Folgerung: Zulässige Inschriften werden durch genau diejenigen endlichen Zahlenfolgen dargestellt, bei welchen kein Glied mehrfach auftritt. Wegen Definition 2 sowie nach den in §2 getroffenen Feststellungen gilt offenbar:

$$Göd(b) \Leftrightarrow Seq(b) \wedge (\forall k < lg(b)) \, (\forall l < lg(b)) \, (k \neq l \Rightarrow (b)_k \neq (b)_l)$$

$$\wedge \ (\forall x < b) \, (lg(x) \neq lg(b) \vee (\exists k < lg(b)) \, (\forall l < lg(x)) \, (b)_k \neq (x)_l)$$

Deshalb ist das Prädikat $\lambda x \, Göd(x)$ rekursiv. Außerdem ist $göd(B)$ aus $a_1, \ldots, a_n$ effektiv bestimmbar (aber nur für jeweils fest gehaltenes $n \geq 0$ rekursiv).

Hilfssatz 2: Ist b Gödelnummer einer *unären Darstellung* von $n \in \mathbf{N}$ (also eines Wortes aus genau $n+1$ markierten Feldern), so gilt:

$$n = lg(b) \dot{-} 1$$

(Über den hier nicht interessierenden Fall, dass b keine derartige Gödelnummer ist, braucht nichts ausgesagt zu werden.)

Definition 3: (Normierte) *Turingmaschinen* sollen auf folgende Weise gödeli-siert werden:

Zunächst werden die zur Beschreibung der *Operationen* benutzten Zeichen wie folgt nummeriert:

$$N(*) =_{\mathrm{Df}} 0, \ N(|) =_{\mathrm{Df}} 1, \ N(l) =_{\mathrm{Df}} 2, \ N(r) =_{\mathrm{Df}} 3, \ N(s) =_{\mathrm{Df}} 4$$

Damit wird jeder *Zeile Z = c a t k* der Maschinentafel (mit $c, \, k \in \mathbf{N}, \, a \in \{*, | \}$, $t \in \{*, |, \, l, \, r, \, s\}$ als *Gödelnummer*

$$g(Z) =_{\mathrm{Df}} <c, N(a), N(t), k>$$

zugeordnet.

Bei einer *normierten* Turingmaschine sind die *Zustände* fortlaufend von 0 bis m (mit $m \in \mathbf{N}$) nummeriert; die Zeilen lassen sich dann fortlaufend von 0 bis $2m+1$ nummerieren. Als *Gödelnummer* einer derartigen Maschine M wird daher festge-setzt:

$$G(M) =_{\mathrm{Df}} <g(Z_0), \ldots, g(Z_{2m+1})>$$

Schließlich sei $Tm \subseteq \mathbf{N}$ die Menge der so erklärten Gödelnummern von nor-mierten Turingmaschinen. -

Bei der obigen Definition wird einfachheitshalber davon ausgegangen, dass als Zustandsmarken die natürlichen Zahlen selbst und nicht zunächst irgendwelche ihrer Darstellungen genommen werden. Natürlich wäre die Verwendung etwa von binären Darstellungen "realistischer" und ebenso gut möglich, dies würde aber die Überlegungen unnötig umständlich machen. Legt man eine geeignete Zahlendarstellung zugrunde, so kann offenbar $G(M)$ aus M effektiv bestimmt werden (ist aber wegen des Auftretens von veränderlich vielen Eingabegrößen auch dann nicht rekursiv, wenn die Maschinen abstrakt als Zahlenfolgen von bestimmter Struktur betrachtet werden). - Die Menge *Tm* lässt sich natürlich auch als *einstelliges Prädikat* auffassen.

Satz 1: Das Prädikat $\lambda x \, Tm(x) \subseteq \mathbf{N}$ ist rekursiv.

Beweis: Sei $[x/2] =_{Df} (\mu y < x+1) \, (2 \, (y+1) > x)$; dann ist $\lambda x \, [x/2]$ eine rekursive Funktion (mit $[x/2] = $ das größte $y \in \mathbf{N}$ mit $y \leq x/2$), und nach den oben getroffenen Feststellungen gilt offenbar:

$$Tm(x) \Leftrightarrow Seq(x) \wedge lg(x) > 0 \wedge Tb(lg(x), 2)$$

$$\wedge \, (\forall k < lg(x)) \, (Seq((x)_k) \wedge lg((x)_k) = 4$$

$$\wedge \, ((x)_k)_0 = [k/2] \wedge ((x)_k)_1 = k \dot- 2\,[k/2]$$

$$\wedge \, ((x)_k)_2 \leq 4 \wedge ((x)_k)_3 < [\, lg(x)/2])$$

(Der Bedingung für $((x)_k)_0$ ist zu entnehmen, dass ggf. die Zeilen der durch x dargestellten Turingmaschine vorn mit 0, 0, 1, 1, … , m, m nummeriert sind, der Bedingung für $((x)_k)_1$, dass in jedem Zustand an zweiter Stelle - wegen $N(*) = 0$ und $N(|) = 1$ - oben $*$ und unten $|$ stehen muss, der Bedingung für $((x)_k)_2$, dass in jeder Zeile an dritter Stelle eins der Zeichen $*$, $|$, l, r, s stehen muss, und der Bedingung für $((x)_k)_3$, dass in jeder Zeile an vierter Stelle eine der vorkommenden Zustandsmarken 0, …, m stehen muss.) *Tm* ist ersichtlich rekursiv, qed. -

Da es beispielsweise unendlich viele einstellige konstante Funktionen gibt und diese ja sämtlich Turing-berechenbar sind, ist die Menge *Tm* offenbar unendlich. Nachdem inzwischen die Definition durch (primitive) Rekursion als zulässig erkannt worden ist, könnten nach den am Schluss von §2 angestellten Überlegungen die (normierten) Turingmaschinen auch *bijektiv* gödelisiert werden. Man könnte sich so für später der - freilich gerade aufgrund des ausgesprochenen Sachverhalts nicht mehr besonders störenden - Tatsache entledigen, dass bei der hier zugrunde gelegten Gödelisierung auch - offenbar gleichfalls unendlich viele - Nicht-Gödelnummern von Turingmaschinen auftreten (wobei dann zugleich das Prädikat *Tm* überflüssig würde).

Definition 4: Die Funktion $\lambda mabc \, kz(m, a, b, c)$ wird erklärt durch:

$$kz(m, a, b, c) =_{Df} \begin{cases} (m)_{2c+1} & \text{für } (\exists k < lg(b)) \, (b)_k = a \\[2mm] (m)_{2c} & \text{sonst} \end{cases}$$

Hilfssatz 3: $\lambda mabc\ kz(m, a, b, c)$ ist rekursiv, und es gilt: Ist $m \in Tm$ (d.h. Gödelnummer einer normierten Turingmaschine) sowie a Arbeitsfeld, b Gödelnummer einer (zulässigen) Bandinschrift und c Zustand der durch m gödelisierten Maschine, so ist $kz(m, a, b, c)$ Gödelnummer der zur durch (a, b, c) dargestellten Konfiguration gehörigen *Konfigurationszeile*.

Beweis: Offenbar ist im ersten Fall von Definition 4 das Arbeitsfeld markiert und sonst leer. Deshalb ist bei einer normierten Maschine im ersten Fall die untere Zustandszeile maßgebend und im zweiten Fall die obere. Alles Übrige ist klar. -

Definition 5: Die Funktionen $\lambda mabc\ ab\,(m, a, b, c)$, $\lambda mabc\ be\,(m, a, b, c)$, $\lambda mabc\ ce(m, a, b, c)$ werden folgendermaßen erklärt:

$$
ab\,(m, a, b, c) =_{Df} \begin{cases} l(a) & \text{für } (kz(m, a, b, c))_2 = 2 = N(l) \\ r(a) & \text{für } (kz(m, a, b, c))_2 = 3 = N(r) \\ a & \text{sonst} \end{cases}
$$

$$
be(m, a, b, c) =_{Df} \begin{cases} \begin{aligned} &\mu x\,(Seq(x) \wedge lg(x) = lg(b)+1 \\ &\qquad \wedge\,(\forall k < lg(b))\,(\exists l < lg(x))\,(b)_k = (x)_l \\ &\qquad \wedge\,(\exists l < lg(x))\,(x)_l = a) \\ &\quad \text{für } (kz(m, a, b, c))_1 = 0 = N(*) \\ &\qquad\qquad \wedge kz(m, a, b, c))_2 = 1 = N(|) \end{aligned} \\ \begin{aligned} &\mu x\,(Seq(x) \wedge lg(x) = lg(b) \dot{-} 1 \\ &\qquad \wedge\,(\forall k < lg(b))\,((b)_k \neq a \Rightarrow (\exists l < lg(x))\,(b)_k = (x)_l)) \\ &\quad \text{für } (kz(m, a, b, c))_1 = 1 = N(|) \\ &\qquad\qquad \wedge kz(m, a, b, c))_2 = 0 = N(*) \end{aligned} \\ b \quad \text{sonst} \end{cases}
$$

$$
ce(m, a, b, c) =_{Df} (kz(m, a, b, c))_3
$$

Hilfssatz 4: $\lambda mabc\ ab\,(m, a, b, c)$, $\lambda mabc\ be(m, a, b, c)$, $\lambda mabc\ ce(m, a, b, c)$ sind rekursiv, und für m, a, b, c wie in der Voraussetzung von Hilfssatz 3 gilt:

$ab\,(m, a, b, c) = $ *neues Arbeitsfeld*

$be(m, a, b, c) = $ Gödelnummer der *neuen Bandinschrift*

$ce(m, a, b, c) = $ *neuer Zustand* der durch m gödelisierten Turingmaschine, falls (a, b, c) keine Endkonfiguration darstellt

Beweis: Die Rekursivität dieser Funktionen ist wegen Lemma 2.1 evident. Weiter erkennt man, dass $ab\,(m, a, b, c)$, $be(m, a, b, c)$, $ce(m, a, b, c)$ unter den für m, a, b, c angenommenen Voraussetzungen jeweils die auf die zugrunde gelegte Gödelisierung bezogenen Gegenstücke zu den in Definition 1.1.1 erklärten

Komponenten der *Folgekonfiguration* von (a, b, c) sind. (Im ersten Fall der Definition von *be* wird das Feld a der - sonst unveränderten - Menge der markierten Felder hinzugefügt, im zweiten Fall wird es daraus entfernt.) -

Hilfssatz 5: Sei $(x_1, ..., x_n) \in \mathbf{N}^n$ mit $n > 0$ gemäß Definition 1.3.1* dargestellt (d.h. durch die Sequenz aus den unären Darstellungen für $x_1, ..., x_n$), wobei das Feld 0 unmittelbar rechts von der Sequenz liegt; dann gilt:

Sämtliche markierten Felder liegen (im Sinne der durch das Band gegebenen Ordnung $\angle$) echt zwischen Feld $2(x_1+ ... +x_n+2n) -1$ und Feld 0; dabei liegen die (genau $n-1$) Lücken gerade auf den Feldern $2(x_n+2)-1$, $2(x_{n-1}+x_n+4)-1$, ..., $2(x_2+ ... +x_n+2n-2)-1$, und genau $x_1+ ... +x_n+n$ Felder sind markiert.

Anmerkung: Aufgrund von Satz 1.1.1 können die *Argumente* einer zu berechnenden Funktion immer o.B.d.A. in der obigen Form vorgegeben werden.

Definition 6: Für jedes $n \in \mathbf{N}$ wird festgesetzt:

$$bi_n(m, a, b, c) =_{Df} \mu y\, (Seq(y) \wedge lg(y) = x_1+ ... +x_n+n$$
$$\wedge\ (\forall f < 2\,(x_1+... +x_n+2n)\dot{-}1)\,(\exists k < lg(y))\,((y)_k = f \Leftrightarrow$$
$$\neg Tb(f, 2) \wedge f \neq 2\,(x_n+2)\dot{-}1 \wedge ... \wedge f \neq 2\,(x_2+... +x_n+2n\dot{-}2)\dot{-}1))$$

Hilfssatz 6: Unter den Voraussetzungen von Hilfssatz 5 gilt jeweils:

$\lambda x_1 ... x_n\, bi_n(x_1, ..., x_n)$ ist rekursiv, und $bi_n(x_1, ..., x_n)$ ist die Gödelnummer der Darstellung (gemäß Hilfssatz 5) von $(x_1, ..., x_n)$.

Für $n = 0$ ist $bi_n = bi_0 = 0$ die Gödelnummer der leeren Bandinschrift.

Beweis: Für $n = 0$ entartet die Definition zu $bi_0 = \mu y\, (Seq(y) \wedge lg(y) = 0) = 0$, und die Behauptung ist evident.

Andernfalls wird die fragliche Darstellung wegen Hilfssatz 5 durch das Prädikat hinter dem μ-Operator zunächst umschrieben. Da dieses für jedes einzelne $n > 0$ eine feste Gestalt hat, ist es jeweils rekursiv, und wegen

$lg(y)$ = Anzahl der markierten Felder

$\qquad$ = Anzahl der nicht unmarkierten Felder, die im Sinne der Ordnung $\angle$ echt
$\qquad\quad$ zwischen Feld 0 und Feld $2(x_1+ ... +x_n+2n) -1$ liegen

besteht nach Lemma 2.1 für den μ-Operator der Normalfall, qed. -

Definition 7: Für jedes $n \in \mathbf{N}$ sei

$$kf_n(m, x_1, ..., x_n, 0) =_{Df} <0,\ bi_n(x_1, ..., x_n),\ 0>$$

$$kf_n(m, x_1, \ldots, x_n, t{+}1) =_{\mathrm{Df}} \begin{cases} <ab(m, (kf_t)_0, (kf_t)_1, (kf_t)_2), \\ \quad be(m, (kf_t)_0, (kf_t)_1, (kf_t)_2), \\ \quad ce(m, (kf_t)_0, (kf_t)_1, (kf_t)_2)> \\ \quad \text{für } kf_t \neq 0 \wedge kz(m, (kf_t)_0, (kf_t)_1, (kf_t)_2) \neq 4 \\ 0 \text{ sonst} \end{cases}$$

mit $kf_t =_{\mathrm{Df}} kf_n(m, x_1, \ldots, x_n, t)$.

Hilfssatz 7: Die $\lambda m x_1 \ldots x_n t\, kf_n(m, x_1, \ldots, x_n, t)$ sind rekursive Funktionen, und es gilt:

Ist $m \in Tm$ (d.h. Gödelnummer einer normierten Turingmaschine M), wird $x = (x_1, \ldots, x_n) \in \mathbf{N}^n$ wie in Hilfssatz 5 dargestellt und M im Feld 0 auf x angesetzt (d.h. gemäß der Konvention aus Definition 1.3.1*), so stellt jeweils

$$(kf_n(m, x, t))_{t \in \mathbf{N}} = kf_n(m, x, 0),\ kf_n(m, x, 1),\ kf_n(m, x, 2),\ \ldots$$

die zugehörige *Konfigurationenfolge* dar (zumindest tut dies ein Anfangsstück); dabei gilt:

$$kf_n(m, x, t) \text{ ist Gödelnummer einer } Endkonfiguration$$

$$\Leftrightarrow kf_n(m, x, t) \neq 0 \wedge kf_n(m, x, n{+}1) = 0$$

$$\Leftrightarrow (\forall r < t{+}1)\ kf_n(m, x, r) \neq 0 \wedge kf_n(m, x, t{+}1) = 0$$

Beweis: Unter den angegebenen Voraussetzungen stellt $kf_n(m, x, 0)$ die beschriebene Anfangskonfiguration dar, da bei M der Anfangszustand die Marke 0 trägt. Bevor ggf. eine Endkonfiguration erreicht wird, erscheint in der Konfigurationszeile niemals an dritter Stelle das durch $N(s) = 4$ verschlüsselte Stoppzeichen. Nach den vorausgeschickten Feststellungen ist dann $kf_n(m, x, t)$ jeweils die Gödelnummer der nach t Schritten erreichten Konfiguration (Induktion über t). Da diese immer eine dreigliedrige, also nichtleere Folge verschlüsselt, ist sie jedenfalls von 0 verschieden. Erst nach dem etwaigen Erreichen einer Endkonfiguration hat die Folge der $kf_n(m, x, t)$ ständig den Wert 0.

Die rechten Seiten der Definitionsgleichungen von kf_n bezeichnen offenbar immer rekursive Funktionen; dabei ist beim Induktionsschritt der bzgl. t unmittelbar vorausgehende Wert von kf_n eingesetzt. Nach Satz 3.2 sind daher die kf_n rekursive Funktionen, qed. -

Folgerung: Hält unter den Voraussetzungen von Hilfssatz 7 die Turingmaschine mit der Gödelnummer m nach z Schritten an, so gilt:

$$z = \mu y\,(kf_n(m, x, y{+}1) = 0)$$

Andernfalls gibt es kein derartiges y.

Hilfssatz 8: Unter den Voraussetzungen von Hilfssatz 7 berechne die Turingmaschine mit der Gödelnummer m die partielle Funktion $\lambda x\, \varphi(x)$ nach der Konvention aus Definition 1.3.1* (ggf. steht am Schluss nur $\varphi(x)$ in unärer Darstellung auf dem Band); dann gilt:

$$\varphi(x) = lg((kf_n(m,\, x,\, \mu y\,(kf_n(m,\, x,\, y{+}1) = 0))))_1) \dot{-} 1$$

Anmerkung: Als Stellenzahl von x ist oben immer auch $n = 0$ zulässig (dann wird x durch das leere Wort dargestellt).

Satz 2: Sei $\lambda x\, \varphi(x)$ partiell bzw. total Turing-berechenbar; dann ist φ partiell-rekursiv bzw. (total-) rekursiv.

Beweis: Nach Voraussetzung wird φ durch eine geeignete Turingmaschine M_φ mit der Gödelnummer $m \in Tm$ unter den festgelegten Normierungen berechnet. Für diesen Fall stellt die Formel aus Hilfssatz 8 φ als partiell-rekursive Funktion dar. - Ist φ total, so liegt dabei nach der Folgerung aus Hilfssatz 7 für den μ-Operator der Normalfall vor; dann stellt die Formel φ als rekursive Funktion dar. -

Damit sind auch die Umkehrungen der Sätze 1.1 und 1.1* bewiesen. Die Ergebnisse lassen sich zusammenfassen in dem folgenden

Satz 3 (Hauptsatz): Für arithmetische Funktionen $\lambda x\, \varphi(x)$ gilt:

φ ist genau dann partiell-rekursiv, wenn φ partiell Turing-berechenbar ist.

φ ist genau dann (total-) rekursiv, wenn φ total Turing-berechenbar ist, sowie genau dann, wenn φ partiell-rekursiv und total ist.

Folgerungen: 1) Ein Prädikat $P \subseteq \mathbf{N}^n$ (mit $n \geq 0$) ist genau dann rekursiv, wenn es Turing-entscheidbar ist.

2) Eine Menge $M \subseteq \mathbf{N}$ ist genau dann rekursiv aufzählbar, wenn sie Turing-aufzählbar ist.

3) Mit dem Hauptsatz ist auch der Nachweis eines bereits am Schluss des ersten Kapitels angesprochenen Sachverhalts abgeschlossen: Dort wurde nämlich - noch in einer ganz anderen Sprechweise - durch eine Art Induktion über den Aufbau der partiell-rekursiven Funktionen gezeigt, dass diese immer auch durch Turingmaschinen berechnet werden können, die "nach rechts" rechnen und folglich mit einem nur einseitig unbegrenzten Rechenband auskommen. Dass dies auch für sämtliche Turing-berechenbaren partiellen Funktionen gilt, konnte damals lediglich mitgeteilt werden, ist aber jetzt gesichert. - Nennt man eine auf

diese Weise berechenbare partielle Funktion *normiert* Turing-berechenbar, so hat man also: Eine Funktion φ ist genau dann partiell bzw. total Turing-berechenbar, wenn sie normiert partiell bzw. total Turing-berechenbar ist. -

Dem beim Beweis von Satz 2 erzielten Ergebnis soll jetzt noch eine andere, allgemein übliche Form gegeben werden.

Definition 8: Für jedes $n \in \mathbf{N}$ wird das Prädikat $\lambda f x_1 \dots x_n\, y\, T_n(f, x_1, \dots, x_n, y)$ erklärt durch:

$$T_n(f, \boldsymbol{x}, y) \Leftrightarrow_{Df} Tm(f) \wedge (\exists z < y)\, (y = \overline{kf_n}(f, \boldsymbol{x}, z+1)$$

$$\wedge\ kf_n(f, \boldsymbol{x}, z) \neq 0 \wedge kf_n(f, \boldsymbol{x}, z+1) = 0)$$

(Dabei ist $\overline{kf_n}$ die Wertverlaufsfunktion bzgl. y von $\lambda f \boldsymbol{x}\, y\, kf_n(f, \boldsymbol{x}, y)$.)

Die Funktion $\lambda x\, U(x)$ wird so erklärt:

$$U(x) =_{Df} lg(((x)_{lg(x) \dot{-} 1})_1) \dot{-} 1$$

Hilfssatz 9: Die $T_n \subseteq \mathbf{N}^{n+2}$ und $U\,|\,\mathbf{N} \to \mathbf{N}$ sind rekursiv, und es gilt:

$T_n(f, \boldsymbol{x}, y) \Leftrightarrow f \in Tm$ ist Gödelnummer einer normierten Turingmaschine M_f, und y ist Gödelnummer derjenigen (abbrechenden) Konfigurationenfolge, welche das Verhalten von M_f bis zum Erreichen einer Endkonfiguration darstellt, wenn M_f konventionsgerecht auf die gemäß Hilfssatz 5 normierte Darstellung von $\boldsymbol{x}$ angesetzt wird

$$\Leftrightarrow y = \mu z\, T_n(f, \boldsymbol{x}, z)$$

$T_n(f, \boldsymbol{x}, y) \Rightarrow U(y)$ ist das durch die obige Maschine M_f über dem wie oben normiert dargestellten $\boldsymbol{x}$ berechnete $z \in \mathbf{N}$, falls die Inschrift aus der (durch $(y)_{lg(y) \dot{-} 1}$ gödelisierten) Endkonfiguration ein $z \in \mathbf{N}$ unär darstellt

Beweis: Die behauptete Rekursivität ist jeweils offensichtlich.

Wegen $a > 0 \Rightarrow lg(a) < a$ und den Eigenschaften der Wertverlaufsfunktion hat dann T_n nach Hilfssatz 7 offenbar jeweils die angegebene Bedeutung. Gilt $T_n(f, \boldsymbol{x}, y)$, so stellt $(y)_{lg(y) \dot{-} 1}$ die erreichte Endkonfiguration dar und $((y)_{lg(y) \dot{-} 1})_1$ die zugehörige Bandinschrift. - Die zweite Äquivalenz ist jetzt evident.

Die Behauptung für U folgt dann aus Hilfssatz 2. -

Satz 4 (Normalformentheorem von KLEENE**):** Zu jeder partiell-rekursiven Funktion $\lambda x_1 \ldots x_n \varphi(x_1, \ldots, x_n)$ (mit $n \geq 0$) gibt es $f \in \mathbf{N}$, sodass gilt:

$$\varphi(\boldsymbol{x}) = U(\mu y\, T_n(f, \boldsymbol{x}, y))$$

Beweis: Jede derartige Funktion kann durch eine geeignete Turingmaschine so berechnet werden, dass sämtliche fraglichen Normierungen eingehalten werden. Am Ende der Berechnung eines Funktionswertes steht dann nur dieser in unärer Darstellung auf dem Band. Aufgrund von Hilfssatz 9 ist daher die Behauptung evident. -

Folgerung: Jede (total-) rekursive Funktion $\varphi \mid \mathbf{N}^n \to \mathbf{N}$ (mit $n \geq 0$) lässt sich darstellen in der Form

$$\varphi(\boldsymbol{x}) = U(\mu y\, T_n(f, \boldsymbol{x}, y))$$

mit geeignetem $f \in \mathbf{N}$; dabei liegt für den μ-Operator der Normalfall vor.

Das Normalformentheorem ist nach dem Amerikaner STEPHEN COLE KLEENE benannt, der zu den bedeutendsten Pionieren der Berechenbarkeitstheorie gehört.

Wird in den Formeln des Normalformentheorems auch die erste Argumentstelle variiert, so erhält man zu jedem $n \in \mathbf{N}$ eine $(n+1)$-stellige partiell-rekursive Funktion $\lambda f x_1 \ldots x_n U(\mu y\, T_n(f, x_1, \ldots, x_n, y))$. Diese wird jeweils als *universelle Funktion* für die n-stelligen partiell-rekursiven Funktionen bezeichnet: Zu jedem (festen) Wert des "Scharparameters" f erhält man daraus eine partiell-rekursive Funktion $\lambda\, \boldsymbol{x}\; U(\mu y\, T_n(f, \boldsymbol{x}, y))$, und jede n-stellige partiell-rekursive Funktion wird auf diese Weise durchlaufen (sogar unendlich oft, wie sich später herausstellen wird). Dies führt zu der

Definition 9: Sei $\lambda x_1 \ldots x_n \varphi(x_1, \ldots, x_n)$ eine (totale oder partielle) Funktion und $f \in \mathbf{N}$. f heißt *(Berechnungs-) Index* von $\lambda \boldsymbol{x} \varphi(\boldsymbol{x})$ genau dann, wenn gilt:

$$\varphi(\boldsymbol{x}) = U(\mu y\, T_n(f, \boldsymbol{x}, y))$$

Für *beliebige* $f,\ n \in \mathbf{N}$ wird festgesetzt:

$$[f]_n(\boldsymbol{x}) =_{\mathrm{Df}} U(\mu y\, T_n(f, \boldsymbol{x}, y))$$

In der Literatur ist gewöhnlich nur vom "Index" einer Funktion die Rede. Da aber später auch sog. *Aufzählungsindizes* eine Rolle spielen, ist es zweckmäßig, zur gelegentlichen Betonung des Unterschieds über eine sprachlich deutlichere Bezeichnung zu verfügen. Abkürzend kann auch einfach *B-Index* geschrieben werden. - Das Normalformentheorem lässt sich jetzt so aussprechen (mit einer geringfügigen Erweiterung durch die triviale Umkehrung von Satz 4):

Satz 4*: Eine (arithmetische) Funktion $\lambda x \, \varphi(x)$ ist genau dann (echt oder unecht) partiell-rekursiv, wenn sie einen Berechnungsindex besitzt.

Anmerkung: Ausdrücklich soll darauf hingewiesen werden, dass aus einer Gleichung $[f]_n = [g]_n$ natürlich nicht auf $f = g$ geschlossen werden kann. -

Hier muss noch etwas über das Verhältnis von B-Indizes und gödelisierten (normierten) Turingmaschinen gesagt werden. Bei der hier angewendeten Gödelisierung gibt es ja unendlich viele f mit $f \notin Tm$. Nach Definition der Prädikate $\lambda f x y \, T_n(f, x, y)$ gilt für derartige f offenbar immer $\neg T_n(f, x, y)$; deshalb sind solche f in Bezug auf jede Stellenzahl Indizes der fraglichen nirgends definierten Funktion, d.h. für die $f \notin Tm$ gilt $[f]_n = \varnothing$. Bei sämtlichen übrigen Funktionen stellen die zugehörigen Berechnungsindizes immer zur Berechnung dienende normierte Turingmaschinen dar. Da Tm als rekursive Menge entscheidbar ist, lassen sich die $f \notin Tm$ effektiv aussortieren, und man könnte sich auf die Gödelnummern von normierten Turingmaschinen beschränken. Die Aussortierung der $f \notin Tm$ ließe sich sogar von selbst dadurch erreichen, dass man anstelle der oben benutzten Gödelisierung eine - da Tm ja auch unendlich ist - bijektive zugrunde legt. In technischer Hinsicht würde man dann zwar zu anderen Prädikaten T_n und einer anderen Funktion U kommen; diese hätten aber in Bezug auf die zum Beweis des Normalformentheorems angestellten Überlegungen die gleichen Eigenschaften und würden zu völlig gleichartigen Ergebnissen führen. In diesem Sinne erscheint es deshalb statthaft, B-Indizes und *Berechnungsvorschriften* einfach gleichzusetzen, zumindest in salopper Sprechweise.

Es gibt noch einen weiteren Unterschied zwischen der inhaltlichen Bedeutung der oben gewonnenen Normalform und dem normierten Rechnen von Turingmaschinen: Die obige Funktion $\lambda x \, U(x)$ liefert offenbar auch dann ein sinnvolles Ergebnis, wenn die Bandinschrift am Schluss einer Rechnung *keine* unäre Zahldarstellung ist. Möchte man diese Möglichkeit ausschließen, kann man sich zunächst überlegen, dass die Gödelnummern unärer Zahldarstellungen sich mittels eines rekursiven Prädikats von denen anderer (zulässiger) Bandinschriften unterscheiden lassen; danach könnte man offenbar die T-Prädikate entsprechend abändern. Ein solches Vorgehen hätte lediglich zu einem etwas größeren Aufwand beim Beweis von Satz 2 geführt. Insofern kann auch diese Abweichung der Normalform von deren griffiger inhaltlicher Deutung als unwesentlich angesehen werden. - Im Übrigen sind die besprochenen Unterschiede für den weiteren Aufbau der Theorie unerheblich. -

Es lohnt sich, noch einmal auf den Gedankengang beim Beweis des Normalformentheorems (bzw. von Satz 2) einzugehen: In Verbindung mit einer Gödelisierung der beim Rechnen mit Turingmaschinen auftretenden Größen, welche die Anwendung von im Bereich des Partiell-Rekursiven zulässigen Definitionen ermöglichte, bestand die Grundidee darin, die Berechnung über der Eingabe x durch eine Turingmaschine M jeweils dadurch gewissermaßen indirekt zu simulieren, dass nach einer abbrechenden Konfigurationenfolge gesucht wird, welche die fragliche Rechnung darstellt, um dann ggf. deren Endkonfiguration das Ergebnis der Berechnung zu entnehmen. Technisch gesehen, wurden die Rechenprogramme durch die $m \in Tm$ dargestellt und die jeweils ersten Schritte der ausgeführten Rechnung durch die Wertverlaufsfunktion des zugehörigen $\lambda x y \, kf_n(m, x, y)$; hierbei lieferte das zugehörige Prädikat $\lambda x y \, T_n(m, x, y)$ das Kriterium für das Abbrechen der durch y dargestellten Rechnung. Dabei störte nicht, dass aufgrund der Anwendung des μ-Operators nicht nur Gödelnummern von endlichen Konfigurationenfolgen überprüft werden mussten, sondern auch die dazwischen liegenden "gewöhnlichen" Zahlen. Schließlich erfolgte ggf. die Auswertung des aufgefundenen *Berechnungsprotokolls* durch die Funktion $\lambda x \, U(x)$.

Übrigens wäre es im vorliegenden Fall nicht nötig gewesen, jeweils die *gesamte* bisherige Konfigurationenfolge zu verschlüsseln: Für die Ermittlung des ggf. errechneten Ergebnisses hätte es genügt, allein die zugehörige Endkonfiguration zu bestimmen, da infolge eines geschickten Ansatzes das vorgegebene Argument auch auf andere Weise mitgeführt wurde als in der Gödelnummer der Anfangskonfiguration. Ohne eine Verschlüsselung der gesamten Konfigurationenfolge hätte jedoch der Beweisgedanke nicht in voller Ausprägung vorgeführt werden können. (Es ist kaum mehr als eine Fleißaufgabe zu zeigen, dass der Gödelnummer einer terminierenden Konfigurationenfolge auch die Bandinschrift der Anfangskonfiguration als Wert einer rekursiven Funktion entnommen werden kann, dass sich weiter mittels eines rekursiven Prädikats feststellen lässt, ob diese Bandinschrift die Form $bi_n(x)$ hat, und dass es schließlich eine rekursive Funktion $\lambda x k \, arg(x, k)$ gibt, sodass für $x = bi_n(x)$ die Stellenzahl des Arguments x durch $arg(x, 0)$ angegeben wird und die k. Stelle für $1 \leq k \leq n$ jeweils durch $arg(x, k)$.)

Dass der geschilderte Beweisgedanke zum Erfolg geführt hat, liegt gewissermaßen an der Einfachheit in Bezug auf Effektivitätsfragen der zur Beschreibung einer Turing-Berechnung erforderlichen Größen. Dies führt zu der Erwartung, dass der Erfolg dieser Beweisidee weitgehend unabhängig sein wird von den spezifischen Verhältnissen der oben zugrunde gelegten Festsetzungen technischer Art. Offenbar hätte man viele dieser Festlegungen auch ganz anders vornehmen können, ohne dass der erörterte Beweisgedanke undurchführbar geworden wäre. Insbesondere brauchte das verwendete Speichermedium nicht eindimensional zu sein, und auch die Zahlendarstellungen und Rechenkonventionen könnten weitgehend anders festgelegt werden. Von diesen hängt daher die Turing-Berechenbarkeit einer (partiellen) Funktion nicht ab. Natürlich macht diese allgemeine Einsicht in konkreten Fällen einen Beweis nicht überflüssig, man sieht aber sozusagen schon im Voraus, dass und mit welchem Ansatz er geführt werden kann.

Ein ganz wesentlicher Umstand liegt nun darin, dass der zur "indirekten" Simulation benutzte Berechenbarkeitsbegriff ein *anderer* sein kann als der simulierte. Wenn dann der Beweis gelingt, hat man gezeigt, dass der simulierende Begriff wenigstens ebenso leistungsfähig ist wie der simulierte, und wenn dieser Beweis in beiden Richtungen gelingt, hat man die Gleichwertigkeit der beiden fraglichen Berechenbarkeitsbegriffe nachgewiesen. Auf im Prinzip diese Weise hat sich eine ganze Reihe von im Laufe der Zeit vorgenommenen begrifflichen Präzisierungen der intuitiven Konzeption von effektiver Berechenbarkeit als streng mathematisch gleichwertig erwiesen; in einigen derartigen Fällen (wie schon beim Nachweis der Turing-Berechenbarkeit der partiell-rekursiven Funktionen) ist man allerdings auch mit einem weniger allgemeinen Ansatz ausgekommen.

Dies führt zu der Frage zurück, inwieweit die partielle Rekursivität sich als *Berechenbarkeitsbegriff* auffassen lässt. Vermutlich wird man dies in Bezug auf die bislang vorliegende Fassung nicht tun mögen, etwa weil zur partiellen Rekursivität noch kein präziser Begriff der *Rechenvorschrift* erklärt worden ist und deshalb auch nicht festgelegt werden konnte, was unter den *Anwendungen* einer solchen Vorschrift verstanden werden soll. Diesem Mangel könnte jedoch - mit etwas Mühe - dadurch abgeholfen werden, dass für die partiell-rekursiven Funktionsdefinitionen eine geeignete normierte Schreibweise vorgeschrieben und außerdem festgelegt wird, wie diese normierten Definitionen zur "Berechnung" eines Funktionswerts formal auszuwerten sind. Die normierten Funktionsdefinitionen würden dann eine Art - gegenüber den Turingmaschinen sozusagen stärker "problemorientierte" - *Programmiersprache* bilden mit den Definitionen als "Programmen", und die Regeln zu deren Auswertung würden eine sog. *Semantik* dieser Programmiersprache begründen. Ein solcher auf dem Begriff der partiellen Rekursivität fußender Berechenbarkeitsbegriff könnte in der Tat erklärt werden, und insofern lässt sich Satz 3 als Aussage über die Gleichwertigkeit von zwei Berechenbarkeitsbegriffen auffassen. Die Turing-Berechenbarkeit der partiell-rekursiven Funktionen ließe sich dann auch nach der oben geschilderten allgemeinen Idee nachweisen; aufgrund der Schwerfälligkeit der Handhabung von Turingmaschinen wäre ein derartiger Beweis allerdings reichlich mühsam. - Auf die Frage, inwiefern die partielle Rekursivität als Berechenbarkeitsbegriff aufgefasst werden kann, soll später nochmals eingegangen werden. -

Die Gleichwertigkeit der zahlreichen Ansätze zur begrifflichen Präzisierung des Berechenbarkeitskonzepts kann als Hinweis darauf betrachtet werden, dass es gelungen ist, die intuitive Vorstellung der effektiven Berechenbarkeit auf angemessene Weise in mathematische Begriffsbildungen umzusetzen. Ein weiterer Hinweis darauf wird darin erblickt, dass bei aller Erfahrung, über die man inzwischen im Umgang mit derartigen Fragen verfügt, noch keine nach allgemeinem Dafürhalten algorithmisch lösbare Problemklasse entdeckt worden ist, die nicht auf eine (partiell-) rekursive Funktion zurückführbar gewesen wäre. (Dass umgekehrt jede partiell-rekursive Funktion auch im intuitiven Sinne effektiv berechenbar ist, erscheint evident.) Schließlich wird diese Auffassung auch durch die in der Definition der Turing-Berechenbarkeit mündenden, weiter oben ausführlich vorgetragenen Überlegungen gestützt. Inzwischen wird deshalb wohl so gut wie überhaupt nicht mehr angezweifelt, dass *die vorliegenden Präzisierungen der Berechenbarkeitskonzeption sich genau mit der ihnen zugrunde liegenden intuitiven Vorstellung decken.* Diese Überzeugung wird gewöhnlich nach dem Amerikaner ALONZO CHURCH, der sie als Erster ausgesprochen hat, als *These von CHURCH* bezeichnet, in der auf Turing-Berechenbarkeit bezogenen Fassung gelegentlich auch als *These von TURING*.

Eine bedeutsame Konsequenz ergibt sich aus der These von CHURCH im Hinblick auf Nachweise für *algorithmische Unlösbarkeit* (von denen eine Reihe später vorgeführt wird): Derartige Nachweise lassen sich natürlich immer nur in Bezug auf mathematisch definierte Begriffe führen; beispielsweise kann für bestimmte Prädikate lediglich bewiesen werden, dass sie nicht rekursiv bzw. Turing-entscheidbar sind (bzw. unentscheidbar nach einem der übrigen Berechenbarkeitsbegriffe). Erst aufgrund der These von CHURCH lässt sich ein solcher Nachweis als Beweis dafür ansehen, dass die fragliche Problemklasse überhaupt algorithmisch unlösbar ist.

Eine weitere Konsequenz hat vorwiegend praktische Bedeutung: Das allgemeine Vertrauen in die These von CHURCH reicht so weit, dass vielfach als Beweis für die (partielle) Rekursivität bzw. Turing-Berechenbarkeit usw. akzeptiert wird, was nicht mehr als einen Nachweis der (partiellen) Berechenbarkeit bzw. Entscheidbarkeit im intuitiven Sinne darstellt; der Weg von einer solchen *Beweisskizze* zum tatsächlichen Beweis wird als reine Fleißaufgabe betrachtet. Dies kürzt die anzustellenden Überlegungen in vielen Fällen erheblich ab. (Wenn jemand an der Stichhaltigkeit einer derartigen Argumentation zweifelt, bleibt es ja unbenommen, einen vollständigen Beweis nachzuliefern.)

Aufgrund der These von CHURCH werden Berechenbarkeitsbegriffe, unter die sämtliche partiell-rekursiven Funktionen fallen, auch als *universell* bezeichnet. Als Beispiel für einen *nicht universellen* Berechenbarkeitsbegriff lässt sich die am Schluss von §3 angeführte primitive Rekursivität auffassen (zumindest dann, wenn man Ergänzungen vornimmt, wie sie oben für die partielle Rekursivität angedeutet wurden). Einige universelle Berechenbarkeitsbegriffe sollen wenigstens als Stichwörter genannt werden; neben partieller Rekursivität und Turing-Berechenbarkeit seien die (partielle) Berechenbarkeit durch den *Gleichungskalkül* von KLEENE, die *μ-Rekursivität*, die von CHURCH eingeführte *λ-Konvertierbarkeit* und die sog. *normalen Algorithmen* des Russen MARKOV erwähnt. Dazugerechnet werden müssen auch einige *Programmiersprachen* aus der theoretischen Informatik, die zur Begründung von "wirklichkeitsnahen" Berechenbarkeitsmodellen untersucht werden.

2.5. Indexfunktionen

Im Verlauf der vorausgegangenen Überlegungen wurden die Rechenprogramme durch den Kunstgriff einer Gödelisierung zu (Berechnungs-) Indizes von (partiellen) Funktionen abstrahiert. Es ist klar, dass man mit diesen Indizes, wie überhaupt mit natürlichen Zahlen, auch rechnen kann. Nicht selbstverständlich ist dabei jedoch, dass es unter den möglichen Operationen auch solche - effektiv ausführbare - gibt, welche die durch die Indizes berechneten Funktionen in überschaubarer Weise verändern. Diese Eigenschaft von Berechenbarkeitsbegriffen wird als *Uniformität* bezeichnet. Wenn man so will, gehört in diesen Zusammenhang auch die Idee des JOHANN VON NEUMANN, bei den unter seiner Mitwirkung entwickelten Rechenmaschinen das *Programm* in demselben Speicher unterzubringen wie die zu bearbeitenden *Daten* und damit auch die Möglichkeit zu eröffnen, das Programm selbst im Verlauf seiner Ausführung gewissen Veränderungen zu unterwerfen. Von dieser Möglichkeit wurde in der Anfangszeit des Computerwesens, als noch in "maschinennahen" Sprachen programmiert wurde, vielfältig Gebrauch gemacht; erst mit dem Aufkommen der sog. problemorientierten Programmiersprachen, bei denen kein ohne weiteres ersichtlicher Zusammenhang zwischen den niedergeschriebenen Anweisungen und ihrer Darstellung im Rechner mehr besteht, ist sie wieder in den Hintergrund gerückt. - Dem im Folgenden bewiesenen grundlegenden Satz über Uniformität, dem sog. *SMN-Theorem*, kommt für den Aufbau der Theorie eine ähnlich große Bedeutung zu wie dem oben gewonnenen Normalformentheorem. -

Definition 1: Die Funktion $\lambda xyz\ V(x, y, z)$ wird wie folgt erklärt:

$$V(f, a, b) =_{\mathrm{Df}} \begin{cases} 0 \ \text{sonst} \\ \mu x\,(Seq(x) \wedge lg(x) = lg(f) \\ \qquad \wedge (\forall k < lg(x))\,(Seq((x)_k) \wedge lg((x)_k) = 4 \\ \qquad\qquad\qquad \wedge ((x)_k)_0 = ((f)_k)_0 + a \wedge ((x)_k)_1 = ((f)_k)_1 \\ \qquad\qquad\qquad \wedge ((x)_k)_2 = ((f)_k)_2 \wedge ((x)_k)_3 = ((f)_k)_3 + b)) \\ \qquad\qquad \text{für } Tm(f) \end{cases}$$

$$= \mu x\,(\neg Tm(f) \vee P(x, f, a, b))$$

Dabei steht $P(x, f, a, b)$ für die in der Definitionsgleichung an den μ-Operator gestellte Bedingung. -

Hilfssatz 1: $\lambda xyz\ V(x, y, z)$ ist rekursiv, und für $f \in Tm$ gilt:

$V(f, a, b)$ ist Gödelnummer (entsprechend Definition 4.3) einer *"Quasi-Turing-maschine"*, deren "Zustandsnummern" gegenüber denen der durch f dargestellten Maschine sämtlich um a und deren "Anschlussadressen" sämtlich um b erhöht sind, während alles Übrige unverändert bleibt. (Im Allgemeinen ist $V(f, a, b) \notin Tm$.)

Vor der nächsten Definition wird daran erinnert, dass die *Verkettungsoperation* $*$ für Folgenzahlen ja *assoziativ* ist und deshalb bei mehrfachen $*$-Produkten keine Klammern gesetzt zu werden brauchen.

Definition 2: Seien $r_0 \in Tm$ bzw. $m_0 \in Tm$ die Gödelnummern der folgenden Maschinen:

$$0 * r\ 0 \qquad\qquad \text{bzw.} \qquad\qquad 0 * |\ 0$$

$$0 \mid r\ 0 \qquad\qquad\qquad\qquad\qquad 0 \mid |\ 0$$

Dann wird die Funktion $\lambda x\ W(x)$ folgendermaßen erklärt:

$$W(0) =_{\mathrm{Df}} V(r_0, 0, 1) * V(m_0, 1, 2) * V(r_0, 2, 3)$$

$$W(x+1) =_{\mathrm{Df}} W(x) * V(m_0, 2x+3, 2x+4) * V(r_0, 2x+4, 2x+5)$$

Hilfssatz 2: $\lambda x\ W(x)$ ist rekursiv, und $W(a) \notin Tm$ ist jeweils die Gödelnummer der folgenden Quasi-Turingmaschine (welche bis auf die letzte Anschlussadresse die Form einer *normierten* Turingmaschine hat):

$$
\begin{array}{cccc}
0 & * & r & 1 \\
0 & | & r & 1 \\
1 & * & | & 2 \\
1 & | & | & 2 \\
2 & * & r & 3 \\
2 & | & r & 3 \\
\end{array}
$$

....

$$
\begin{array}{cccc}
2a{+}1 & * & | & 2a{+}2 \\
2a{+}1 & | & | & 2a{+}2 \\
2a{+}2 & * & r & 2a{+}3 \\
2a{+}2 & | & r & 2a{+}3 \\
\end{array}
$$

Wird das *Verhalten* von Quasi-Turingmaschinen sinngemäß wie für Turingmaschinen erklärt, so gilt: Die durch $W(a)$ dargestellte Quasi-Maschine verhält sich wie die Maschine $r\ (|\ r)^{a+1}$ und springt ggf. anschließend auf den Zustand Nr. $2a{+}3$.

Beweis: durch Induktion über $a \in \mathbf{N}$. -

Definition 3: Die Funktion $\lambda xy\ S(x,\ y)$ wird wie folgt erklärt:

$$
S(f,\ a) =_{\mathrm{Df}} \begin{cases} W(a) * V(f,\ 2a{+}3,\ 2a{+}3) & \text{für } f \in Tm \\ \\ 0 & \text{sonst} \end{cases}
$$

Hilfssatz 3: $\lambda xy\ S(x,\ y)$ ist rekursiv, und für $f \in Tm$, $a \in \mathbf{N}$ gilt:

$S(f,\ a)$ ist jeweils Gödelnummer der normierten Turingmaschine mit dem Diagramm $r\ (|\ r)^{a+1}\ M_f^{(a)}$; dabei entsteht $M_f^{(a)}$; aus der durch f dargestellten Maschine durch die Erhöhung von sämtlichen Zustandsnummern und Anschlussadressen um $2a{+}3$. - Mit $f \notin Tm$ ist immer auch $S(f,\ a) \notin Tm$.

Beweis: $0 \notin Tm$, da 0 Gödelnummer der leeren Folge ist. Alles Übrige ist nach den vorausgegeangenen Feststellungen evident. -

Hilfssatz 4: Für $f \in Tm$ und $n, a \in \mathbf{N}$, $x \in \mathbf{N}^n$ gilt:

Wird die durch $S(f, a)$ dargestellte Turingmaschine $M_{S(f, a)}$ gemäß der Konvention aus Definition 1.3.1* auf x angesetzt, so verlängert sie die (für $n = 0$ leere) Sequenz zur Darstellung von x um die unäre Darstellung von a und verhält sich anschließend wie die gemäß Definition 1.3.1* auf (x, a) angesetzte (durch f verschlüsselte) Maschine M_f.

Beweis: Offenbar sind M_f und $M_f^{(a)}$ im Sinne von Definition 1.1.2 *äquivalent*. Nach Satz 1.1.2 verarbeiten sie daher beide (x, a) in gleicher Weise. Wird $M_{S(f, a)}$ konventionsgemäß auf (x, a) angesetzt, so verlängert der Anfangsteil $r \ (\mid r)^{a+1}$ zunächst die Darstellung von x um diejenige von a und ruft dann aus konventionsgemäßer Ausgangsposition $M_f^{(a)}$ auf. Mehr ist nicht zu zeigen. -

Satz 1: Es gibt eine rekursive Funktion $\lambda xy\, S(x, y)$, sodass für $n, a, f \in \mathbf{N}$ und $x \in \mathbf{N}^n$ gilt:

$$[S(f, a)]_n(x) = [f]_{n+1}(x, a)$$

Beweis: Für $f \in Tm$ ist dies nach dem Obigen klar. Für $f \notin Tm$ ist auch $S(f, a) \notin Tm$, und für alle $g \notin Tm$ ist nach Definition 4.9 stets $[f]_n = \emptyset$, qed. -

Hier soll noch einmal ausdrücklich daran erinnert werden, dass das Gleichheitszeichen im obigen Satz ja die *erweiterte Gleichheit* bezeichnet, also auch die Möglichkeit beinhaltet, dass beide Seiten der Gleichung nicht erklärt sind.

Folgerung (Iterationstheorem): Zu jedem $n \in \mathbf{N}$ gibt es eine rekursive Funktion $\lambda xy\, S_n^1(x, y)$, sodass für $a, f \in \mathbf{N}$ und $x \in \mathbf{N}^n$ gilt:

$$[S_n^1(f, a)]_n(x) = [f]_{n+1}(x, a)$$

Satz 1*: Zu jedem $m \in \mathbf{N}$ gibt es eine rekursive Funktion $\lambda xy_1 \ldots y_m\, S_m(x, y_1, \ldots, y_m)$, sodass für $n, f \in \mathbf{N}$ und $a \in \mathbf{N}^m$, $x \in \mathbf{N}^n$ gilt:

$$[S_m(f, a)]_n(x) = [f]_{n+m}(x, a)$$

Beweis: Induktion über m: Mit

$$S_0(f) =_{Df} f$$

$$S_{m+1}(f, a_1, \ldots, a_{m+1}) =_{Df} S_m(S(f, a_{m+1}), a_1, \ldots, a_m)$$

erhält man:

$$[S_0(f)]_n(x) = [f]_n(x)$$

$$= [f]_{n+0}(x)$$

$$[S_{m+1}(f, a_1, \ldots, a_{m+1})]_n(x) = [S_m(S(f, a_{m+1})], a_1, \ldots, a_m)]_n(x)$$

(nach Definition)

$$= [S_m(S(f, a_{m+1})]_{n+m}(x, a_1, \ldots, a_m)$$

(nach Induktionsvoraussetzung)

$$= [f]_{n+m+1}(x, a_1, \ldots, a_{m+1})$$

(wegen Satz 1), qed. -

Folgerung (SMN-Theorem): Zu allen m, $n \in \mathbf{N}$ gibt es eine rekursive Funktion $\lambda x y_1 \ldots y_m\, S_n^{\,m}(x, y_1, \ldots, y_m)$, sodass für $f \in \mathbf{N}$, $a \in \mathbf{N}^m$, $x \in \mathbf{N}^n$ gilt:

$$[S_n^{\,m}(f, a)]_n(x) = [f]_{n+m}(x, a)$$

Die Zuordnung der Funktionen S_n^1 im Iterationstheorem bzw. $S_n^{\,m}$ im SMN-Theorem zu der durch den unteren Index ausgedrückten Stellenzahl geht auf analoge Überlegungen für einen anderen Berechenbarkeitsbegriff (den sog. Gleichungskalkül) zurück, bei welchem die jeweils durch f vertretenen "Rechenvorschriften" von selbst zu bestimmten Stellenzahlen gehören, anders als Turingmaschinen. - Das Iterationstheorem heißt vermutlich einfach deswegen so, weil seine iterierte Anwendung das SMN-Theorem liefert. Da für dieses offenbar kein passenderer Name gefunden wurde ("iteriertes Iterationstheorem" wäre ziemlich unschön und noch dazu zirkulär), musste schließlich die Bezeichnung $S_n^{\,m}$ der auftretenden Funktionen für die Namensgebung herhalten. Da der Schritt vom Iterationstheorem zum SMN-Theorem (bzw. der von Satz 1 zu Satz 1*) ja nicht groß ist, wird in der Literatur gelegentlich auch Satz 1 bzw. dessen Fassung aus der zugehörigen Folgerung als SMN-Theorem bezeichnet.

Inhaltlich besagt das SMN-Theorem in etwa: Jeder Index (d.h. jede "Rechenvorschrift") kann nach einem *einheitlichen* ("uniformen") Verfahren effektiv so abgeändert werden, dass die vorher willkürlich mögliche, aber nicht zwingend vorgeschriebene Einsetzung der Argumente $a \in \mathbf{N}^m$ für die Variablen y aus (x, y) danach gewissermaßen zwangsläufig erfolgen muss. (Aufgrund dieser erzwungenen Substitution erscheinen die y dann nicht mehr unter den variierbaren Argumenten, sondern nur noch die übrigen x.) Da die Gleichung des SMN-Theorems nicht nur jeweils für sämtliche $x \in \mathbf{N}^n$, sondern auch für beliebige $a \in \mathbf{N}^m$ und natürlich für alle $f \in \mathbf{N}$ gilt, können bei Anwendungen des Satzes - je nach Bedarf - sämtliche auftretenden Zahlengrößen x, a, f auch *simultan* variiert werden. (Inhaltlich läuft dies dann darauf hinaus, dass sozusagen eine ganze Schar von Substitutionen auf einmal betrachtet wird.)

Wenn man den Begriff der effektiven Berechenbarkeit - wie hier - auf Turingmaschinen stützt, wird der Beweis des SMN-Theorems etwas mühsam. Würde man stattdessen eine normierte Anschreibung und Auswertung von Gleichungen zugrunde legen, würde es genügen den Definitionsgleichungen für eine Funktion $\lambda xy\, f(x, y)$ eine Gleichung der Form $g(x) = f(x, a)$ hinzuzufügen und zu zeigen, dass diese Abänderung sich durch eine rekursive Funktion umschreiben lässt. Da man für einen solchen Nachweis die zu verwendenden Zeichen genau festlegen müsste, wäre auch dies nicht ganz mühelos; dabei wäre aber wohl leichter durchschaubar, worauf ein derartiger Satz beruht. -

In der obigen Formulierung des SMN-Theorems sind die hinteren Argumentstellen in Bezug auf die fragliche Substitution ausgezeichnet. Mithilfe der früher schon mehrfach angewandten Methode lässt sich jetzt zeigen, dass *auch im Hinblick auf Uniformität* die Auszeichnung bestimmter Argumentstellen nicht wesentlich ist und dass auch in Bezug auf andere Komponenten gleichartige Verhältnisse bestehen.

Lemma 1: Sei $\pi \in \mathfrak{S}_n$ (d.h. eine *Permutation* von 1, ..., n) und $\pi(x_1, ..., x_n) = (x_{\pi(1)}, ..., x_{\pi(n)})$; dann gibt es eine rekursive Funktion $\lambda x\, P_\pi(x)$, sodass gilt:

$$P_\pi(f) = [f]_n(\pi(x))$$

(Die fragliche Permutation der Argumentstellen lässt sich also jeweils "uniform" für sämtliche Indizes vorschreiben.)

Beweis: Man rechnet aus:

$[f]_n(\pi(x))$

$= U(\mu y\, T_n(f, \pi(x), y))$ (nach Definition 4.9)

$= U(\mu y\, T_n(I_{n+2}^{n+1}(x, f, y)), I_{n+2}^{\pi(1)}(x, f, y)), ..., I_{n+2}^{\pi(n)}(x, f, y)), I_{n+2}^{n+2}(x, f, y)))$

$= [p(\pi)]_{n+1}(x, f)$ mit (festem) $p(\pi) \in \mathbf{N}$ (wegen Satz 4.4 und Definition 4.9)

$= [S(p(\pi), f)]_n(x)$ (nach Satz 1)

Daher kann $P_\pi(f) =_{Df} S(p(\pi), f)$ gesetzt werden, qed. -

Sei jetzt $a \in \mathbf{N}^m$ aus irgendwelchen m Komponenten eines $(n+m)$-stelligen Arguments gebildet; dann gibt es eine Permutation $\pi \in \mathfrak{S}_{n+m}$, sodass das fragliche Argument die Form $\pi(x, a)$ hat und dabei die Reihenfolge der Stellen aus x untereinander nicht verändert wird. Mit $\lambda f\, P_\pi(f)$ gemäß Lemma 1 ergibt sich dann:

$$[f]_{n+m}(\pi(x, a)) = [P_\pi(f)]_{n+m}(x, a)$$

$$= [S_n^m(P_\pi(f), a)]_n(x)$$

Nach Wahl von $\pi \in \mathfrak{S}_{n+m}$ erhält man daher durch

$$S^*{}_n^m(f, a) =_{\mathrm{Df}} S_n^m(P_\pi(f), a)$$

eine rekursive Funktion $S^*{}_n^m$, welche in Bezug auf die Argumentstellen a dasselbe leistet wie S_n^m in Bezug auf die letzten Stellen. -

Eines der interessantesten Ergebnisse ist

Satz 2 (Rekursionstheorem von KLEENE): Zu jeder partiell-rekursiven Funktion $\lambda x y\, G(x_1, \ldots, x_n, y)$ gibt es $f \in \mathbf{N}$, sodass gilt:

$$[f]_n(x) = G(x, f)$$

Beweis: Die Funktion $\lambda x y\, H(x, y)$ mit

$$H(x, y) =_{\mathrm{Df}} G(x, S_n^1(y, y))$$

ist partiell-rekursiv; nach Satz 4.4 und Satz 1 gibt es daher $h \in \mathbf{N}$, sodass gilt:

$$H(x, y) = [h]_{n+1}(x, y) = [S_n^1(h, y)]_{n+1}(x)$$

Für $y = h$ folgt daraus:

$$G(x, S_n^1(h, h)) = H(x, h) = [S_n^1(h, h)]_{n+1}(x)$$

Daher leistet $f =_{\mathrm{Df}} S_n^1(h, h)$ offenbar das Verlangte. -

Der obige Beweis ist einer der seltenen Fälle, in denen durch einen sog. Diagonalschluss ein ''positives'' Ergebnis gewonnen wurde (nämlich die Existenz einer Zahl f mit einer bestimmten Eigenschaft) und kein ''negatives'' (dass nämlich die Annahme der Existenz eines bestimmten Objekts zu einem Widerspruch führt und es daher ein solches Objekt nicht geben kann). - Nochmals soll ausdrücklich darauf hingewiesen werden, dass die bewiesene Gleichung (als Gleichung zwischen *zahlenartigen* Ausdrücken) ja die *erweiterte* Gleichheit ausdrückt, also auch dadurch erfüllt sein kann, dass beide Seiten nicht definiert sind.

Anmerkungen: 1) Das Rekursionstheorem besagt ja, dass die Gleichung $\lambda x\, [f]_n(x) = \lambda x\, G(x, f)$ mit partiell-rekursivem G stets lösbar nach der Unbekannten $f \in \mathbf{N}$ ist. Dies bedeutet jedoch nicht, dass diese Lösung auch eindeutig sein müsste. Hat z.B. G die Eigenschaft, dass für y und z mit $[y]_n = [z]_n$ immer $G(x, y) = G(x, z)$ ist, so vermittelt G aufgrund der dann bestehenden Unabhängigkeit vom Repräsentanten y der partiellen Funktion $[y]_n$ vermöge der Gleichung G (λx $[y]_n(x)$) $=_{Df}$ λx $G(x, y)$ offenbar eine Abbildung der n-stelligen partiell-rekursiven Funktionen auf ebensolche Funktionen. In derartigen Fällen kann natürlich eine Lösung f der fraglichen Gleichung durch jeden anderen Index g von $[f]_n$ ersetzt werden. (Später wird sich ergeben, dass jede partiell-rekursive Funktion unendlich viele Indizes besitzt.) Darüber hinaus gibt es sogar Fälle, in welchen Indizes von verschiedenen Funktionen Lösungen sind.

2) Gilt $[y]_n = [z]_n \Rightarrow G(x, y) = G(x, z)$, so kann G als (totale) Funktion G des (Funktions-) Arguments λx $[y]_n(x)$ aufgefasst werden (s.o.). G wird dann gern als *Operator* bezeichnet. Für die Lösungen f der Gleichung aus dem Rekursionstheorem gilt dann λx $[f]_n(x) = G$ (λx $[f]_n(x)$); unter den angenommenen zusätzlichen Voraussetzungen ist das Theorem also ein *Fixpunktsatz* für die fraglichen Operatoren.

3) Für $G = \lambda x\, I_1^1(x)$ sichert das Rekursionstheorem - da ja auch $n = 0$ zulässig ist - die Existenz eines $f \in N$ mit $[f]_0 = I_1^1(f) = f$. In einer "Welt", in der nur die durch Gleichungen mit (partiellen) Funktionen und deren Indizes angesprochenen Verhältnisse auftreten, bedeutet dies *Selbstreproduktion* des Index f. Damit liefert das Rekursionstheorem also auch ein einfaches Strukturmodell für Selbstreproduktion. Wie anschließend gezeigt wird, lässt sich ein derartiger selbstreproduzierender Index sogar konkret beschreiben.

Die festgestellte Selbstreproduktion lässt sich sogar noch steigern: Nimmt man etwa $\lambda x\, gp(x, x)$ anstelle von I_1^1 als G, so erhält man ein f mit $[f]_0 = gp(f, f)$, also einen Index, der sich gewissermaßen in doppelter Ausfertigung reproduziert. -

Vom Rekursionstheorem gibt es eine Reihe von z.T. erheblichen Verschärfungen. Eine von diesen soll hier noch vorgeführt werden.

Satz 2* ("effektives" Rekursionstheorem): Zu jedem $n \in N$ gibt es eine rekursive Funktion $\lambda x\, \rho_n(x)$, sodass für alle $g \in N$ (und alle $x \in N^n$) gilt:

$$[\rho_n(g)]_n(x) = [g]_{n+1}(x, \rho_n(g))$$

(Die Verschärfung gegenüber der ersten Fassung besteht hier darin, dass eine fragliche Lösung f aus einem beliebigen Index g der Funktion G *errechnet* werden kann, und zwar nach einem für alle $(n+1)$-stelligen G einheitlichen Verfahren.)

Beweis: Der Ansatz zum Beweis von Satz 2 wird jetzt etwas verfeinert: Sei $F(x, y, z) =_{Df} [z]_{n+1}(x, S_n^2(y, y, z))$; dann ist $\lambda x y z\, F(x, y, z)$ partiell-rekursiv, und nach dem Normalformentheorem sowie nach dem SMN-Theorem gibt es zu jedem $n \in \mathbf{N}$ (ein jeweils festes) $f_n \in \mathbf{N}$, sodass für jeden $(n+1)$-stelligen Index $g \in \mathbf{N}$ gilt:

$$[g]_{n+1}(x, S_n^2(y, y, g)) = [f_n]_{n+2}(x, y, g) = [S_n^2(f_n, y, g)]_n(x)$$

Setzt man jetzt $y = f_n$ und $\rho_n(x) =_{Df} S_n^2(f_n, f_n, x)$, so folgt schließlich:

$$[\rho_n(g)]_n(x) = [g]_{n+1}(x, \rho_n(g))$$

Anmerkungen: 1) Durch den obigen Beweis wird zunächst klar, dass $\lambda x\, \rho_n(x)$ jeweils eine rekursive Funktion ist. Dies braucht jedoch nicht zu bedeuten, dass man über diese Funktion auch konkret verfügt, d.h. dass man eine Vorschrift zur Berechnung der Funktion oder dergleichen tatsächlich kennt (und nicht nur weiß, dass es sie gibt). Sogar dies ist hier jedoch - wenigstens grundsätzlich - der Fall: Die kritische Größe dabei ist die Zahl f_n. Diese ist ein Index der Funktion $\lambda x y g\, U(\mu z\, T_{n+1}(g, x, S_n^2(y, y, g), z))$. Aus den vorangegangenen Überlegungen lässt sich anhand dieser Form zunächst eine im Hinblick auf partielle Rekursivität zulässige Definition dieser Funktion herauslesen; sodann lässt sich die erhaltene Definition - aufgrund des Beweises von Satz 1.1 - in eine normierte Turingmaschine überführen. Diese hat man noch zu gödelisieren und verfügt dann - nach exorbitanten Mühen - über einen geeigneten Index f_n. Damit verfügt man schließlich auch über die Funktion $\lambda x\, \rho_n(x)$. Bei Anwendung des Satzes auf konkrete Funktionen $\lambda x y\, G(x, y)$ hat man sich dann zunächst einen zugehörigen Index g zu verschaffen und für diesen $\rho_n(g)$ zu berechnen. - Auf die geschilderte Weise lässt sich z.B. auch ein *selbstreproduzierender* Index f ermitteln, wenn auch nicht ganz mühelos.

2) Aufgrund von Lemma 1 lassen sich die obigen Beweise offenbar auch auf solche Fälle übertragen, in denen die Unbekannte, für die laut Rekursionstheorem eine Lösung existiert, an einer anderen Argumentstelle erscheint als der letzten. Das Rekursionstheorem (mitsamt Erweiterungen) bezieht sich daher nicht nur auf eine bestimmte Argumentkomponente der Funktion G.

3) Der Beweis des Rekursionstheorems stützt sich wesentlich auf das *Normalformen-* und das *SMN-Theorem*. Die Beweisgedanken zu diesen beiden Sätzen sowie die anschließend geführten Beweise lassen vermuten, dass die gefundenen Sachverhalte nicht wesentlich von gewissen Besonderheiten des zugrunde gelegten Berechenbarkeitsbegriffs abhängen. In der Tat gelten entsprechende Sätze für sämtliche bisher angegebenen Präzisierungen der intuitiven Vorstellung von effektiver Berechenbarkeit. Die fraglichen Sachverhalte können damit als *Eigenschaften der effektiven Berechenbarkeit* angesehen werden.

4) Es gibt Formulierungen des Rekursionstheorems, die von der hier gebrauchten abweichen. Eine andere Fassung von Satz 2 ist beispielsweise: Zu jeder rekursiven Funktion $\varphi \mid N \to N$ (und allen $n \in N$) gibt es $f \in N$, sodass gilt:

$$[\varphi(f)]_n(x) = [f]_n(x)$$

Das Rekursionstheorem ist nicht nur ein interessanter Satz, sondern bisweilen auch nützlich beim Aufbau der Theorie. Als eine seiner zahlreichen Anwendungen soll hier ein Beweis zu Satz 3.2 vorgeführt werden (der ja besagt, dass die sog. *primitive Rekursion* ein bei der Definition von rekursiven Funktionen zulässiges Hilfsmittel ist):

Seien $\lambda x\; G(x)$, $\lambda xyz\, H(x, y, z)$ rekursive Funktionen, und sei $\lambda xy\, F(x, y)$ durch primitive Rekursion bzgl. y in G und H erklärt:

$$F(x, 0) =_{Df} G(x)$$

$$F(x, y{+}1) =_{Df} H(x, y, F(x, y))$$

Nach dem Rekursionssatz der Arithmetik (Lemma 3.1) ist F zunächst wohldefiniert und total. Zu zeigen bleibt, dass F auch partiell-rekursiv ist; dann ist F (nach Satz 3.3) von selbst rekursiv Zu diesem Nachweis wird festgesetzt:

$$G^*(x, y, z) =_{Df} G(I_{n+2}{}^1(x, y, z), \dots, I_{n+2}{}^n(x, y, z)) = G(x)$$

$$H^*(x, y, z) =_{Df} H(x, y \mathbin{\dot-} 1, [z]_{n+1}(x, y \mathbin{\dot-} 1))$$

$$K(x, y, z) =_{Df} \begin{cases} G^*(x, y, z) = G(x) \quad \text{für } y = 0 \\[2ex] H^*(x, y, z) = H(x, y \mathbin{\dot-} 1, [z]_{n+1}(x, y \mathbin{\dot-} 1)) \quad \text{sonst} \end{cases}$$

Ersichtlich ist G^* rekursiv und H^* partiell-rekursiv. Da Definitionen durch *Fallunterscheidungen* wie in R12 auch bei partiell-rekursiven Funktionen zulässig sind (der Beweis wird noch nachgetragen), ist auch $\lambda xyz\, K(x, y, z)$ partiell-rekursiv. Nach dem Rekursionstheorem gibt es daher $f \in N$, sodass gilt:

$$[f]_{n+1}(x, y) = K(x, y, f)$$

Aufgrund der Definition von K bedeutet dies offenbar:

$$[f]_{n+1}(x, 0) = G(x)$$

$$[f]_{n+1}(x, y{+}1) = H(x, y, [f]_{n+1}(x, y))$$

$[f]_{n+1}$ genügt also den Rekursionsbedingungen für die Funktion F; nach dem Rekursionssatz der Arithmetik ist deshalb $[f]_{n+1} = \lambda xy\, F(x, y)$. Damit hat die

Funktion F einen Index, ist also nach dem Normalformentheorem (Satz 4.4*) partiell-rekursiv, qed. -

Nachzutragen bleibt, dass Definitionen der Form

$$F(x) =_{Df} \begin{cases} G_1(x) & \text{für } R_1(x) \\ \dots \\ G_m(x) & \text{für } R_m(x) \end{cases}$$

mit partiell-rekursiven Funktionen $G_1, \dots, G_m$ und rekursiven Prädikaten $R_1, \dots, R_m$, von denen immer genau eines zutrifft, wieder zu partiell-rekursiven Funktionen führen. Die Definition ist dabei so zu verstehen, dass $F(x)$ jeweils genau dann erklärt ist, wenn das zu dem auf x zutreffenden R_i gehörige $G_i(x)$ definiert ist (sonst würde sie nicht zu der obigen Anwendung zur Nachbildung der primitiven Rekursion passen). Der Ansatz

$$F(x) = G_1(x)\ \chi_{\neg R_1}(x) + \dots + G_m(x)\ \chi_{\neg R_m}(x)$$

aus dem Beweis von R12 führt hier nicht zum Ziel, weil danach $F(x)$ genau dann erklärt ist, wenn dies für alle $G_i(x)$ gilt. Stattdessen nimmt man jetzt zu jedem G_i einen Index g_i (aufgrund von Satz 4.4*); dann gilt offenbar:

$$F(x) = U(\mu y\,((R_1(x) \wedge T_n(g_1, x, y)) \vee \dots \vee (R_m(x) \wedge T_n(g_m, x, y))))$$

Damit ist F ersichtlich partiell-rekursiv. (Der obige Ansatz funktioniert natürlich auch für total-rekursive G_i und beweist dann R12 erneut; seinerzeit war aber das Normalformentheorem noch nicht verfügbar.)

3. Unlösbarkeit

3.1. Aufzählbarkeit

Im Anschluss an die Einführung des Begriffs der *aufzählbaren (Zahlen-) Menge* wurde deutlich gemacht, dass man mit einem Aufzählungsverfahren für eine solche (nichtleere) Menge zugleich über ein Verfahren verfügt, welches die *positiven Antworten* auf die Zugehörigkeitsfrage jeweils nach endlich vielen Schritten liefert, negative Antworten auf diese Frage aber nicht erbringt. Darüber hinaus wurde heuristisch die Vermutung nahe gelegt, dass bei gewissen aufzählbaren Mengen die zugehörigen *negativen Antworten* womöglich *überhaupt nicht* algorithmisch erbracht werden können. Dass es tatsächlich derartige aufzählbare Mengen gibt und dass diese nicht entscheidbar sind, wird in Kürze gezeigt werden. Da solche Mengen ja jedenfalls "positiv kalkulierbar" sind, stellen sie gewissermaßen besonders "leichte" Fälle von *algorithmischer Unlösbarkeit* dar. Schon aus diesem Grund verdienen aufzählbare Mengen ein besonderes Interesse. Zunächst soll jedoch gezeigt werden, dass sich die partiell-rekursiven Funktionen auch mithilfe des Begriffs der Aufzählbarkeit kennzeichnen lassen. Zuvor muss dieser Begriff auf *mehrstellige Prädikate* ausgedehnt werden. Dazu wird erst einmal gezeigt:

Satz 1: Eine Menge $M \subseteq \mathbf{N}$ ist genau dann (rekursiv) aufzählbar, wenn es ein rekursives Prädikat $\lambda xy\, R(x, y)$ gibt, sodass

$$x \in M \Leftrightarrow \exists y\, R(x, y)$$

gilt, sowie genau dann, wenn es $f \in \mathbf{N}$ gibt, sodass gilt:

$$x \in M \Leftrightarrow \exists y\, T_1(f, x, y)$$

Beweis: 1) Sei M aufzählbar, also $M = \emptyset \lor M = Wb(\varphi)$ mit rekursivem $\lambda x\, \varphi(x)$. Ist $M = \emptyset$, so gilt offenbar:

$$x \in M \Leftrightarrow \exists y\, (x \neq x \land y = y) \Leftrightarrow \exists y\, R(x, y) \quad \text{mit rekursivem } \lambda xy\, R(x, y)$$

$$\Leftrightarrow \exists y\, T_1(f, x, y) \quad \text{mit irgendeinem Index } f \text{ von } [f]_1 = \emptyset$$

$$\text{(aufgrund der Bedeutung des Prädikats } T_1)$$

Sei daher $M \neq \emptyset$. Es gibt also eine rekursive Funktion $\varphi \mid \mathbf{N} \to \mathbf{N}$ mit $M = Wb(\varphi)$. Nach Satz 2.4.4* hat φ einen Index g; damit erhält man:

$$x \in M \Leftrightarrow \exists n\, x = \varphi(n) = [g]_1(n) = U(\mu z\, T_1(g, n, z))$$

$$\Leftrightarrow \exists n \exists z\, (T_1(g, n, z) \wedge U(z) = x)$$

(da es wegen Definition 2.4.8 offenbar jeweils höchstens ein z mit $T_1(g, n, z)$ gibt)

$$\Leftrightarrow \exists y\, (T_1(g, (y)_0, (y)_1) \wedge U((y)_1) = x)$$

(aufgrund der Bedeutung von $(y)_k$ sowie wegen Lemma 2.2.1)

Als partiell-rekursive Funktion hat $\lambda x\, \mu y\, T_1(g, (y)_0, (y)_1) \wedge U((y)_1) = x)$ einen Index f; deshalb erhält man offenbar:

$$x \in M \Leftrightarrow x \in Wb([g]_1) \quad \text{(nach Wahl von } g)$$

$$\Leftrightarrow x \in Db([f]_1) \quad \text{(nach Wahl von } f)$$

$$\Leftrightarrow \exists y\, (T_1(f, x, y) \quad \text{(nach Definition von } T_1)$$

$$\Leftrightarrow \exists y\, R(x, y) \quad \text{mit rekursivem } \lambda xy\, R(x, y)$$

2) Sei $x \in M \Leftrightarrow \exists y\, R(x, y)$ mit rekursivem R:

Gilt $\forall x \forall y\, \neg R(x, y)$ (etwa mit $x \neq x \wedge y \neq y$ für R), so ist $M \neq \emptyset$. Andernfalls gibt es x, y mit $R(x, y)$. Deshalb wird dann durch

$$\varphi(0) =_{\mathrm{Df}} (\mu z\, R((z)_0, (z)_1))_0$$

$$\varphi(n+1) =_{\mathrm{Df}} \begin{cases} (n+1)_0 & \text{für } R((n+1)_0, (n+1)_1) \\ \\ \varphi(n) & \text{sonst} \end{cases}$$

eine ersichtlich rekursive Funktion definiert, für die offenbar gilt:

$$x \in Wb(\varphi) \Leftrightarrow \exists n\, x = \varphi(n)$$

$$\Leftrightarrow \exists z\, (x = (z)_0 \wedge R((z)_0, (z)_1))$$

(nach Definition von φ)

$$\Leftrightarrow \exists y\, R(x, y)$$

(da $((z)_0, (z)_1)$ sämtliche (x, y) $\mathbf{N}^2$ wenigstens einmal durchläuft)

$$\Leftrightarrow x \in M$$

M ist damit jedenfalls aufzählbar. Da $\lambda xy\, T_1(f, x, y)$ für jedes $f \in \mathbf{N}$ ein rekursives Prädikat ist, braucht nicht mehr gezeigt zu werden. -

Aufgrund von Satz 1 setzt man fest:

Definition 1: Ein Prädikat $\lambda x\, P(x) \subseteq \mathbf{N}^n$ (mit $n \geq 0$) wird genau dann *(rekursiv) aufzählbar* genannt, wenn es ein rekursives Prädikat $\lambda x y\, R(x,\, y)$ gibt, sodass gilt:

$$P(x) \Leftrightarrow \exists y\, R(x,\, y)$$

Statt "aufzählbar" wird auch die Bezeichnung *semirekursiv* verwendet. -

Es dürfte wohl klar sein, dass die Auszeichnung der letzten Argumentstelle von R für die Quantifizierung keine Beschränkung der Allgemeinheit beinhaltet und dass bei konkreten Anwendungen ebenso auch andere Argumentstellen quantifiziert werden dürfen.

Satz 1* (Aufzählungstheorem von KLEENE): Ein Prädikat $\lambda x\, P(x) \subseteq \mathbf{N}^n$ (mit $n \geq 0$) ist genau dann (rekursiv) aufzählbar, wenn es $f \in \mathbf{N}$ gibt, sodass gilt:

$$P(x) \Leftrightarrow \exists y\, T_n(f,\, x,\, y)$$

Beweis: 1) Sei P aufzählbar, d.h. $P(x) \Leftrightarrow \exists y\, R(x,\, y)$ mit rekursivem R; damit gilt also $P(x) \Leftrightarrow \exists y\, \chi_R(x,\, y) = 0$. Dann wird durch

$$\varphi(x) =_{Df} \mu y\,(\chi_R(x,\, y) = 0)$$

eine partiell-rekursive Funktion erklärt mit der Eigenschaft:

$$P(x) \Leftrightarrow \exists y\, \chi_R(x,\, y) = 0 \Leftrightarrow x \in Db(\varphi)$$

Diese Funktion hat einen Index f, für den offenbar gilt:

$$P(x) \Leftrightarrow \exists z\, T_n(f,\, x,\, z) \Leftrightarrow \exists y\, T_n(f,\, x,\, y)$$

2) Die Umkehrung ist trivial. -

Definition 2: Sei $\lambda x\, P(x) \subseteq \mathbf{N}^n$ (mit $n \geq 0$) rekursiv aufzählbar; dann heißt jedes $f \in \mathbf{N}$ mit $P(x) \Leftrightarrow \exists y\, T_n(f,\, x,\, y)$ (und nur solche f) *Aufzählungsindex (A-Index)* von P. -

Insbesondere ist also jeder B-Index der Funktion $\lambda x\, \mu y\, R(x,\, y)$ ein A-Index der Relation $P \subseteq \mathbf{N}^n$ mit $P(x) \Leftrightarrow \exists y\, R(x,\, y)$. - Umgekehrt ist jedes $f \in \mathbf{N}$ natürlich ein A-Index von $\lambda x\, \exists y\, T_n(f,\, x,\, y)$. Das $(n+1)$-stellige (aufzählbare) Prädikat $\lambda f x\, \exists y\, T_n(f,\, x,\, y)$ ist jeweils sog. *universelles Prädikat* für die n-stelligen aufzählbaren Prädikate (weil $\lambda x\, \exists y\, T_n(f,\, x,\, y)$ bei Variation von f ja genau diese Prädikate durchläuft). - Satz 1* kann jetzt so ausgesprochen werden:

Satz 1 (Aufzählungstheorem):** Ein Prädikat ist genau dann aufzählbar, wenn es einen Aufzählungsindex besitzt.

Satz 2: Ein Prädikat $\lambda x\ P(x) \subseteq \mathbf{N}^n$ (mit $n \geq 0$) ist genau dann aufzählbar, wenn es eine partiell-rekursive Funktion $\lambda x\ \varphi(x)$ gibt, sodass gilt: $P(x) \Leftrightarrow x \in Db(\varphi)$

Im einstelligen Fall $M \subseteq \mathbf{N}$ gilt zusätzlich: M ist genau dann aufzählbar, wenn es eine partiell-rekursive Funktion $\lambda x\ \varphi(x)$ gibt mit $M = Wb(\varphi)$.

Beweis: 1) Nach Satz 1* ist $\lambda x\ \varphi(x)$ genau dann aufzählbar, wenn es $f \in \mathbf{N}$ gibt mit $P(x) \Leftrightarrow \exists y\ T_n(f, x, y)$. Nach Definition von $[\,f\,]_n$ gilt ja $[\,f\,]_n(x) = U(\mu y\ T_n(f, x, y))$; deshalb ist die Bedingung offenbar gleichwertig damit, dass es f gibt mit $x \in Db([f]_n)$. Aufgrund von Satz 2.4.4* ist dies wiederum gleichwertig damit, dass es eine n-stellige partiell-rekursive Funktion $\lambda x\ \varphi(x)$ gibt mit $x \in Db(\varphi)$. Insgesamt folgt daraus die erste Behauptung.

2) Sei $M \subseteq \mathbf{N}$ aufzählbar: $M = \varnothing$ ist Wertebereich der (partiell-rekursiven) leeren Funktion φ mit $\varphi(x) = \mu y\ y \neq y$, und $M \neq \varnothing$ ist ja definitionsgemäß Wertebereich einer einstelligen rekursiven Funktion; also erst recht Wertebereich einer partiell-rekursiven Funktion $\lambda x\ \varphi(x)$ (wobei es auf deren Stellenzahl nicht ankommt).

Sei umgekehrt $M = Wb(\varphi)$ mit partiell-rekursivem $\lambda x\ \varphi(x)$; dann hat φ einen B-Index f, und offenbar gilt (mit dem passenden $n \geq 0$):

$$x \in M \Leftrightarrow x \in Wb([f]_n)$$
$$\Leftrightarrow \exists a\ \exists z\,(T_n(f, a, z) \wedge x = U(z))$$
$$\Leftrightarrow \exists y\,(T_n(f, (y)_0, \ldots, (y)_n) \wedge x = U((y)_n))$$
$$\Leftrightarrow \exists y\ R(x, y)\quad \text{mit rekursivem } R,\ \text{qed. -}$$

Die aufzählbaren Prädikate beschreiben also gerade die *Definitionsbereiche von partiell-rekursiven Funktionen*, und die aufzählbaren Mengen (ob leer oder nichtleer) bilden außerdem gerade die *Wertebereiche von partiell-rekursiven Funktionen*. - Da das Terminieren eines Berechnungsalgorithmus für eine (partielle) Funktion φ als positive Antwort auf die Frage $x \in Db(\varphi)$? aufgefasst werden kann, werden aufzählbare Prädikate gelegentlich auch als *positiv kalkulierbar* bezeichnet.

Satz 3 (Negationstheorem): Ein Prädikat $\lambda x\ P(x) \subseteq \mathbf{N}^n$ (mit $n \geq 0$) ist genau dann rekursiv, wenn P und $\neg P$ beide aufzählbar sind.

Beweis: 1) Ist P und damit zugleich auch $\neg P$ rekursiv, so gilt:

$$P(x) \Leftrightarrow \exists y\,(P(x) \wedge y = y) \quad \text{(wobei } y \text{ nicht in } x \text{ vorkommt)}$$

$$\Leftrightarrow \exists y\,R(x, y) \quad \text{mit rekursivem } R$$

Analog ist dann auch $\neg P$ aufzählbar.

2) Sind P und $\neg P$ aufzählbar, so gilt:

$$P(x) \Leftrightarrow \exists y\,R(x, y) \quad \text{mit rekursivem } R$$

$$\neg P(x) \Leftrightarrow \exists y\,S(x, y) \quad \text{mit rekursivem } S$$

Offenbar gibt es daher stets entweder y mit $R(x, y)$ oder aber y mit $S(x, y)$; deshalb erhält man:

$$P(x) \Leftrightarrow R(x, \mu y\,(R(x, y) \vee S(x, y)))$$

Für den μ-Operator besteht hier der Normalfall; damit ist alles gezeigt. -

Folgerung: Jedes rekursive Prädikat ist aufzählbar.

Das Negationstheorem würde nicht ohne Ausnahme gelten, wenn nicht auch die leere Menge als aufzählbar erklärt worden wäre.

Es ist manchmal nützlich, sich den gewissermaßen hinter den abstrakten Formulierungen stehenden Sachverhalt zu vergegenwärtigen: Der wohl am wenigsten triviale Teil des Negationstheorems besagt ja, dass eine *nichtleere und von* **N** *verschiedene* Zahlenmenge schon dann *entscheidbar* ist, wenn sie selbst und ihr Komplement aufzählbar sind. Trifft dies zu, so wird die fragliche Menge M durch eine einstellige berechenbare (totale) Funktion φ aufgezählt und ihr Komplement durch eine ebensolche Funktion ψ. Man kann damit die Zugehörigkeit einer beliebigen Zahl x zu M durch folgendes Verfahren entscheiden: Man berechnet immer abwechselnd $\varphi(0)$, $\psi(0)$, $\varphi(1)$, $\psi(1)$, $\varphi(2)$, $\psi(2)$, ... solange, bis das vorgegebene x unter den Werten $\varphi(n)$ oder aber unter den $\psi(n)$ erscheint. Im ersten Fall hat man $x \in M$ gefunden und im zweiten Fall $x \notin M$. Da x ja genau einer der beiden Mengen angehört, muss die gesuchte Antwort sich stets nach endlich vielen Schritten des geschilderten Verfahrens ergeben. - Es ist nicht schwierig zu zeigen, dass eine *mehrstellige* Relation genau dann aufzählbar ist, wenn die Folgenzahlen der zu ihr gehörigen Argumenttupel eine aufzählbare Menge bilden. Deshalb lässt sich das Gesagte auch auf mehrstellige Prädikate übertragen.

Satz 4: Eine Funktion $\lambda x\ \varphi(x)$ ist genau dann partiell-rekursiv, wenn ihr Graph $\mathcal{G}_\varphi = \lambda x y\,(\varphi(x) = y)$ aufzählbar ist.

Beweis: 1) Sei φ partiell-rekursiv und f ein B-Index von φ; dann gilt (mit dem passenden n):

$$y = \varphi(x) \Leftrightarrow y = [f]_n(x) = U(\mu z\, T_n(f, x, z))$$

$$\Leftrightarrow \exists z\,(T_n(f, x, z) \wedge y = U(z))$$

(da nach Definition von T_n ggf. z jeweils eindeutig bestimmt ist)

$$\Leftrightarrow \exists z\, R(x, y, z)\ \text{ mit rekursivem } R$$

2) Sei $y = \varphi(x) \Leftrightarrow \exists z\, R(x, y, z)$ mit rekursivem R und $r \in \mathbf{N}$ ein B-Index der (rekursiven) charakteristischen Funktion χ_R von R; dann gilt:

$$y = \varphi(x) \Leftrightarrow \exists z\, \chi_R(x, y, z) = 0\ \ \text{(nach Wahl von } R\text{)}$$

$$\Leftrightarrow \exists z \exists w\,(T_{n+2}(r, x, y, z, w) \wedge U(w) = 0)$$

Da es zu jedem x höchstens ein y mit $y = \varphi(x)$ gibt, folgt offenbar:

$$\varphi(x) = (\mu y\,(T_{n+2}(r, x, (y)_0, (y)_1, (y)_2) \wedge U((y)_2) = 0))_0$$

Damit ist φ partiell-rekursiv. -

Ist $\lambda x\ \varphi(x)$ total, so besteht in der letzten Gleichung für den μ-Operator offenbar der Normalfall. Man erhält damit den

Zusatz: Eine totale Funktion $\lambda x\ \varphi(x)$ ist genau dann rekursiv, wenn ihr Graph $\lambda x y\,(\varphi(x) = y)$ aufzählbar ist, sowie genau dann, wenn $\lambda x y\,(\varphi(x) = y)$ rekursiv ist.

Bei echt partiell-rekursiven Funktionen lassen sich lediglich *Bedingungen* für die Rekursivität des Graphen angeben; eine allgemeine Aussage darüber gilt jedoch nicht.

Auch hier lässt sich eine anschauliche Begründung dafür angeben, dass der Satz für totale Funktionen zur Bedingung der Rekursivität des Funktionsgraphen verschärft werden kann, während dies bei echt partiellen Funktionen anscheinend (und auch tatsächlich) nicht geht: Außer bei der - hier uninteressanten - nirgends definierten Funktion bilden die Gödelnummern der geordneten $(n+1)$-Tupel (x, y) des Graphen G_φ einer partiell-rekursiven Funktion $\lambda x\ \varphi(x)$ eine nichtleere aufzählbare Menge (wie vorhin ohne Beweis mitgeteilt wurde) und damit zugleich den Wertebereich einer einstelligen rekursiven Funktion $\lambda x\, \alpha(x)$.

Ist nun $(x, y) \in \mathcal{G}_\varphi$ zu prüfen, so bietet sich das folgende Vorgehen an: Man berechnet $\alpha\,(0)$, $\alpha\,(1)$, $\alpha\,(2)$, ... solange, bis das durch $\alpha\,(n)$ dargestellte Tupel die Form (x, z) mit dem x aus dem vorgegebenen (x, y) hat. Genau dann gilt $(x, y) \in \mathcal{G}_\varphi$, wenn $y = z$ ist. Bei einer totalen Funktion φ muss das geschilderte Verfahren immer nach endlich vielen Schritten abbrechen, da $\varphi\,(x)$ ja jedenfalls erklärt ist; bei echt partiellen Funktionen φ bricht dagegen die Suche nach einem $(x, z) \in \mathcal{G}_\varphi$ für die $x \notin Db\,(\varphi)$ nicht ab. (Dass es in *manchen* derartigen Fällen auch kein anders geartetes Entscheidungsverfahren für die Frage $\varphi\,(x) = y$? gibt, ist damit natürlich noch nicht nachgewiesen.)

3.2. Arithmetische Prädikate

Es wurde bereits angekündigt, dass es unter den aufzählbaren Prädikaten auch solche gibt, die *nicht mehr entscheidbar* sind, bei denen also die Frage nach dem Zutreffen auf konkrete Zahlentupel zu einer *effektiv unlösbaren Problemklasse* führt. Der Grund hierfür muss ersichtlich in der Anwendung eines unbeschränkten Existenzquantors auf ein rekursives Prädikat liegen, also auf eine entscheidbare Problemklasse. Unlösbare Problemklassen können demnach durch Anwendung von Existenzquantoren auf lösbare Problemklassen entstehen. Dies muss auch für die Anwendung von (unbeschränkten) Allquantoren gelten; denn aufgrund der Äquivalenzen $\neg\exists x\, A \Leftrightarrow \forall x\, \neg A$, $\neg\forall x\, A \Leftrightarrow \exists x\, \neg A$ können dann offenbar ebenfalls nicht alle Prädikate der Form $\lambda x\, \forall x\, R(x, y)$ mit rekursivem $\lambda\, x\, y\, R(x, y)$ rekursiv sein. Diese Feststellungen führen dazu, die *Anwendungen von Quantoren auf rekursive Prädikate* genauer zu untersuchen.

Definition 1: Die Klasse der sog *arithmetischen Prädikate* wird induktiv erklärt:

1) Jedes *rekursive* Prädikat ist arithmetisch.

2) Mit P und Q sind auch sämtliche *aussagenlogische Verknüpfungen* aus P und Q arithmetisch.

3) Mit P sind auch $\exists x\, P$ und $\forall x\, P$ sowie $(\exists x < y)\, P$ und $(\forall x < y)\, P$ (mit beliebigen - ggf. verschiedenen - Variablen) arithmetisch. -

Sämtliche anlässlich der Einführung der partiell-rekursiven und der rekursiven Funktionen über diesen Typ von induktiven Definitionen getroffenen Feststellungen gelten sinngemäß auch für den vorliegenden Fall. Insbesondere brauchen die zur Definition herangezogenen Bedingungen nicht effektiv nachprüfbar zu sein. Desgleichen ermöglicht die vorliegende Definition, Eigenschaften der arithmetischen Prädikate durch *Induktion über deren Aufbau* zu beweisen:

Als *Induktionsanfang* hat man zu zeigen, dass die fragliche Eigenschaft allen rekursiven Prädikaten zukommt. Der *Induktionsschritt* besteht dann in dem Nachweis, dass die Eigenschaft sich von Prädikaten P, Q immer auf solche überträgt, die aus P und Q durch aussagenlogische Verknüpfungen entstehen, sowie auch auf solche, die aus (einem von) ihnen durch die angegebenen Quantifizierungen hervorgehen. Hat man diese beiden "Zutaten" beisammen, kann man im *Induktionsschluss* zu der Feststellung übergehen, dass sämtliche arithmetische Prädikate die fragliche Eigenschaft aufweisen. - Aus ähnlichen Gründen wie bei den rekursiven bzw. partiell-rekursiven Funktionen eignet sich der besprochene Induktionstyp jedoch *nicht* dazu, den arithmetischen Prädikaten bestimmte Größen als "Funktionswerte" zuzuordnen.

Man erkennt jetzt sofort durch Induktion über den Aufbau, dass jedes arithmetische Prädikat durch endlich viele Anwendungen von aussagenlogischen Verknüpfungen und endlich viele Quantifizierungen aus (jeweils endlich vielen) rekursiven Prädikaten definiert werden kann. Umgekehrt ergibt sich durch Induktion über die Anzahl der fraglichen Anwendungen auf rekursive Prädikate, dass sämtliche so definierbaren Prädikate arithmetisch sind. *Arithmetisch sind damit gerade diejenigen Prädikate, welche sich mittels endlich vieler Quantifizierungen und aussagenlogischer Verknüpfungen aus rekursiven Prädikaten gewinnen lassen.*

Die Bedingungen aus Definition 1 sind redundant: Da sich jede aussagenlogische Verknüpfung etwa durch $\neg$ und $\wedge$ allein ausdrücken lässt, würde es genügen, die zweite Bedingung nur für diese beiden Junktoren auszusprechen. Außerdem brauchten in der dritten Bedingung zunächst beschränkte Quantoren wegen $(\exists x < y)\, P \Leftrightarrow \exists x\,(x < y \wedge P)$ bzw. $(\forall x < y)\, P \Leftrightarrow \forall x\,(x < y \Rightarrow P)$ nicht ausdrücklich angeführt zu werden; aufgrund von $\forall x\, P \Leftrightarrow \neg \exists x\, \neg P$ bzw. $\exists x\, P \Leftrightarrow \neg \forall x\, \neg P$ brauchte diese Bedingung schließlich nur für einen (unbeschränkten) Quantor gestellt zu werden. (Durch Induktion über den Aufbau der arithmetischen Prädikate ergibt sich, dass jedes derartige Prädikat auch schon mit den eingeschränkten Hilfsmitteln aus rekursiven Prädikaten definiert werden kann, und trivialerweise ist jedes auf diese Weise gewonnene Prädikat arithmetisch.)

Zur *Umformung* von arithmetischen Prädikaten liefert das folgende Lemma die Grundlage.

Lemma 1: Für *beliebige* Prädikate gilt (mit ggf. verschiedenen Variablen y, z, w, die ihrerseits nicht unter den durch x angedeuteten vorkommen):

0) $\exists y\, P(\boldsymbol{x}, y) \Leftrightarrow \exists z\, P(\boldsymbol{x}, z)$

   $\forall y\, P(\boldsymbol{x}, y) \Leftrightarrow \forall z\, P(\boldsymbol{x}, z)$

1) $P(\boldsymbol{x}) \Leftrightarrow P(\boldsymbol{x}) \wedge y = y \Leftrightarrow \exists y\, (P(\boldsymbol{x}) \wedge y = y)$

$$\Leftrightarrow \forall y\, (P(\boldsymbol{x}) \wedge y = y)$$

2) $\exists y\, \exists z\, P(\boldsymbol{x}, y, z) \Leftrightarrow \exists y\, P(\boldsymbol{x}, (y)_0, (y)_1)$

   $\forall y\, \forall z\, P(\boldsymbol{x}, y, z) \Leftrightarrow \forall y\, P(\boldsymbol{x}, (y)_0, (y)_1)$

3) $\neg \exists y\, P(\boldsymbol{x}, y) \Leftrightarrow \forall y\, \neg P(\boldsymbol{x}, y)$

   $\neg \forall y\, P(\boldsymbol{x}, y) \Leftrightarrow \exists y\, \neg P(\boldsymbol{x}, y)$

4) $P(\boldsymbol{x}) \wedge \exists y\, Q(\boldsymbol{x}, y) \Leftrightarrow \exists y\, (P(\boldsymbol{x}) \wedge Q(\boldsymbol{x}, y))$

   $P(\boldsymbol{x}) \wedge \forall y\, Q(\boldsymbol{x}, y) \Leftrightarrow \forall y\, (P(\boldsymbol{x}) \wedge Q(\boldsymbol{x}, y))$

   $P(\boldsymbol{x}) \vee \exists y\, Q(\boldsymbol{x}, y) \Leftrightarrow \exists y\, (P(\boldsymbol{x}) \vee Q(\boldsymbol{x}, y))$

   $P(\boldsymbol{x}) \vee \forall y\, Q(\boldsymbol{x}, y) \Leftrightarrow \forall y\, (P(\boldsymbol{x}) \vee Q(\boldsymbol{x}, y))$

Analoge Regeln gelten auch bei Vertauschung der $\wedge$- bzw. $\vee$-Glieder.

5) $(\forall y < w)\, \exists z\, P(\boldsymbol{x}, y, z, w) \Leftrightarrow \exists z\, (\forall y < w)\, P(\boldsymbol{x}, y, (z)_y, w)$

   $(\exists y < w)\, \forall z\, P(\boldsymbol{x}, y, z, w) \Leftrightarrow \forall z\, (\exists y < w)\, P(\boldsymbol{x}, y, (z)_y, w)$

Beweis: Die Behauptungen 0) und 1) bestätigt man unmittelbar.

In den Äquivalenzen der Behauptung 2) besagen beide Seiten jeweils offenbar dasselbe, nämlich dass es eine zweigliedrige Zahlenfolge mit der fraglichen Eigenschaft gibt bzw. dass alle derartigen Folgen diese Eigenschaft aufweisen.

Behauptung 3) folgt wegen $\neg\neg A \Leftrightarrow A$ offenbar aus $\exists x\, A \Leftrightarrow \neg \forall x\, \neg A$ bzw. $\forall x\, A \Leftrightarrow \neg \exists x\, \neg A$.

Behauptung 4) umfasst vier Fälle:

a) Sei $P(\boldsymbol{x}) \wedge \exists y\, Q(\boldsymbol{x}, y)$ wahr. Dann ist sowohl $P(\boldsymbol{x})$ als auch $\exists y\, Q(\boldsymbol{x}, y)$ wahr; daher hat man $P(\boldsymbol{x})$ und $Q(\boldsymbol{x}, y)$ mit geeignetem y. Mit einem solchen y ist dann $P(\boldsymbol{x}) \wedge Q(\boldsymbol{x}, y)$ wahr, also auch $\exists y\, (P(\boldsymbol{x}) \wedge Q(\boldsymbol{x}, y))$. - Trifft umgekehrt Letzteres zu, so hat man $P(\boldsymbol{x}) \wedge Q(\boldsymbol{x}, y)$ mit geeignetem y, also $P(\boldsymbol{x})$ und $Q(\boldsymbol{x}, y)$; dann sind auch $P(\boldsymbol{x})$ und $\exists y\, Q(\boldsymbol{x}, y)$ wahr sowie schließlich $P(\boldsymbol{x}) \wedge \exists y\, Q(\boldsymbol{x}, y)$.

b) Sei $P(x) \wedge \forall y\, Q(x, y)$ wahr. Dann sind $P(x)$ und $\forall y\, Q(x, y)$ wahr und damit $P(x)$ und $Q(x, y)$ für beliebige y. Man hat also $P(x) \wedge Q(x, y)$ für jedes y und damit $\forall y\, (P(x) \wedge Q(x, y))$. - Trifft umgekehrt Letzteres zu, so gilt $P(x) \wedge Q(x, y)$ für beliebiges y (mit dem fraglichen x), also sowohl $P(x)$ als auch $Q(x, y)$ für alle y. Man hat damit $P(x)$ und $\forall y\, Q(x, y)$, also schließlich $P(x) \wedge \forall y\, Q(x, y)$.

Neben der inhaltlichen Bedeutung der Quantoren war für die obige Argumentation ausschlaggebend, dass eine $\wedge$-Verbindung von zwei Aussagen genau dann wahr ist, wenn beide Aussagen wahr sind. Demgegenüber ist eine $\vee$-Verbindung ja genau dann wahr, wenn wenigstens eine der fraglichen Aussagen zutrifft. Aufgrund dieser Feststellung lassen sich die beiden nächsten Fälle nach dem gleichen Muster wie a) und b) behandeln. Stattdessen ist es auch möglich, sie aufgrund von $A \vee B \Leftrightarrow \neg(\neg A \wedge \neg B)$ und der Negationsregeln auf a) und b) für $\neg P$, $\neg Q$ und Behauptung 3) zurückzuführen.

Der Zusatz folgt dann aus der Kommutativität von $\wedge$ und $\vee$.

Die erste Aussage von 5) ergibt sich offenbar folgendermaßen:

$$(\forall y < w)\, \exists z\, P(x, y, z, w) \Leftrightarrow (\forall y < w)\, \exists z_y\, P(x, y, z_y, w)$$

mit von den $y < w$ abhängigen z_y

$$\Leftrightarrow (\forall y < w)\, \exists z\, P(x, y, (z)_y, w)$$

mit für alle $y < w$ zugleich geeignetem z

$$\Leftrightarrow \exists z\, (\forall y < w)\, P(x, y, (z)_y, w)$$

Die zweite Aussage von 5) folgt dann so:

$$(\exists y < w)\, \forall z\, P(x, y, z, w) \Leftrightarrow \neg(\forall y < w)\, \exists z \neg P(x, y, z, w)$$

$$\Leftrightarrow \neg \exists z\, (\forall y < w)\, \neg P(x, y, (z)_y, w)$$

(aufgrund der ersten Aussage)

$$\Leftrightarrow \forall z\, (\exists y < w)\, P(x, y, (z)_y, w), \text{ qed. -}$$

Es dürfte klar sein, dass die Reihenfolge der Variablen bei den obigen Aussagen lediglich schreibtechnische Bedeutung hat und dass die Variablen aus x zumindest "formal" sowohl bei P als auch bei Q stehen können.

Anmerkungen: 1) Beschränkte Quantifizierungen können auch unmittelbar mit *gleichartigen* unbeschränkten vertauscht werden (und brauchen nicht erst entsprechend der Nachbemerkung zu Definition 1 in unbeschränkte überführt zu werden):

$$(\exists y < w)\ \exists z\, P(x, y, z, w) \Leftrightarrow \exists z\, (\exists y < w)\, P(x, y, z, w)$$

$$(\forall y < w)\ \forall z\, P(x, y, z, w) \Leftrightarrow \forall z\, (\forall y < w)\, P(x, y, z, w)$$

(Dass zwei benachbart stehende gleichartige unbeschränkte bzw. beschränkte Quantifizierungen miteinander vertauscht werden dürfen, ist ebenso klar, spielt aber im Folgenden keine Rolle.)

2) Für eine entsprechende Behandlung von weiteren aussagenlogischen Verknüpfungen müssen diese zunächst durch $\neg$, $\wedge$, $\vee$ ausgedrückt werden. Wie man leicht nachrechnet, erhält man aufgrund von Lemma 1 (wegen $A \Rightarrow B \Leftrightarrow \neg A \wedge \neg B$) für $\Rightarrow$:

$$P(x) \Rightarrow \exists y\, Q(x, y) \Leftrightarrow \exists y\, (P(x) \Rightarrow Q(x, y))$$

$$P(x) \Rightarrow \forall y\, Q(x, y) \Leftrightarrow \forall y\, (P(x) \Rightarrow Q(x, y))$$

$$\exists y\, P(x, y) \Rightarrow Q(x) \Leftrightarrow \forall y\, (P(x, y) \Rightarrow Q(x))$$

$$\forall y\, P(x, y) \Rightarrow Q(x) \Leftrightarrow \exists y\, (P(x, y) \Rightarrow Q(x))$$

Behandelt man die Äquivalenz entsprechend (aufgrund von $(A \Leftrightarrow B) \Leftrightarrow (A \Rightarrow B) \wedge (B \Rightarrow A)$), so ergeben sich keine ebenso einfachen Formeln.

Satz 1: Jedes arithmetische Prädikat $\lambda\, x\, P(x)$ ist darstellbar in der Form $P(x) \Leftrightarrow \mathfrak{Q}\, R(x, y)$; dabei ist der sog. *Kern* ein rekursives Prädikat $\lambda xy\, R(x, y)$, und das sog. *Präfix* $\mathfrak{Q}$ besteht aus (höchstens endlich vielen) *alternierenden* Quantifizierungen $\exists y_k$, $\forall y_l$ (d.h. Existenz- und Allquantoren wechseln einander ab).

Beweis: Induktion über den Aufbau der arithmetischen Prädikate:

1) Für rekursive Prädikate ist nichts zu beweisen.

2) Das fragliche Prädikat entsteht aus arithmetischen Prädikaten durch aussagenlogische Verknüpfung. Hier sind mehrere Fälle zu unterscheiden:

a) $P(x) \Leftrightarrow \neg Q(x)$: Nach Induktionsvoraussetzung gilt $Q(x) \Leftrightarrow \mathfrak{Q}\, S(x, y)$ mit einem alternierenden Präfix $\mathfrak{Q}$ und rekursivem Kern $\lambda xy\, S(x, y)$. Da der Wahrheitswert der in der Mathematik benutzten *Junktoren* (aussagenlogischen Verknüpfungen) nur von den Wahrheitswerten der ihnen unterworfenen Aussagen abhängt, gilt auch $P(x) \Leftrightarrow \neg \mathfrak{Q}\, S(x, y)$. Durch Induktion über die Anzahl der Quantoren in $\mathfrak{Q}$ folgt offenbar, dass das Negationszeichen aufgrund von Regel 3 aus <u>Lemma</u> 1 ganz "nach innen" gezogen werden kann. Man erhält so $P(x) \Leftrightarrow \Omega\, R(x, y)$, wobei $R \Leftrightarrow \neg S$ und damit ebenfalls rekursiv ist und die Quantoren des Präfixes $\overline{\Omega}$ jeweils durch "Umdrehen" aus denen von Ω entstehen und deshalb gleichfalls alternieren. (Dieser Induktionsbeweis stützt sich wesentlich darauf, dass der Wahrheitswert einer durch Quantifizierung definierten Aussage sich nicht ändert, wenn die quantifizierte Aussage durch eine äquivalente ersetzt wird.) Die *Länge* des Präfixes $\overline{\Omega}$, d.h. die Anzahl der (Vorkommen von) Quantoren, stimmt mit der von Ω überein.

b) $P(x) \Leftrightarrow Q_1(x) \wedge Q_2(x)$ oder $P(x) \Leftrightarrow Q_1(x) \vee Q_2(x)$: Nach Induktionsvoraussetzung gilt $Q_1(x) \Leftrightarrow \Omega_1\, S_1(x, y)$ und $Q_2(x) \Leftrightarrow \Omega_2\, S_2(x, z)$ mit alternierenden Ω_1, Ω_2 und rekursiven S_1, S_2 (wobei x o.B.d.A. beide Male für dieselben Variablen steht). Daher folgt zunächst:

$$P(x) \Leftrightarrow \Omega_1\, S_1(x, y) \wedge \Omega_2\, S_2(x, z) \text{ bzw. } \Omega_1\, S_1(x, y) \vee \Omega_2\, S_2(x, z)$$

Aufgrund von Regel 1 (aus Lemma 1) können alternierenden Präfixen offenbar "innen" oder "außen" weitere Quantifizierungen "formal" so hinzugefügt werden, dass längere alternierende Präfixe entstehen. Ist etwa Ω_1 kürzer als Ω_2, so lässt sich deshalb Ω_1 offenbar durch formales Hinzufügen von weiteren Quantifizierungen jedenfalls so zu einem Präfix Ω_1^* verlängern, dass Ω_1^* und Ω_2 bis (höchstens) auf die quantifizierten Variablen übereinstimmen. Sind dagegen Ω_1 und Ω_2 gleich lang, so stimmen sie bis auf ihre Variablen überein, oder aber sämtliche Quantoren in Ω_1 sind gegenüber den ihnen entsprechenden in Ω_2 "umgedreht". In diesem Fall lassen sich offenbar zwei bis auf die Variablen übereinstimmende alternierende Präfixe Ω_1^* bzw. Ω_2^* dadurch erzeugen, dass etwa Ω_1^* nach "innen" und Ω_2^* nach "außen" durch formales Hinzufügen einer geeigneten Quantifizierung verlängert wird. Deshalb kann von vornherein o.B.d.A. angenommen werden, dass Ω_1 und Ω_2 bis auf die gebundenen Variablen übereinstimmen.

Aufgrund von Regel 0 können dann die Variablen y aus Ω_1 und z aus Ω_2 offenbar erforderlichenfalls so umbenannt werden, dass x, y, z paarweise keine Variable gemeinsam haben. Falls Ω_1 und Ω_2 überhaupt Quantoren enthalten, stimmen die beiden "äußeren" ja überein und können daher nach Regel 4 vor die gesamte Aussagenverbindung geschrieben und sodann nach Regel 2 miteinander "verschmolzen" werden. Die "äußere" Quantifizierung bezieht sich dann auf die gesamte Verbindung, und deren beide Glieder haben bis auf die Variablen übereinstimmende Präfixe, welche aber gegenüber der ursprünglichen Länge um je einen Quantor verkürzt sind. - Auf die geschilderte Weise kann man mit dem jeweils bereits einem auf die ganze Verbindung bezogenen Präfix unterliegenden restlichen Teil fortfahren, bis man schließlich ein mit $P(x)$ gleichwertiges Prädikat $\Omega\, R(x, w)$ erhält, wobei das alternierende Präfix Ω in jedem möglichen Fall höchstens einen Quantor mehr enthält als das längste der ursprünglichen Präfixe Ω_1, Ω_2 und $R \Leftrightarrow S_1 \wedge S_2$ bzw. $S_1 \vee S_2$ (bis auf formal hinzugefügte Variablen) und damit rekursiv ist.

Falls man nicht auf die Verwendung von $\Rightarrow$ verzichten will, lassen sich *Implikationen* offenbar ganz entsprechend behandeln; *Äquivalenzen* hat man vorher mithilfe der übrigen Junktoren zu umschreiben.

3) P entsteht aus einem arithmetischen Prädikat Q durch unbeschränkte oder durch beschränkte Quantifizierung.

a) $P(x) \Leftrightarrow \exists z\, Q(x, z)$ oder $P(x) \Leftrightarrow \forall z\, Q(x, z)$: Nach Induktionsvoraussetzung gilt $Q(x, z) \Leftrightarrow \Omega\, S(x, y, z)$ mit alternierendem Präfix Ω und rekursivem Kern S. Ist der neu hinzugekommene Quantor von derselben Art wie der vordere des Präfixes Ω, so lässt er sich nach Regel 2 mit diesem verschmelzen, und es entsteht ein Ausdruck der Form $\Omega^*\, R(x, y^*)$, wobei Ω^* bis auf höchstens die Variablen mit Ω übereinstimmt und R rekursiv ist. Andernfalls wird das (u.U. leere) Präfix Ω um die neue Quantifizierung zu einem jedenfalls alternierenden Präfix verlängert.

b) Entsteht P dagegen durch beschränkte Quantifizierung aus Q, so lässt sich diese offenbar nach Regel 5 bzw. aufgrund ihrer Vertauschbarkeit mit gleichartigen unbeschränkten Quantifizierungen in der Darstellung $\Omega\, S(x, y, z, w)$ von $\lambda x\, zw\, Q(x, z, w)$ jedenfalls nach ”innen” unmittelbar vor den rekursiven Kern S ziehen, ohne dass dabei das Präfix Ω verändert wird. Hinter diesem steht dann ein neuer rekursiver Kern R.

Damit ist der Satz bewiesen. -

Jetzt lässt sich übrigens auch begründen, warum in Definition 1 und Lemma 1 beschränkte Quantifizierungen als gesonderter Fall berücksichtigt worden sind: Im Gegensatz zu unbeschränkten Quantifizierungen brauchen beschränkte bei Umformungen nach den Regeln des Lemmas in keinem Fall zu einer Verlängerung des Präfixes zu führen. In Kürze wird sich herausstellen, dass die Frage, welches Präfix zur Darstellung eines arithmetischen Prädikats wirklich benötigt wird, besonderes Intersse verdient.

Definition 2: Das zu dem Präfix Ω *duale* Präfix $\overline{\Omega}$ entsteht aus Ω durch ”Umdrehen” der Quantoren.

Die Klasse der in der Form $\lambda x \, \mathfrak{Q} \, R(x, y)$ mit rekursivem $\lambda xy \, R(x, y)$ darstellbaren, sog. $\mathfrak{Q}$-*definierbaren* Prädikate kann jeweils durch die ohne Variablen geschriebenen Quantoren des Präfixes $\mathfrak{Q}$ bezeichnet werden; $\mathbf{R}$ sei die Klasse aller rekursiven Prädikate. Daneben werden für die sog. *Präfixklassen* folgende Bezeichnungen verwendet:

$$\Sigma_0^{\,0} =_{\mathrm{Df}} \mathbf{R} =_{\mathrm{Df}} \Pi_0^{\,0}$$

$$\Sigma_{n+1}^{\,0} =_{\mathrm{Df}} \exists\,\mathfrak{Q} \ \text{ mit zu } \Pi_n^{\,0} \text{ gehörigem Präfix } \mathfrak{Q}$$

$$\Pi_{n+1}^{\,0} =_{\mathrm{Df}} \forall\,\mathfrak{Q} \ \text{ mit zu } \Sigma_n^{\,0} \text{ gehörigem Präfix } \mathfrak{Q}$$

$$\Delta_n^{\,0} =_{\mathrm{Df}} \Sigma_n^{\,0} \cap \Pi_n^{\,0}$$

$\mathbf{A}$ sei die Klasse aller arithmetischen Prädikate. -

Die zu $\Sigma_n^{\,0}$ bzw. zu $\Pi_n^{\,0}$ gehörigen Präfixe bestehen also jeweils aus genau n alternierenden Quantoren und beginnen mit einem Existenz- bzw. mit einem Allquantor. - Die Bezeichnungen $\Sigma_n^{\,0}$, $\Pi_n^{\,0}$ rühren daher, dass Existenzaussagen als unendliche Oder-Verbindungen aufgefasst werden können und Allaussagen als unendliche Und-Verbindungen und Oder-Verbindungen auch als "logische Summen" bezeichnet wurden und Und-Verbindungen als "logische Produkte". Der untere Index n gibt jeweils die Anzahl der Quantoren für *Zahlenvariable* an, während der obere Index 0 darauf verweist, dass *keine Funktionenvariablen* gebunden sind (die in der *elementaren* Berechenbarkeitstheorie nicht gebraucht werden). - Satz 1 kann jetzt so ausgesprochen werden:

$$\mathbf{A} = \bigcup\{\Sigma_n^{\,0} \cap \Pi_n^{\,0} \mid n \in \mathbf{N}\}$$

Satz 2: Für jede Präfixklasse $\mathfrak{Q}$ gilt: Ist $\lambda y_1 \ldots y_m \, P(y) \in \mathfrak{Q}$ und sind $\lambda x \, \varphi_1(x)$, ..., $\lambda x \, \varphi_m(x)$ rekursive Funktionen, so ist auch $\lambda x \, P(\varphi_1(x), \ldots, \varphi_m(x)) \in \mathfrak{Q}$.

Beweis: Die Einsetzungen erfolgen im rekursiven Kern von P und liefern einen neuen rekursiven Kern, während das Präfix unverändert bleibt, qed. -

Satz 3: Für jede Präfixklasse $\mathfrak{Q}$ gilt:

1) $P \in \mathfrak{Q} \Rightarrow \neg P \in \overline{\mathfrak{Q}}$

2) $P, Q \in \mathfrak{Q} \Rightarrow P \wedge Q, \, P \vee Q \in \mathfrak{Q}$

Beweis: Beides wurde bereits beim Beweis von Satz 1 gezeigt. -

Folgerung: 1) $P \in \Delta_n^{\,0} \Leftrightarrow \neg P \in \Delta_n^{\,0}$

2) $P, Q \in \Delta_n^{\,0} \Rightarrow P \wedge Q, \, P \vee Q \in \Delta_n^{\,0}$

Daher sind die Klassen $\Delta_n^{\ 0}$ abgeschlossen gegenüber aussagenlogischen Verknüpfungen.

Satz 4: $\Sigma_n^{\ 0} \cup \Pi_n^{\ 0} \subseteq \Delta_{n+1}^{\ 0} = \Sigma_{n+1}^{\ 0} \cap \Pi_{n+1}^{\ 0}$

Beweis: Wie bereits beim Beweis von Satz 1 festgehalten wurde, lässt sich jedem alternierenden Präfix aufgrund von Regel 1 aus Lemma 1 wahlweise "innen" oder "außen eine weitere alternierende Quantifizierung hinzufügen. Mehr ist offenbar nicht zu zeigen. -

Folgerung: Enthält das alternierende Präfix $\mathcal{Q}_1$ weniger Quantoren als das alternierende Präfix $\mathcal{Q}_2$, so gilt für die zugehörigen Definierbarkeitsklassen: $\mathcal{Q}_1 \subseteq \mathcal{Q}_2$

Satz 5 (Negationstheorem): $\Delta_1^{\ 0} = \Sigma_1^{\ 0} \cap \Pi_1^{\ 0} = \mathbf{R}$

Beweis: $P \in \mathbf{R} \Leftrightarrow P, \neg P \in \Sigma_1^{\ c} = \exists$ (Satz 1.3)

$$\Leftrightarrow \neg P, P \in \Pi_1^{\ 0} = \forall \quad (\text{wegen } \neg\neg P \Leftrightarrow P \text{ und Satz 3})$$

$$\Leftrightarrow P, \neg P \in \Sigma_1^{\ c} \wedge P, \neg P \in \Pi_1^{\ 0}$$

$$\Leftrightarrow \neg P, P \in \Delta_1^{\ 0} = \exists \cap \forall$$

$$\Leftrightarrow P \in \Delta_1^{\ 0} \quad (\text{nach der Folgerung aus Satz 3}) -$$

Von einer Einbeziehung der neuen Begriffe und Bezeichnungen abgesehen, besagt der Satz offenbar nichts anderes als Satz 1.3. - Der folgende Satz liefert eine Art *Normalform* für die arithmetischen Prädikate.

Satz 6: Sei $\mathcal{Q}$ ein alternierendes Präfix aus $m{+}1$ Quantifizierungen und $\lambda x_1 \ldots x_n\, P(x)$ ein $\mathcal{Q}$-definierbares Prädikat (mit $m, n \geq 0$); dann gilt:

1) Ist der letzte Quantor in $\mathcal{Q}$ ein Existenzquantor, so gibt es $f \in \mathbf{N}$ derart, dass gilt:

$$P(x) \Leftrightarrow \mathcal{Q}\, T_{m+n}(f, x, y, z)$$

2) Ist der letzte Quantor in $\mathcal{Q}$ ein Allquantor, so gibt es $g \in \mathbf{N}$ derart, dass gilt:

$$P(x) \Leftrightarrow \mathcal{Q}\, \neg T_{m+n}(g, x, y, z)$$

Beweis: 1) $P(x) \Leftrightarrow \mathcal{Q}^* \exists z\, R(x, y, z)$ mit rekursivem R: Nach dem Aufzählungstheorem (Satz 1.1*) kann man $\exists z\, R(x, y, z)$ gleichwertig durch $\exists z\, T_{m+n}(f, x, y, z)$ mit geeignetem $f \in \mathbf{N}$ ersetzen und erhält (Induktion über die Länge von $\mathcal{Q}^*$):

$$P(x) \Leftrightarrow \mathcal{Q}^* \exists z\, T_{m+n}(f, x, y, z) \Leftrightarrow \mathcal{Q}\, T_{m+n}(f, x, y, z)$$

2) $P(x) \Leftrightarrow \mathcal{Q}^* \forall z\, R(x, y, z)$ mit rekursivem R:

$$P(x) \Leftrightarrow \neg\neg P(x)$$

$$\Leftrightarrow \neg\neg\, \mathcal{Q}^* \forall z\, R(x, y, z)$$

$$\Leftrightarrow \neg\, \overline{\mathcal{Q}^*}\, \exists z\, R(x, y, z) \quad \text{(wegen Regel 3 aus Lemma 1)}$$

$$\Leftrightarrow \neg\, \overline{\mathcal{Q}^*}\, \exists z\, \neg T_{m+n}(g, x, y, z) \quad \text{mit geeignetem } g \in \mathbf{N} \ \text{(wegen 1))}$$

$$\Leftrightarrow \mathcal{Q}^* \forall z\, \neg T_{m+n}(g, x, y, z) \quad \text{(wegen Regel 3 aus Lemma 1)}$$

$$\Leftrightarrow \mathcal{Q}\, \neg T_{m+n}(g, x, y, z), \text{ qed. -}$$

Die gewonnenen Normalformen ermöglichen sog. *Diagonalschlüsse*, mit deren Hilfe sich jetzt eine bedeutsame Einsicht über *algorithmische Unlösbarkeit* ergibt. Der folgende Satz wurde durch KLEENE sowie unabhängig von diesem durch den Polen ANDRZEJ MOSTOWSKI entdeckt.

Satz 7 (Hierarchietheorem von KLEENE/MOSTOWSKI): Für $n > 0$ gilt:

1) $\Sigma_n^0 \nsubseteq \Pi_n^0 \wedge \Pi_n^0 \nsubseteq \Sigma_n^0$

2) $\Sigma_n^0 \cup \Pi_n^0 \subseteq \Delta_{n+1}^0 \wedge \Sigma_n^0 \cup \Pi_n^0 \neq \Delta_{n+1}^0 = \Sigma_{n+1}^0 \cap \Pi_{n+1}^0$

Beweis: 1) Das alternierende Präfix $\mathcal{Q}$ mit genau $n > 0$ Quantoren ende mit einem Existenzquantor. Wäre dann $\lambda x\, \mathcal{Q}\, T_n(x, x, y, z)$ auch $\overline{\mathcal{Q}}$-definierbar, so hätte man offenbar nach der zweiten Aussage von Satz 6:

$$\mathcal{Q}\, T_n(x, x, y, z) \Leftrightarrow \overline{\mathcal{Q}}\, \neg T_n(f, x, y, z) \quad \text{mit } f \in \mathbf{N}$$

Für $x = f$ würde sich daraus der Widerspruch ergeben:

$$\mathcal{Q}\, T_n(f, f, y, z) \Leftrightarrow \overline{\mathcal{Q}}\, \neg T_n(f, f, y, z) \Leftrightarrow \neg\, \mathcal{Q}\, T_n(f, f, y, z)$$

Daher folgt (für die zugehörigen Definierbarkeitsklassen): $\mathcal{Q} \nsubseteq \overline{\mathcal{Q}}$

Endet $\mathcal{Q}$ stattdessen mit einem Allquantor, so kann man aufgrund der ersten Aussage von Satz 6 analog für $\lambda x\, \mathcal{Q}\, \neg T_n(x, x, y, z)$ schließen. Von zwei zu gleich langen (nichtleeren) alternierenden Präfixen gehörigen Definierbarkeitsklassen umfasst also keine die andere. Damit ist die erste Behauptung bewiesen.

2) Von den beiden zueinander dualen Präfixen $\mathcal{Q}$, $\overline{\mathcal{Q}}$ mit genau $n > 0$ Quantoren ende etwa $\mathcal{Q}$ mit einem Existenzquantor. Dann wird das Prädikat $\lambda x\, P(x)$ so erklärt:

$$P(x) \Leftrightarrow_{\text{Df}} (Tb(x, 2) \wedge \mathcal{Q}\, T_n([x/2], [x/2], y, z))$$

$$\vee (\neg Tb(x, 2) \wedge \overline{\mathcal{Q}}\, \neg T_n([x/2], [x/2], y, z))$$

Die Funktion $\lambda x\, [x/2]$ mit $[x/2] =_{\text{Df}} \mu y\, (x < 2\,(y+1))$ ist rekursiv (und hat als Wert immer den ganzzahligen Anteil von $x/2$); aufgrund der Sätze 2 bis 4 gilt daher offenbar:

$$P \in \Sigma_{n+1}{}^0 \cap \Pi_{n+1}{}^0 = \Delta_{n+1}{}^0$$

Aus der Definition von P ergibt sich außerdem:

$$P(2x) \Leftrightarrow \mathcal{Q}\, T_n(x, x, y, z)$$

$$P(2x+1) \Leftrightarrow \overline{\mathcal{Q}}\, \neg T_n(x, x, y, z)$$

Nach dem Beweis zu 1) und Satz 2 kann daher offenbar weder $P \in \mathcal{Q}$ noch $P \in \overline{\mathcal{Q}}$ zutreffen. Damit gilt jedenfalls:

$$P \in \Delta_{n+1}{}^0 \setminus (\Sigma_n{}^0 \cup \Pi_n{}^0)$$

Da nach Satz 4 ja die Inklusionen $\Sigma_n{}^0, \Pi_n{}^0 \subseteq \Delta_{n+1}{}^0$ zutreffen, ist der Hierarchiesatz bewiesen. -

Folgerung: Nach dem ersten Teil des Satzes gelten für $n > 0$ zugleich die (strikten) Inklusionen: $\Delta_n{}^0 \subseteq \Sigma_n{}^0, \Pi_n{}^0 \wedge \Delta_n{}^0 \neq \Sigma_n{}^0, \Pi_n{}^0$

Die vorgefundenen Verhältnisse lassen sich durch das folgende Diagramm veranschaulichen:

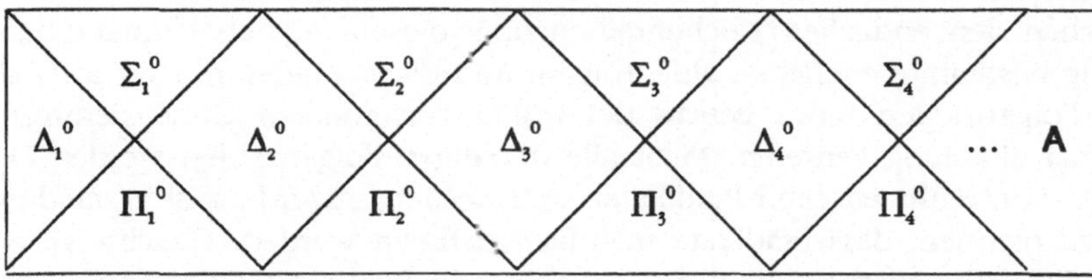

Darin gehört zu den Bereichen $\Sigma_n{}^0$ bzw. $\Pi_n{}^0$ jeweils der gesamte links von der zugehörigen diagonalen Grenzlinie liegende Teil des rechteckigen Streifens. Es ist empfehlenswert, sich sorgfältig klarzumachen, dass die Inklusionen bei den obigen Bereichen die Inklusionen der sog. *KLEENE/MOSTOWSKI-Hierarchie der arithmetischen Prädikate* auch in Bezug auf Echtheit richtig wiedergegeben

werden sowie welche Präfixe jeweils zu welchen Bereichen gehören (z.B. ge-
hört $\exists\forall\exists\forall$ zu Σ_4^0 und $\forall\exists\forall\exists$ zu Π_4^0; beide zugleich gehören zu Δ_4^0).

Da die Klasse der rekursiven Prädikate ja aufgrund der These von CHURCH als
die der algorithmisch entscheidbaren Prädikate betrachtet werden kann und da
es andererseits zu jeder Anzahl von Quantifizierungen arithmetische Prädikate
gibt, die sich nicht mit kürzerem Präfix (und rekursivem Kern) definieren lassen,
ist jetzt wegen $\Delta_4^0 = \mathbf{R}$ die Existenz von Prädikaten nachgewiesen, die sozusagen
"bei weitem" nicht mehr effektiv entscheidbar sind. Die genaue Einstufung von
solchen Prädikaten in die KLEENE/MOSTOWSKI-Hierarchie lässt sich als eine Art
Maß für ihre Nichtkonstruktivität auffassen. Man verfügt dann also über eine
Möglichkeit, auch im Bereich des effektiv Unlösbaren noch sinnvolle Abstufungen vorzunehmen. (Die hier besprochene Möglichkeit ist nicht die einzige; auf
weitere soll jedoch nicht eingegeangen werden.) -

Der Umstand, dass es unter den arithmetischen Prädikaten auch solche mit einem hohen Grad an Nichtkonstruktivität gibt, darf nun nicht zu der Vorstellung
verleiten, dass womöglich alle zahlentheoretischen Prädikate bereits arithmetisch
seien (wie vielleicht auch durch die nicht besonders geglückte Bezeichnung
suggeriert wird). Dass diese Vorstellung falsch wäre, geht schon aus einfachen
mengentheoretischen Überlegungen hervor, die hier noch einmal kurz skizziert
werden sollen, obgleich sie weitgehend geläufig sein dürften:

Es ist sicher möglich, für jedes (im Sinne von Definition 1) arithmetische Prädikat eine Definition in Gestalt einer endlichen Zeichenreihe über einem (für alle
fraglichen Definitionen zugleich) geeigneten endlichen Alphabet anzugeben.
Nummeriert man nun die Zeichen eines solchen Alphabets irgendwie, so entsprechen den endlichen Zeichenreihen über diesem Alphabet umkehrbar eindeutig bestimmte endliche Zahlenfolgen, und diese wiederum sind in $\mathbf{N}$ durch
ihre Folgenzahlen (etwa gemäß der früher verwendeten Gödelisierung) umkehrbar eindeutig vertreten. Nicht alle derartigen Folgenzahlen werden Definitionen von arithmetischen Prädikaten entsprechen; außerdem ist zumindest damit zu rechnen, dass Prädikate mehrfach definiert werden. Gleichwohl lassen
sich die arithmetischen Prädikate auf folgende Weise *abzählen* (wobei es auf
Effektivität nicht ankommt, sondern nur auf die Möglichkeit im "idealen" Sinne):
Man durchläuft die Zahlen der Reihe nach und ordnet der ersten (Gödelnummer
einer) Definition eines arithmetischen Prädikats die Zahl 0 zu, der nächsten Definition eines bislang noch nicht aufgetretenen arithmetischen Prädikats die Zahl
1, der sodann nächsten Definition eines derartigen Prädikats die Zahl 2 usw. Es
ist nicht schwierig zu sehen, dass es unendlich viele arithmetische Prädikate
gibt; deshalb erhält man auf die geschilderte Weise zunächst eine *Abzählung*

(d.h. eine umkehrbar eindeutige Abbildung auf die natürlichen Zahlen) von Definitionen arithmetischer Prädikate. Da jedes arithmetische Prädikat aufgrund des Vorgehens dabei genau einmal erfasst wird, hat man schließlich auch eine Abzählung dieser Prädikate selbst.

Aus dieser Abzählung gewinnt man durch Weglassen der nicht einstelligen Prädikate und entsprechendes Umnummerieren eine solche der - immer noch unendlich vielen - einstelligen arithmetischen Prädikate; dabei kommt es jetzt sogar nicht mehr darauf an, dass jedes derartige Prädikat nur einmal auftritt. Nach einer berühmt gewordenen Schlussweise von GEORG CANTOR, dem Begründer der Mengenlehre, kann nun aber eine Abzählung von einstelligen zahlentheoretischen Prädikaten niemals sämtliche derartigen Prädikate erfassen: Jedes einstellige Prädikat lässt sich nämlich durch seine charakteristische Funktion vertreten; mit jeder Abzählung der fraglichen Art hat man also zugleich eine solche von einstelligen charakteristischen Funktionen. Die durch die Abzählung erfassten Funktionen sind dann für $m \in \mathbf{N}$ nummeriert als $\lambda n\, \chi_m(n)$ (wobei dieselbe Funktion auch mit mehreren Nummern versehen sein dürfte). Durch

$$\chi(n) =_{\mathrm{Df}} \begin{cases} 1 & \text{für } \chi_n(n) = 0 \\ \\ 0 & \text{sonst} \end{cases}$$

wird dann eine einstellige charakteristische Funktion erklärt, die jeweils von χ_n zumindest über dem Argument n abweicht und deshalb in der betrachteten Abzählung der χ_n nicht vorkommt. Damit ist auch das durch χ gegebene einstellige Prädikat nicht unter den vorher abgezählten. Deshalb kann nicht jedes zahlentheoretische Prädikat arithmetisch sein.

Man macht sich übrigens leicht klar, dass die gerade angestellte Überlegungen sich entsprechend auf die (total-) rekursiven Funktionen und die rekursiven Prädikate übertragen lassen; man erkennt so, dass es jedenfalls auch nicht berechenbare totale Funktionen bzw. unentscheidbare Prädikate geben muss. Im Unterschied zum Beweis des Hierarchiesatzes ergibt sich jedoch dabei keine Kenntnis von ganz bestimmten, wohldefinierten nicht berechenbaren Funktionen bzw. unentscheidbaren Prädikaten. -

Zum Beweis des Hierarchiesatzes wurden ersichtlich nicht alle der vorausgegangenen Überlegungen gebraucht. Wegen der großen Bedeutung, die einem Nachweis der algorithmischen Unlösbarkeit einer *konkret beschriebenen* Problemklasse zukommt, soll jetzt noch einmal auf den Kernpunkt des Beweises von Satz 7 eingegangen und dabei deutlich gemacht werden, dass man zum Nachweis der Unentscheidbarkeit eines geeigneten wohldefinierten Prädikats mit wesentlich weniger Voraussetzungen auskommt, als in den Beweis von Satz 7 eingegegangen sind:

Insbesondere hat sich ja bei diesem Beweis ergeben, dass das Prädikat $\lambda x\,\exists y\,T_1(x,\ x,\ y)$ erst recht nicht rekursiv ist. Inhaltlich besagt dieses Prädikat, dass x eine (normierte) Turingmaschine verschlüsselt, die *über ihrer eigenen Gödelnummer* nach endlich vielen Rechenschritten anhält. Die Frage nach dem Zutreffen dieses Prädikats auf (in Form ihrer Gödelnummern) beliebig vorgebbare Turingmaschinen wird häufig auch als *Halteproblem* bezeichnet.

Nun soll angenommen werden, das Halteproblem sei Turing-entscheidbar. Es gibt dann eine Turingmaschine H mit der folgenden Eigenschaft: Wird die Maschine H (konventionsgemäß) auf ein x mit $\exists y\,T_1(x,\ x,\ y)$ angesetzt, so hält sie nach endlich vielen Schritten an mit 0 als dem Ergebnis der Rechnung; über einem x mit $\forall y\,\neg T_1(x,\ x,\ y)$ liefert sie dagegen nach endlich vielen Schritten das Ergebnis 1. In beiden Fällen steht H schließlich unmittelbar hinter der unären Darstellung von 0 bzw. 1 auf dem (sonst leeren) Band.

Die Maschine H lässt sich nun offenbar wie folgt abändern: Alle Ausgänge von H werden in Aufrufe einer Maschine W umgewandelt, die Folgendes leistet: Zunächst prüft W, ob sich unmittelbar links vom vorgegebenen Arbeitsfeld die Darstellung von 0 befindet. Trifft dies zu, so springt W in eine Programmschleife ohne Ausgang; andernfalls bricht W die Rechnung ab. Die so konstruierte Maschine HW kann als normiert angenommen werden und hat dann eine Gödelnummer $f \in Tm$. Wird jetzt HW auf f angesetzt, so arbeitet zunächst der Teil H. Nach Annahme liefert H jedenfalls ein Zwischenergebnis 0 oder 1, und zwar 0 genau dann, wenn HW über f terminiert, andernfalls das Ergebnis 1. Nach Konstruktion von HW wird W auf das von H errechnete Ergebnis angesetzt und bricht die Rechnung genau dann ab, wenn dieses 1 war, d.h. wenn die durch f gödelisierte Maschine über f niemals anhält. Insgesamt bricht damit die Rechnung von HW über der eigenen Gödelnummer f genau dann ab, wenn sie dies nicht tut. In Formeln hat man also wieder $\exists y\,T_1(f,\ f,\ y) \Leftrightarrow \forall y\,\neg T_1(f,\ f,\ y)$ für ein $f \in \mathbf{N}$. Aus diesem Widerspruch folgt, dass das Halteproblem nicht Turing-entscheidbar, nach der These von TURING also überhaupt nicht effektiv entscheidbar ist.

Zugleich ergibt sich natürlich, dass auch die Negation $\lambda x\,\forall y\,\neg T_1(f,\ f,\ y)$ des Halteproblems nicht entscheidbar ist. (Dies lässt sich übrigens auch unmittelbar durch einen ganz entsprechenden Diagonalschluss zeigen.) Aufgrund des Negationstheorems folgt dann, dass das Halteproblem auch nicht $\forall$-definierbar und seine Negation nicht $\exists$-definierbar (d.h. aufzählbar) sein kann. Der besprochene

Ansatz lässt sich durch Hinzunahme von weiteren Variablen weiter verfeinern, und mittels anschließender Quantifizierung von solchen Variablen kann man schließlich - genau wie vorher - Satz 7 in vollem Umfang gewinnen. Der einzige wirkliche Unterschied gegenüber dem zuerst vorgeführten Beweis des Hierarchietheorems besteht im Aufbau des *Diagonalschlusses;* dieser erforderte jetzt einen raffinierten Einfall, während er sich beim Beweis von Satz 7 - aufgrund der umfangreichen technischen Voraussetzungen - beinahe als Reflex aufgedrängt hat.

3.3 Unlösbare Problemklassen

Der vorgeführte Diagonalbeweis hat unmittelbar zur Kenntnis von klar definierten Prädikaten geführt, die effektiv unlösbare Problemklassen bilden, sogar mit unterschiedlichen Abstufungen ihrer Unlösbarkeit. Die Menge der als unlösbar bekannten Problemklassen ist aber weitaus umfangreicher als diejenige der zum Nachweis der KLEENE/MOSTOWSKI-Hierarchie herangezogenen, auch wenn man sich auf arithmetische Prädikate beschränkt. Der Unlösbarkeitsbeweis wird dabei meistens durch *Zurückführung auf eine bereits bekannte Unlösbarkeit* erbracht. (Ein schon bekanntes Beispiel hierfür ist der Beweis für die zweite Behauptung von Satz 2.7.) Derartige Reduktionen beruhen gewöhnlich auf dem folgenden

Lemma 1: Seien $\lambda x \, P(x) \subseteq \mathbf{N}^k$, $\lambda y \, Q(y) \subseteq \mathbf{N}^m$ irgendwelche Prädikate und $\lambda y \, \varphi_1(y)$, ..., $\lambda y \, \varphi_k(y)$ rekursive Funktionen derart, dass gilt:

$$Q(y) \Leftrightarrow P(\varphi_1(y), ..., \varphi_k(y))$$

Dann gilt für beliebige $n \in \mathbf{N}$:

$$Q \notin \Sigma_n^0 \text{ bzw. } \Pi_n^0 \Rightarrow P \notin \Sigma_n^0 \text{ bzw. } \Pi_n^0$$

Beweis: Das ist wegen Satz 2.2 trivial. -

Dass P nicht mit einem Präfix $\mathbf{Q}$ (und rekursivem Kern) definierbar ist, wird also auf diese Eigenschaft von Q zurückgeführt. Die Kunst bei der Anwendung des Lemmas besteht darin, ein Prädikat Q und geeignete rekursive Funktionen φ_i zu finden, für die man die Äquivalenz $Q(y) \Leftrightarrow P(\varphi_1(y), ..., \varphi_k(y))$ beweisen kann.

Die folgende Festsetzung enthält eine Ergänzung zu Definition 2.2.

Definition 1: Sei $\mathbf{Q}$ ein arithmetisches Präfix und P ein Prädikat. P wird dann und nur dann *genau $\mathbf{Q}$-definierbar* genannt, wenn P $\mathbf{Q}$-definierbar, aber nicht $\overline{\mathbf{Q}}$-definierbar ist. -

Aufgrund der Folgerung aus Satz 2.4 sind genau Ω-definierbare Prädikate erst recht nicht mit einem kürzeren Präfix als Ω (und rekursivem Kern) definierbar. - Offensichtlich sind die zum Beweis des ersten Teils von Satz 2.7 verwendeten Prädikate in Bezug auf das fragliche Präfix jeweils genau Ω-definierbar.

Dass ein Prädikat P genau Ω-definierbar ist, wird aufgrund von Lemma 1 gewöhnlich so nachgewiesen:

1) Zunächst ist eine Definition von P mittels des Präfixes Ω und eines rekursiven Kerns anzugeben. Dazu braucht man meistens nur eine nahe liegende Definition für P hinzuschreiben und diese dann mithilfe der Regeln aus Lemma 2.1 entsprechend umzuformen.

2) Dagegen ist es oft nicht ganz so leicht, ein geeignetes nicht $\overline{\Omega}$-definierbares Prädikat Q und geeignete rekursive Funktionen $\varphi_1, \ldots, \varphi_k$ so zu finden, dass man $Q(y) \Leftrightarrow P(\varphi_1(y), \ldots, \varphi_k(y))$ beweisen kann. Dort liegt also meistens die Schwierigkeit.

Offenbar nach diesem Muster genau Ω-definierbar aufgrund des Beweises zum Hierarchiesatz sind z.B. die Prädikate $\lambda f x\,\Omega\ T_n(f,\ x,\ y)$ bzw. $\lambda f x\,\Omega\ \neg T_n(f,\ x,\ y)$ mit dem jeweils entsprechenden Präfix Ω. Allgemeiner gilt:

Satz 1: Sei $\Omega\,\exists y$ ein arithmetisches Präfix mit genau $n+1$ alternierenden Quantoren (und beliebigem $n \in \mathbb{N}$); dann ist jedes Prädikat $\lambda f a\,\Omega\,\exists y\ T_{m+n}(f,\ a,\ x,\ y)$ mit beliebigem $m \in \mathbb{N}$ genau $\Omega\ \exists y$ -definierbar und jedes Prädikat $\lambda f a\,\overline{\Omega}\,\forall y\,\neg T_{m+n}(f,\ a,\ x,\ y)$ genau $\overline{\Omega}\,\forall y$-definierbar.

Beweis: 1) Für die $\Omega\,\exists y$- bzw. $\overline{\Omega}\,\forall y$-Definierbarkeit ist nichts zu zeigen.

2) a) $m = 0$: Aufgrund von Lemma 2.5.1 gilt das SMN-Theorem auch für Einsetzungen der vorderen Argumentkomponenten; deshalb gibt es eine rekursive Funktion $\lambda x y\,S^*(x,\ y)$, sodass gilt:

$$[f]_{n+1}(a,\ x) = [S^*(f,\ a)]_n(x)$$

Ausführlich geschrieben, hat man also:

$$U(\mu y\,T_{n+1}(f,\ a,\ x,\ y)) = U(\mu y\,T_n(S^*(f,\ a),\ x,\ y))$$

Da das Gleichheitszeichen hier ja die erweiterte Gleichheit ausdrückt, folgt offenbar:

$$\exists y\,T_{n+1}(f,\ a,\ x,\ y) \Leftrightarrow \exists y\,T_n(S^*(f,\ a),\ x,\ y)$$

$$\forall y\,\neg T_{n+1}(f,\ a,\ x,\ y) \Leftrightarrow \forall y\,\neg T_n(S^*(f,\ a),\ x,\ y)$$

Für $a = f$ hat man also:

$$\exists y\, T_{n+1}(f, f, \boldsymbol{x}, y) \Leftrightarrow \exists y\, T_n(S^*(f, f), \boldsymbol{x}, y)$$

$$\forall y\, \neg T_{n+1}(f, f, \boldsymbol{x}, y) \Leftrightarrow \forall y\, \neg T_n(S^*(f, f), \boldsymbol{x}, y)$$

Damit gilt offenbar auch noch:

$$\mathbf{Q}\exists y\, T_{n+1}(f, f, \boldsymbol{x}, y) \Leftrightarrow \mathbf{Q}\exists y\, T_n(S^*(f, f), \boldsymbol{x}, y)$$

$$\overline{\mathbf{Q}}\forall y\, \neg T_{n+1}(f, f, \boldsymbol{x}, y) \Leftrightarrow \overline{\mathbf{Q}}\forall y\, \neg T_n(S^*(f, f), \boldsymbol{x}, y)$$

Nach dem Beweis des ersten Teils von Satz 2.7 sind die links stehenden Prädikate nicht mithilfe des jeweils dualen Präfixes (und eines rekursiven Kerns) definierbar; daher folgt die Behauptung für $m = 0$ wegen Lemma 1.

b) $m > 0$: Wäre

$$\mathbf{Q}\exists y\, T_{n+m}(f, a, \boldsymbol{x}, y) \Leftrightarrow \overline{\mathbf{Q}}\forall y\, R(f, a, \boldsymbol{x}, y)$$

mit rekursivem R, so wäre auch

$$\mathbf{Q}^*\mathbf{Q}\exists y\, T_{n+m}(f, a, \boldsymbol{x}, y) \Leftrightarrow \mathbf{Q}^*\overline{\mathbf{Q}}\forall y\, R(f, a, \boldsymbol{x}, y)$$

mit einem alternierenden Präfix $\mathbf{Q}^*\,\mathbf{Q}\,\exists y$ aus genau $m + n + 1$ Quantifizierungen (welche a, $\boldsymbol{x}$, y binden). $\mathbf{Q}^*\,\overline{\mathbf{Q}}\,\forall y$ wäre dann nicht alternierend und ließe sich offenbar nach Regel 2 aus Lemma 2.1 verkürzen. Dies stünde aber im Widerspruch zu a) (mit $m + n$ statt n).

Analog folgt, dass $\lambda fa\, \overline{\mathbf{Q}}\,\forall y\, \neg T_{n+m}(f, a, \boldsymbol{x}, y)$ nicht mithilfe des dualen Präfixes $\mathbf{Q}\exists y$ definierbar ist. -

Korollar 1: Sämtliche Prädikate $\lambda fx\, H_n(f, \boldsymbol{x})$ mit

$$H_n(f, \boldsymbol{x}) \Leftrightarrow_{\mathrm{Df}} \exists y\, T_n(f, \boldsymbol{x}, y)$$

> $\Leftrightarrow f \in Tm$ ist Gödelnummer einer Turingmaschine, die über dem n-stelligen Argument $\boldsymbol{x}$ (für $n = 0$ über dem leeren Band) nach endlich vielen Schritten anhält

sind genau $\exists$-definierbar (d.h. aufzählbar, aber nicht rekursiv).

Auch die Frage nach dem Zutreffen eines der Prädikate H_n wird als ein *Halteproblem* bezeichnet.

Korollar 2: Für $n > 0$ sind die Prädikate $\lambda f\, R_n(f)$ mit

$$R_n(f) \Leftrightarrow_{Df} \forall x \exists y\, T_n(f, x, y)$$

$$\Leftrightarrow f \text{ ist (Berechnungs-) Index einer } n\text{-stelligen (total-) rekursiven}$$
Funktion

genau $\forall\exists$-definierbar (und daher erst recht nicht aufzählbar). -

Eine sehr weit reichende Unentscheidbarkeitsaussage wurde von dem Amerikaner H. GORDON RICE bewiesen. Sie besagt, dass "nichttriviale" Eigenschaften der durch einen B-Index bestimmten partiell-rekursiven Funktion *niemals* entscheidbar sein können.

Satz 2 (RICE): Sei F_n jeweils (für $n \geq 0$) die Menge der n-stelligen partiell-rekursiven Funktionen, und $E \subseteq F_n$ bezeichne eine für derartige Funktionen sinnvolle Eigenschaft (mit passendem n). Dann gilt für das Prädikat $\lambda x\, ([x]_n \in E)$:

$\lambda x\, ([x]_n \in E)$ ist genau dann rekursiv, wenn $E = \varnothing \vee E = F_n$ zutrifft.

Beweis: Für $E = \varnothing$ gilt $[x]_n \in E \Leftrightarrow x \neq x$, und für $E = F_n$ gilt $[x]_n \in E \Leftrightarrow x = x$; deshalb ist $\lambda x\, ([x]_n \in E)$ in beiden Fällen rekursiv.

Sei jetzt $\varnothing \neq E \neq F_n$; dann bleibt zu zeigen: $\lambda x\, ([x]_n \in E)$ ist nicht rekursiv. Da $\lambda x\, ([x]_n \in E)$ ersichtlich genau dann rekursiv ist, wenn dies auch auf $\lambda x\, ([x]_n \in F_n \backslash E)$ zutrifft, und da außerdem $\varnothing \neq F_n \backslash E \neq F_n$ gilt, unterscheiden sich $\lambda x\, ([x]_n \in E)$ und $\lambda x\, ([x]_n \in F_n \backslash E)$ in Bezug auf die anstehende Frage nicht voneinander. Deshalb kann o.B.d.A. zusätzlich angenommen werden, dass die nirgends erklärte n-stellige (partiell-rekursive) Funktion $\varnothing$ die durch E gegebene Eigenschaft aufweist und eine davon verschiedene Funktion $[f]_n$ nicht. Sei also $\varnothing \in E$ und $[f]_n \in F_n \backslash E$.

Die Funktionen $\lambda x\, sg(x)$, $\lambda x\, \overline{sg}(x)$ mit

$$sg(x) =_{Df} \begin{cases} 0 & \text{für } x = 0 \\ 1 & \text{sonst} \end{cases}$$

$$\overline{sg}(x) =_{Df} 1 \dot{-} sg(x)$$

sind rekursiv, und es gilt: $sg(x) + \overline{sg}(x) = 1$

Daher erhält man:

$$\varphi(\boldsymbol{x}, y) =_{\mathrm{Df}} (sg(\mu z\, T_0(y, z)) + \overline{sg}(\mu z\, T_0(y, z)) \cdot [f]_n(\boldsymbol{x})$$

$$= [g]_{n+1}(\boldsymbol{x}, y) \quad \text{mit geeignetem } g \in \mathbf{N}$$

(nach dem Normalformentheorem, da $\lambda \boldsymbol{x}\, y\, \varphi(\boldsymbol{x}, y)$ partiell-rekursiv ist)

$$= [S_n^1(g, y)]_n(\boldsymbol{x}) \quad \text{mit rekursivem } \lambda y\, S_n^1(g, y)$$

(nach dem SMN-Theorem)

Außerdem gilt offenbar:

$$[S_n^1(g, y)]_n = \varnothing \vee [S_n^1(g, y)]_n = [f]_n$$

$$[S_n^1(g, y)]_n = [f]_n \Leftrightarrow \exists z\, T_0(y, z)$$

$$[S_n^1(g, y)]_n = \varnothing \Leftrightarrow \forall z \neg T_0(y, z)$$

Wegen $\varnothing \in \mathbf{E} \wedge [f]_n \in \mathbf{F}_n \backslash \mathbf{E}$ folgt:

$$[S_n^1(g, y)]_n \in \mathbf{E} \Leftrightarrow \forall z \neg T_0(y, z)$$

$$[S_n^1(g, y)]_n \in \mathbf{F}_n \backslash \mathbf{E} \Leftrightarrow \exists z\, T_0(y, z)$$

Aufgrund von Satz 1 und Lemma 1 sind daher $\lambda x\, ([x]_n \in \mathbf{F}_n \backslash \mathbf{E})$ und $\lambda x\, ([x]_n \in \mathbf{E})$ erst recht nicht rekursiv, qed. -

Natürlich gilt der Satz erst recht, wenn auch die Stellenzahl variiert wird, also für das Prädikat $\lambda nx\, ([x]_n \in \mathbf{E})$. Die an $\mathbf{E}$ gestellte Bedingung lässt sich dann jedoch leider nicht zu $\varnothing \neq \mathbf{E} \neq \mathbf{F} =_{\mathrm{Df}} \bigcup \{\mathbf{F}_n \mid n \in \mathbf{N}\}$ vereinfachen, da z.B. $\varnothing \neq \mathbf{F}_n \neq \mathbf{F}$ für jedes $n \in \mathbf{N}$ gilt, aber $\lambda x\, ([x]_n \in \mathbf{F}_n)$ ja immer rekursiv ist. Die fragliche Eigenschaft muss also schon hinsichtlich der Funktionen mit einer bestimmten Stellenzahl "nichttrivial" sein und nicht nur in Bezug auf sämtliche partiell-rekursiven Funktionen überhaupt; d.h. für ein n muss $\varnothing \neq \mathbf{E} \cap \mathbf{F}_n \neq \mathbf{F}_n$ gelten.

Soweit es nur um die Frage der Entscheidbarkeit geht und nicht auch um feinere Abstufungen von Unentscheidbarkeit ist der Satz von RICE häufig ein sehr bequemes Hilfsmittel: Um die Unentscheidbarkeit einer für Funktionen sinnvollen Eigenschaft nachzuweisen, braucht man ja lediglich zu zeigen, dass es eine partiell-rekursive Funktion mit dieser Eigenschaft gibt und eine andere partiell-rekursive Funktion *mit derselben Stellenzahl* ohne diese Eigenschaft; das ist in manchen Fällen fast unmittelbar klar. So ergibt sich beispielsweise:

Folgerung 1: Für kein $f \in \mathbf{N}$ und kein $n \in \mathbf{N}$ ist das Prädikat $\lambda x\, ([x]_n = [f]_n)$ rekursiv.

Man kann die Frage, ob $[x]_n$ mit einem vorgegebenen $[f]_n$ übereinstimmt, jeweils als ein *Korrektheitsproblem* (für Turingmaschinen) auffassen. Derartige Korrektheitsprobleme sind also *niemals effektiv entscheidbar*.

In §2.1 wurde u.a. gezeigt, dass jede endliche (*finite*) und jede *kofinite* Menge (deren Komplement endlich ist) rekursiv ist. Nichtrekursive Mengen sind daher stets weder endlich noch kofinit. Deshalb erhält man weiter:

Folgerung 2: Jede partiell-rekursive Funktion besitzt unendlich viele Berechnungsindizes.

Im Anschluss an Definition 1.2 wurde festgehalten, dass insbesondere jeder B-Index einer Funktion $\lambda x\ \mu y\ R(x, y)$ mit rekursivem $\lambda x y\ R(x, y)$ ein A-Index des (aufzählbaren) Prädikats $\lambda x\ \exists y\ R(x, y)$ ist. Deshalb folgt weiter:

Folgerung 3: Jede aufzählbare Relation besitzt unendlich viele Aufzählungsindizes.

Beim Beweis von Satz 2 hat sich ergeben, dass für jedes $n \in \mathbf{N}$ das Prädikat $\lambda x\ ([x]_n = \varnothing)$ nicht $\exists$-definierbar ist und das Prädikat $\lambda x\ ([x]_n = [f]_n)$ mit einem beliebigen $[f]_n \neq \varnothing$ nicht $\forall$-definierbar. Man gewinnt daraus offenbar:

Folgerung 4: Für kein $n \in \mathbf{N}$ ist das Prädikat $\lambda x y\ ([x]_n = [y]_n)$ aufzählbar oder $\forall$-definierbar. (Dass es jeweils arithmetisch ist, sieht man leicht.)

Was eine Turingmaschine berechnet, wird durch ihr *Eingabe/Ausgabe-Verhalten* bestimmt. Der Satz von RICE kann also dahingehend aufgefasst werden, dass Eigenschaften oder Relationen, die *ausschließlich* das Eingabe/Ausgabe-Verhalten von (Turing-) Programmen betreffen, dann niemals außer in trivialen Fällen effektiv entscheidbar sind, wenn *beliebige* Programme in die Fragestellung einbezogen werden. Dies schränkt die Möglichkeit, gewissermaßen *Semantik von Programmen* mithilfe von Algorithmen zu betreiben, ganz erheblich ein. Nicht von vornherein zum Scheitern verurteilt sind derartige Versuche allenfalls dann, wenn der Bereich der infrage kommenden Programme aufgrund irgendwelcher "syntaktischen" Kriterien eingeschränkt wird oder aber an das "semantische" Verhalten der Programme zusätzliche Anforderungen gestellt werden, etwa durch Beschränkungen der zulässigen Schrittzahl oder des freigegebenen Speicherplatzes. Gezeigt worden ist dies hier zwar nur für die Turing-Berechenbarkeit, es trifft aber gleichermaßen auf die übrigen Berechenbarkeitsbegriffe zu, insbesondere auch auf solche, die auf einer informatiknahen universellen Programmiersprache fußen. Hierin liegt der Grund, warum in der Informatik die Kunst der *Syntaxanalyse* hoch entwickelt ist, eine entsprechende "Semantikanalyse" aber vergleichsweise nur in Ansätzen vorhanden ist, obgleich sie eigentlich ein eher noch größeres Interesse als Erstere beanspruchen müsste. -

Im Folgenden werden *bijektive* Verschlüsselungen von geordneten Tupeln natürlicher Zahlen gebraucht. Solche Verschlüsselungen lassen sich aus der - ja lediglich injektiven - rekursiven Paarfunktion $\lambda xy\, gp(x, y)$ ableiten.

Lemma 2: Zu jedem $n > 0$ gibt es rekursive Funktionen $\lambda x\, \sigma^n(x)$ und $\lambda y\, \sigma_1^n(y)$, ..., $\lambda y\, \sigma_n^n(y)$ mit der Eigenschaft:

$\sigma^n \mid N^n \to N$ ist bijektiv, und es gilt $\sigma^n(\sigma_1^n(y), , ..., \sigma_n^n(y)) = y$

Beweis: 1) Wegen $x, y < gp(x, y)$ ist der Wertebereich $Wb(gp)$ rekursiv:

$$z \in Wb(gp) \Leftrightarrow (\exists x, y < z)\, gp(x, y) = z$$

Da $Wb(gp) =_{Df} W$ ja unendlich ist mit $0 \notin W$, wird durch

$$\alpha\,(0) =_{Df} 0$$

$$\alpha\,(x+1) =_{Df} \begin{cases} \alpha\,(x)+1 & \text{für } x+1 \in W \\ \\ \alpha\,(x) & \text{sonst} \end{cases}$$

eine rekursive *Surjektion* $\alpha \mid N \to N$ definiert, deren Wert genau an den $x \in W$ jeweils um 1 anwächst und sich zwischen zwei aufeinander folgenden Zahlen aus W nicht verändert. Daher wird durch

$$\beta\,(x) =_{Df} \alpha\,(x) \dot- 1$$

eine rekursive Funktion β erklärt, die $Wb\,(gp)$ bijektiv auf N abbildet. Deshalb definiert

$$\sigma\,(x, y) =_{Df} \beta\,(gp(x, y))$$

offenbar eine rekursive Bijektion $\sigma \mid N^2 \to N$.

Daher sind schließlich $\lambda z\, \sigma_1(z)$, $\lambda z\, \sigma_2(z)$ mit

$$\sigma_1(z) =_{Df} (\mu a\,(\sigma\,((a)_0, (a)_1) = z))_0$$

$$\sigma_2(z) =_{Df} (\mu a\,(\sigma\,((a)_0, (a)_1) = z))_1$$

offenbar rekursiv und die Umkehrungen von σ:

$$\sigma\,(\sigma_1(z), \sigma_2(z)) = z$$

2) Die $\sigma^n \mid \mathbf{N}^n \to \mathbf{N}$ werden durch Induktion über $n > 0$ erklärt,; ebenso ergibt sich ihre Rekursivität sowie aufgrund von 1) ihre jeweilige Bijektivität:

$$\sigma^1(x_1) =_{Df} x_1$$

$$\sigma^{n+1}(x_1, \ldots, x_{n+1}) =_{Df} \sigma(\sigma^n(x_1, \ldots, x_n), x_{n+1})$$

Die zugehörigen Umkehrungen hat man offenbar so zu definieren:

$$\sigma_1^{1}(y) =_{Df} y$$

$$\sigma_k^{n+1}(y) =_{Df} \sigma_k^n(\sigma_1(y)) \quad \text{für } k = 1, \ldots, n$$

$$\sigma_{n+1}^{n+1}(y) =_{Df} \sigma_2(y)$$

Die Rekursivität dieser Funktionen sowie die Gültigkeit der Gleichungen

$$\sigma^n(\sigma_1^n(y), \ldots, \sigma_n^n(y)) = y$$

folgt dann wieder durch Induktion über $n > 0$, qed. -

Ersichtlich ist $\sigma^2 = \sigma$ und damit zugleich $\sigma_1^2 = \sigma_1$ und $\sigma_2^2 = \sigma_2$. - Die Umkehrungseigenschaft der σ_k^n wird offenbar auch jeweils durch die Gleichungen

$$\sigma_k^n(\sigma^n(x_1, \ldots, x_n)) = x_k \quad \text{für } k = 1, \ldots, n$$

ausgedrückt. - Schließlich erkennt man, dass die Konstruktionen aus dem zweiten Teil des Beweises sich genauso für jede rekursive Bijektion $\sigma^* \mid \mathbf{N}^2 \to \mathbf{N}$ durchführen lassen, da auch deren Umkehrungen σ_1^*, σ_2^* wie im ersten Teil des Beweises definiert werden können und deshalb rekursiv sind.

Satz 3: Für $n > 0$ sind die Prädikate $\lambda f\, R_n(f)$ mit

$$R_n(f) \Leftrightarrow_{Df} \forall x \exists y\, T_n(f, x, y)$$

$$\Leftrightarrow f \text{ ist (Berechnungs-) Index einer } n\text{-stelligen rekursiven Funktion}$$

genau $\forall\exists$-definierbar.

Beweis: 1) Die $\forall\exists$-Definierbarkeit ist wegen Regel 2 aus Lemma 2.2 evident.

2) Auch für variables f hat man natürlich:

$$[f]_1(\sigma^n(x)) = U(\mu y\, T_n(f, x, y)) \quad \text{(nach Definition)}$$

$$= [g]_{n+1}(x, f) \quad \text{mit geeignetem } g \in \mathbf{N}$$

(nach dem Normalformentheorem, da ja auch $\lambda f x\, [f]_n(x)$ partiell-rekursiv ist)

$$= [S_n^1(g, f)]_n(\boldsymbol{x}) \quad \text{(nach dem SMN-Theorem)}$$

$$= [\varphi(f)]_n(\boldsymbol{x}) \quad \text{mit rekursivem } \lambda f \varphi(f)$$

Wegen Lemma 2 folgt daraus offenbar:

$$\exists y \, T_1(f, x, y) \Leftrightarrow \exists y \, T_n(f, \sigma^n(\sigma_1^n(x), \ldots, \sigma_n^n(x)), y)$$

$$\Leftrightarrow \exists y \, T_n(\varphi(f), \sigma_1^n(x), \ldots, \sigma_n^n(x), y)$$

Deshalb gilt auch noch:

$$\forall x \exists y \, T_1(f, x, y) \Leftrightarrow \forall x \exists y \, T_n(\varphi(f), \sigma_1^n(x), \ldots, \sigma_n^n(x), y)$$

$$\Leftrightarrow \forall x \exists y \, T_n(\varphi(f), \boldsymbol{x}, y)$$

$$(\text{da } c^n \mid \mathbf{N}^n \to \mathbf{N} \text{ bijektiv ist})$$

$$\Leftrightarrow R_n(\varphi(f))$$

Wegen Satz 1 und Lemma 1 ist daher $\lambda f \, R_n(f)$ nicht $\exists \forall$-definierbar, qed. -

Satz 4: Für $n > 0$ sind die Prädikate $\lambda fg \,([f]_n = [g]_n)$ genau $\forall \exists$-definierbar. Dies gilt sogar noch für die Prädikate $\lambda f \,([f]_n = [g]_n)$, bei welchen (das jeweils feste) $g \in \mathbf{N}$ Index einer (total-) rekursiven Funktion ist.

Beweis: 1) Die $\forall \exists$-Definierbarkeit ergibt sich offenbar jedes Mal aus

$$[f]_n = [g]_n \Leftrightarrow \forall \boldsymbol{x} (\exists y \exists z \, (T_n(f, \boldsymbol{x}, y) \wedge T_n(g, \boldsymbol{x}, z) \wedge U(y) = U(z))$$

$$\vee \, \forall y \forall z \, (\neg T_n(f, \boldsymbol{x}, y) \wedge \neg T_n(g, \boldsymbol{x}, z))$$

aufgrund der Bedeutung der auftretenden Prädikate und Funktionen sowie wegen Lemma 1.

2) Sei $[g]_n$ eine rekursive Funktion und $g \in \mathbf{N}$ fest; dann gilt:

$$(sg([f]_n(\boldsymbol{x})) + \overline{sg}([g]_n(\boldsymbol{x}))) \cdot [g]_n(\boldsymbol{x})$$

$$= [b]_{n+1}(\boldsymbol{x}, f) \quad \text{mit geeignetem } b \in \mathbf{N}$$

(nach dem Normalformentheorem, da die oben stehende Funktion partiell-rekursiv ist)

$$= [S_n^1(b, f)]_n(\boldsymbol{x}) \quad \text{(nach dem SMN-Theorem)}$$

$$= [\varphi(f)]_n(\boldsymbol{x}) \quad \text{mit rekursivem } \lambda f \varphi(f)$$

Wegen $sg(x) + \overline{sg}(x) = 1$ und $Db([g]_n) = \mathbf{N}^n$ gilt außerdem:

$$Db([\varphi(f)]_n) = Db([f]_n) \wedge (x \in Db([f]_n) \Rightarrow [\varphi(f)]_n(x) = [g]_n(x))$$

Deshalb folgt offenbar:

$$R_n(f) \Leftrightarrow \forall x \exists y \, T_n(f, x, y)$$

$$\Leftrightarrow Db([f]_n) = \mathbf{N}^n = Db([g]_n)$$

$$\Leftrightarrow [\varphi(f)]_n = [g]_n$$

Nach Satz 3 ist daher $\lambda f ([f]_n = [g]_n)$ (für das fragliche g) nicht $\exists\forall$-definierbar. Wegen Lemma 1 gilt dies dann erst recht für das Prädikat $\lambda fg ([f]_n = [g]_n)$, qed. -

Anmerkung: Sei $\mathbf{E}$ eine für n-stellige Funktionen (mit $n > 0$) sinnvolle Eigenschaft, die wenigstens einer n-stelligen rekursiven Funktion zukommt. Dann lässt sich im zweiten Teil des Beweises für g ein Index so wählen, dass außerdem $\mathbf{E}([g]_n)$ zutrifft. Man erhält damit offenbar sofort, dass das Prädikat $\lambda f (R_n(f) \wedge \mathbf{E}([f]_n))$ nicht $\exists\forall$-definierbar ist. Falls es sich dabei um ein (dann genau) $\forall\exists$-definierbares Prädikat handelt, ist das in den meisten Fällen leicht zu erkennen.

Satz 4*: $\lambda fg ([f]_0 = [g]_0) \in \Delta_2^0 \setminus (\Sigma_1^0 \cup \Pi_1^0)$

(D.h. $\lambda fg ([f]_0 = [g]_0)$ ist sowohl $\forall\exists$- als auch $\exists\forall$-definierbar, aber weder $\exists$- noch $\forall$-definierbar.)

Beweis: Die Zugehörigkeit zu Δ_2^0 ergibt sich offenbar aus:

$$[f]_0 = [g]_0 \Leftrightarrow \exists x \exists y \, (T_0(f, x) \wedge T_0(g, y) \wedge U(x) = U(y))$$

$$\vee \, \forall x \forall y \, (\neg T_0(f, x) \wedge \neg T_0(g, y))$$

Die Nichtzugehörigkeit zu $\Sigma_1^0 \cup \Pi_1^0$ wurde bereits in Folgerung 4 aus Satz 2 festgestellt. -

Satz 5: Sei $n > 0$ und $A \subseteq \mathbf{N}$ eine *unendliche* aufzählbare Menge. Dann sind die Prädikate $\lambda f \, W_n(f)$ und $\lambda f \, W_n^A(f)$ mit

$$W_n(f) \Leftrightarrow_{Df} Wb([f]_n) \text{ ist unendlich}$$

$$W_n^A(f) \Leftrightarrow_{Df} Wb([f]_n) = A$$

genau $\forall\exists$-definierbar.

Beweis: 1) A werde durch die rekursive Funktion $\lambda x \, \alpha(x)$ aufgezählt. Ersichtlich gilt dann:

$$W_n(f) \Leftrightarrow \forall z \exists x \exists y \, (T_n(f, x, y) \wedge U(y) \geq z)$$

$$W_n^A(f) \Leftrightarrow \forall z \exists x \exists y \, (T_n(f, x, y) \wedge U(y) = \alpha(z))$$

$$\wedge \, \forall x \forall y \, (T_n(f, x, y) \Rightarrow \exists z \, U(y) = \alpha(z))$$

Daher sind W_n und W_n^A offensichtlich $\forall\exists$-definierbar.

2) Die Funktion $\lambda x f \varphi_n(x, f)$ mit

$$\varphi_n(x, f) =_{Df} (\mu y < \sigma^n(x)) \, (\forall z < \sigma^n(x)) \, \neg T_n(f, \sigma_1^n(x), \dots, \sigma_n^n(x), z)$$

ist rekursiv; deshalb erhält man zunächst:

$$\varphi_n(x, f) = [g_n]_{n+1}(x, f) \quad \text{mit geeignetem } g_n \in \mathbf{N} \quad \text{(Normalformentheorem)}$$

$$= [S_n^1(g_n, f)]_n(x) \quad \text{(SMN-Theorem)}$$

$$= [\beta_n(f)]_n(x) \quad \text{mit rekursivem } \lambda f \beta_n(f)$$

Nach Definition von φ_n ist $\varphi_n(x, f)$ wie folgt zu bestimmen: Bei fest gehaltenem f dient $\sigma^n(x)$ jeweils als Schranke. Insbesondere jedes $w < \sigma^n(x)$ - wie jede andere Zahl auch - lässt sich eindeutig als $\sigma^n(w)$ darstellen; es gibt also nur endlich viele w mit $\sigma^n(w) < \sigma^n(x)$. Jedes derartige w wird nun darauf geprüft, ob es $z_w < \sigma^n(x)$ gibt mit $T_n(f, w, z_w)$. Als $\varphi_n(x, f)$ wird dann ggf. das kleinste $y < \sigma^n(x)$ genommen, für das gilt: Zu jedem w mit $\sigma^n(w) < y$ gibt es $z_w < \sigma^n(x)$ mit $T_n(f, w, z_w)$, zu dem y mit $\sigma^n(y) = y$ aber nicht mehr. Falls es kein derartiges y gibt, wird $\varphi_n(x, f) =_{Df} \sigma^n(x)$ gesetzt. Damit gilt jedenfalls $\varphi_n(x, f) \leq \sigma^n(x)$; deshalb braucht die Möglichkeit, dass es kein fragliches $y < \sigma^n(x)$ gibt, nicht ausgeschlossen zu werden (was bei der hier zugrunde gelegten Definition der Prädikate T_n nicht schwierig wäre). - Aus der Beschreibung von $\varphi_n(x, f)$ geht hervor, dass $\lambda x \, \varphi_n(x, f)$ jeweils mit wachsendem $\sigma^n(x)$ höchstens ansteigt. Da außerdem z_w nicht immer gleichsinnig mit $\sigma^n(w)$ wachsen wird, ist damit zu rechnen, dass die $\lambda x \, \varphi_n(x, f)$ gelegentlich auch in größeren Sprüngen ansteigen.

In Bezug auf f sind jetzt zwei Fälle zu unterscheiden:

a) $\exists x \forall y \, \neg T_n(f, x, y)$: Sei a dasjenige x mit $\forall y \, \neg T_n(f, x, y)$, welches von allen derartigen x das kleinste $\sigma^n(x)$ aufweist. Nach den obigen Feststellungen über φ_n kann dann $\lambda x \, \varphi_n(x, f)$ offenbar $\sigma^n(a)$ nicht überschreiten, und damit ist $Wb(\lambda x \, \varphi_n(x, f)) = Wb([\beta_n(f)]_n)$ in diesem Fall endlich.

b) $\forall x \exists y \, T_n(f, x, y)$: Ersichtlich gibt es jetzt zu $x =_{Df} \sigma^n(x)$ immer $a_x =_{Df} \sigma^n(a_x)$ mit der Eigenschaft: Zu jedem w mit $w =_{Df} \sigma^n(w) < \sigma^n(x) = x$ gibt es $y < a_x$ mit $T_n(f, w, y)$. Nach den Feststellungen über φ_n ist dann jedenfalls $\varphi_n(x, f) \geq x$, und da x ja beliebig gewählt werden kann, folgt diesmal offenbar: $Wb(\lambda x\, \varphi_n(x, f)) = Wb([\beta_n(f)]_n)$ ist unendlich.

Insgesamt hat man daher:

$$\forall x \exists y\, T_n(f, x, y) \Leftrightarrow Wb([\beta_n(f)]_n) \text{ ist unendlich} \Leftrightarrow W_n(\beta_n(f))$$

Wegen Satz 3 und Lemma 1 ist damit die Behauptung für die W_n bewiesen.

3) Die Funktion φ_n wird jetzt zu einer - gleichfalls rekursiven - Funktion ψ_n zu dem Zweck "geglättet", dass der Wertebereich von $\lambda x\, \psi_n(x, f)$ immer ganz **N** ohne Lücken überdeckt, wenn er nicht endlich ist. Dazu soll $\lambda x\, \psi_n(x, f)$ jeweils die Stellen y mit $\sigma''(y) < \sigma''(x)$ zählen, an denen sich der Wert $\varphi_n(y, f)$ von $\lambda x\, \varphi_n(x, f)$ gegenüber dem an der y gewissermaßen unmittelbar vorausgehenden Stelle z mit $\sigma''(y) = \sigma''(z)+1$ angenommenen Wert $\varphi_n(z, f)$ - durch Anwachsen - ändert. Die Funktion $\lambda x f \psi_n(x, f)$ kann offenbar so erklärt werden:

$$\psi_n(x, f) =_{Df} \begin{cases} 0 \;\; \text{für } \sigma''(x) = 0 \\ \psi_n(\sigma_1''(\sigma''(x) \dot- 1), \dots, \sigma_n''(\sigma''(x) \dot- 1)), f) \\ \qquad \text{für } \sigma''(x) \neq 0 \wedge \varphi_n(x, f) = \varphi_n(\sigma_1''(\sigma''(x) \dot- 1), \dots, \sigma_n''(\sigma''(x) \dot- 1)), f) \\ \psi_n(\sigma_1''(\sigma''(x) \dot- 1), \dots, \sigma_n''(\sigma''(x) \dot- 1)), f)+1 \;\; \text{sonst} \end{cases}$$

Wie unter 2) ergibt sich sofort:

$$\psi_n(x, f) = [\gamma_n(f)]_n(x) \;\; \text{mit rekursivem } \lambda f \gamma_n(f)$$

Außerdem kann $\lambda x\, \psi_n(x, f)$ mit wachsendem $\sigma''(x)$ jeweils höchstens in Einerschritten ansteigen, wobei offenbar gilt: $Wb(\lambda x\, \psi_n(x, f)) = Wb([\gamma_n(f)]_n)$ ist endlich oder überdeckt ganz **N**, und zwar Letzteres genau dann, wenn $Wb(\lambda x\, \varphi_n(x, f))$ unendlich ist. Aufgrund von 2) hat man damit:

$$\exists x \forall y \neg T_n(f, x, y) \Leftrightarrow Wb([\gamma_n(f)]_n) \text{ ist endlich}$$

$$\forall x \exists y\, T_n(f, x, y) \Leftrightarrow W_n(\beta_n(f)) \Leftrightarrow Wb([\gamma_n(f)]_n) = \mathbf{N}$$

4) Die rekursive Funktion $\lambda x f \chi_n(x, f)$ wird jetzt durch

$$\chi_n(x, f) =_{Df} \alpha(\psi_n(x, f))$$

(mit $\lambda x\, \alpha(x)$ wie oben, also $Wb(\alpha) = A$) erklärt. Wieder ergibt sich:

$$\chi_n(x, f) = [\delta_n(f)]_n(x) \;\; \text{mit rekursivem } \lambda f \delta_n(f)$$

Außerdem gilt nach den vorausgegangenen Überlegungen:

$$W_n^A(\delta_n(f)) \Leftrightarrow Wb([\delta_n(f)]_n) = A$$

$$\Leftrightarrow Wb([\gamma_n(f)]_n) = \mathbf{N}$$

$$\Leftrightarrow W_n(\beta_n(f))$$

$$\Leftrightarrow \forall x \exists y\, T_n(f, x, y)$$

Daher sind die W_n^A offenbar nicht $\exists\forall$-definierbar, qed. -

Anmerkung: Sei $\mathbf{E}$ eine für die $M \subseteq \mathbf{N}$ erklärte Eigenschaft, die wenigstens einer *unendlichen* aufzählbaren Menge A zukommt. Aufgrund des Beweises von Satz 5 ist dann offenbar das Prädikat $\lambda f\,(W_n(f) \wedge \mathbf{E}\,(Wb(\lambda x\,[f]_n(x))))$ für kein $n > 0$ $\exists\forall$-definierbar.

Korollar: Sei $n > 0$ und $A \subseteq \mathbf{N}$ aufzählbar unendlich; dann ist das Prädikat $\lambda f\,(A \subseteq Wb([f]_n))$ genau $\forall\exists$- definierbar.

Beweis: Für $\lambda x\, \alpha\,(x)$ wie oben erhält man:

$$A \subseteq Wb([f]_n) \Leftrightarrow \forall z \exists x \exists y\,(T_n(f, x, y) \wedge U(y) = \alpha\,(z))$$

Mehr ist offenbar nicht zu zeigen. -

Lemma 3: Zu jedem $n > 0$ gibt es rekursive Funktionen $\lambda f\, \rho_n(f)$, $\lambda f\, \tau_n(f)$ derart, dass gilt:

$$Db(\lambda x\,[\rho_n(f)]_n(\sigma_1^n(x), \ldots, \sigma_n^n(x))) = Wb([f]_n)$$

$$Wb([\tau_n(f)]_n) = Db(\lambda x\,[f]_n(\sigma_1^n(x), \ldots, \sigma_n^n(x)))$$

Beweis: 1) Für die folgende partiell-rekursive Funktion $\lambda x f \xi_n(x, f)$ (mit $n > 0$) ergibt sich jeweils:

$$\xi_n(x, f) =_{Df} \mu y\,(T_n(f, (y)_0, \ldots, (y)_n) \wedge U((y)_n) = \sigma^n(x))$$

$$= [r_n]_{n+1}(x, f)\ \text{mit geeignetem}\ r_n \in \mathbf{N}$$

$$= [S_n^1(r_n, f)]_n(x)$$

$$= [\rho_n(f)]_n(x)\ \text{mit rekursivem}\ \lambda f \rho_n(f)$$

Aufgrund der inhaltlichen Bedeutung der Prädikate T_n und der Funktion U ist der Wert von $\lambda x\, \xi_n(x, f) = [\rho_n(f)]_n$ an der Stelle x offenbar f jeweils dadurch zu bestimmen, dass nach einer Berechnung durch die Turingmaschine mit der Gödelnummer $f \in Tm$ über irgendeinem n-stelligen Argument gesucht wird, welche als Ergebnis $\sigma^n(x)$ hat. Deshalb gilt:

$$x \in Db([\rho_n(f)]_n) \Leftrightarrow \sigma''(x) \in Wb([f]_n)$$

Wegen der Bijektivität von $\sigma'' \mid N'' \to N$ bedeutet dies:

$$Db(\lambda x\,[\rho_n(f)]_n\,(\sigma_1''(x), ..., \sigma_n''(x))) = Wb([f]_n)$$

2) Für die folgende partiell-rekursive Funktion $\lambda\,xf\,\eta_n\,(x, f)$ (mit $n > 0$) ergibt sich jeweils:

$$\eta_n(x_1, ..., x_m, f)$$

$$=_{Df} \sigma''(\sigma_1^{n+1}(\mu y\,(T_n(f, \sigma_1^{n+1}(y), ..., \sigma_{n+1}^{n+1}(y)) \wedge \sigma_1^{n+1}(y) = x_1 \wedge ... \wedge \sigma_n^{n+1}(y) = x_n)),$$

$$...,$$

$$\sigma_n^{n+1}(\mu y\,(T_n(f, \sigma_1^{n+1}(y), ..., \sigma_{n+1}^{n+1}(y)) \wedge \sigma_1^{n+1}(y) = x_1 \wedge ... \wedge \sigma_n^{n+1}(y) = x_n)))$$

$$= [t_n]_{n+1}(x, f) \quad \text{mit geeignetem } t_n \in N$$

$$= [S_n^1(t_n, f)]_n(x)$$

$$= [\tau_n(f)]_n(x) \quad \text{mit rekursivem } \lambda f \tau_n(f)$$

Wegen der Umkehrungseigenschaft der σ_k^{n+1} hat man:

$$\sigma''(\sigma_1^{n+1}(\sigma^{n+1}(x, z)), ..., \sigma_n^{n+1}(\sigma^{n+1}(x, z))) = \sigma''(x)$$

Deshalb ist offenbar $\lambda x\,\eta_n\,(x, f) = [\tau_n(f)]_n$ jeweils genau dann an einer Stelle $x \in N''$ erklärt, wenn die Turingmaschine mit der Gödelnummer $f \in Tm$ über x irgendeine *abbrechende* Rechnung ausführt; ggf. ergibt sich $\sigma''(x)$ als Wert von $[\tau_n(f)]_n(x)$. Daher folgt:

$$x \in Db([f]_n) \Leftrightarrow \sigma''(x) \in Wb([\tau_n(f)]_n)$$

Ersichtlich bedeutet dies gerade:

$$Wb([\tau_n(f)]_n) = Db(\lambda x\,[f]_n\,(\sigma_1''(x), ..., \sigma_n''(x)))$$

Damit ist das Lemma bewiesen. -

Anmerkung: An zwei Stellen des obigen Beweises wurde einfachheitshalber auf die inhaltliche Bedeutung der Prädikate T_n und der Funktion U verwiesen. Tatsächlich genügt offenbar, dass jede partiell-rekursive Funktion $\lambda x\,\varphi(x)$ in der Normalform $\varphi(x) = U(\mu y\,T_n(f, x, y))$ darstellbar ist, wobei offen bleiben kann, wie f und ggf. das gesuchte y inhaltlich zu deuten sind.

Satz 6: Sei $n > 0$ und $A \subseteq N$ aufzählbar unendlich. Dann sind die Prädikate $\lambda f\,D_n(f)$ und $\lambda f\,D_n^A(f)$ mit

$$D_n(f) \Leftrightarrow_{Df} Db([f]_n) \text{ ist unendlich}$$

$$D_n^A(f) \Leftrightarrow_{Df} Db([f]_n) = \{x \in \mathbf{N}^n \mid \sigma^n(x) \in A\}$$

genau $\forall\exists$-definierbar.

Beweis: Mit den Bezeichnungen aus Satz 5 gilt wegen Lemma 3 offenbar (mit dem oberen Index A bzw. ohne denselben jeweils auf *beiden* Seiten der Äquivalenz):

$$D_n^{(A)}(f) \Leftrightarrow W_n^{(A)}(\tau_n(f))$$

$$W_n^{(A)}(f) \Leftrightarrow D_n^{(A)}(\rho_n(f))$$

Daher folgt die Behauptung jeweils aus Satz 5 und Lemma 1. -

Ganz allgemein lassen sich Aussagen über Wertebereiche der $[f]_n$ durch Einsetzung von $\rho_n(f)$ auf die entsprechenden Aussagen über Definitionsbereiche zurückführen und solche über Definitionsbereiche durch Einsetzung von $\tau_n(f)$ auf die entsprechenden über Wertebereiche. Beispielsweise erhält man jetzt aus dem Korollar zu Satz 5 das

Korollar: Sei $n > 0$ und $A \subseteq \mathbf{N}$ aufzählbar unendlich; dann ist das Prädikat

$$\lambda f \{x \in \mathbf{N}^n \mid \sigma^n(x) \in A\} \subseteq Db([f]_n))$$

genau $\forall\exists$- definierbar.

Satz 7: Für jedes $n > 0$ ist das Prädikat $\lambda f\, U_n(f)$ mit

$$U_n(f) \Leftrightarrow_{Df} \text{ es gibt } y \in \mathbf{N}, \text{ sodass } [f]_n(x) = y \text{ für unendlich viele } x \in \mathbf{N}^n \text{ ist}$$

genau $\exists\forall\exists$-definierbar.

Beweis: 1) Wegen

$$U_n(f) \Leftrightarrow \exists y \forall z \exists x \exists w\, (\sigma^n(x) \geq z \wedge T_n(f, x, w) \wedge U(w) = y)$$

ist U_n offenbar $\exists\forall\exists$-definierbar.

2) Die Funktion $\lambda xyf \varphi(x, y, f)$ mit

$$\varphi(x, y, f) =_{Df} (\mu z < x)\, ((\forall w < x)\, \neg T_2(f, y, z, w)$$

ist rekursiv, wobei offenbar gilt:

$$\varphi(x, y, f) = \begin{cases} \text{das } z < x \text{ mit der Eigenschaft: Zu allen } v < z \text{ gibt es } w < x \text{ mit} \\ T_2(f, y, z, w), \text{ aber zu } z \text{ selbst nicht mehr,} \\ \quad \text{falls vorhanden} \\ x \text{ sonst, d.h. falls gilt:} \\ \quad \text{Zu allen } z < x \text{ gibt es } w < x \text{ mit } T_2(f, y, z, w) \end{cases}$$

Die Funktion hat große Ähnlichkeit mit $\lambda x f \varphi_1(x, f)$ aus dem Beweis von Satz 5 mit dem Unterschied, dass φ jetzt von einer zusätzlichen Variablen y abhängt, welche in die Schranke x nicht eingeht. - Ersichtlich können die $\lambda x \varphi(x, y, f)$ mit wachsendem x nicht abnehmen.

a) $\exists z \forall w \ \neg T_2(f, y, z, w)$: Sei a das kleinste derartige z : Offenbar kann $\lambda x f \varphi_1(x, f)$ dann höchstens die Werte $\leq a$ annehmen, und damit ist $Wb(\lambda x \varphi(x, y, f))$ endlich.

b) $\forall z \exists w \ T_2(f, y, z, w)$: Dann gibt es zu jedem $a \in \mathbf{N}$ ein $b \in \mathbf{N}$, sodass es zu allen $z < a$ ein $w < b$ gibt mit $T_2(f, y, z, w)$, und deshalb ist offenbar $\varphi(b, y, f) \geq a$. Damit ist $Wb(\lambda x \varphi(x, y, f))$ unendlich.

Aus a) und b) folgt:

$$Wb(\lambda x \varphi(x, y, f)) \text{ ist unendlich} \Leftrightarrow \forall z \exists w \ T_2(f, y, z, w)$$

3) Die Funktion $\lambda xyf \psi(x, y, f)$ mit

$$\psi(x, y, f) =_{Df} \begin{cases} \sigma^2(x, y) \text{ für } x \neq 0 \wedge \varphi(x, y, f) = \varphi(x \dot{-} 1, y, f) \\ \sigma^2(0, y) \text{ sonst} \end{cases}$$

ist rekursiv, und nach Konstruktion gilt offenbar:

a) $y \neq z \Rightarrow Wb(\lambda x \varphi(x, y, f)) \cap Wb(\lambda x \varphi(x, z, f)) = \emptyset$

b) $\psi(x, y, f) = \sigma^2(0, y) \Leftrightarrow x = 0 \vee (x \neq 0 \wedge \varphi(x, y, f) \neq \varphi(x \dot{-} 1, y, f))$

c) $x \neq 0 \wedge \varphi(x, y, f) \neq \varphi(x \dot{-} 1, y, f) \Rightarrow$
$\psi(x, y, f)$ wird von $\lambda xy \psi(x, y, f)$ nur einmal angenommen

Deshalb hat man:

d) $\lambda xy \psi(x, y, f)$ nimmt genau dann einen Wert unendlich oft an, wenn es $y \in \mathbf{N}$ gibt, sodass $\lambda x \psi(x, y, f)$ einen Wert unendlich oft annimmt; ggf. ist dies $\sigma^2(0, y)$.

Da die $\lambda x \, \varphi\,(x, y, f)$ mit wachsendem x nirgends abnehmen, ergibt sich nach der Feststellung über φ offenbar:

$\lambda x \, \psi\,(x, y, f)$ nimmt einen Wert unendlich oft an

$\Leftrightarrow \lambda x \, \varphi\,(x, y, f)$ verändert den Wert beim Übergang von x zu $x+1$ unendlich oft

$\Leftrightarrow Wb(\lambda x \, \varphi\,(x, y, f))$ ist unendlich

$\Leftrightarrow \forall z \exists w \, T_2(f, y, z, w)$

Man hat damit zunächst:

$\lambda xy \, \psi\,(x, y, f)$ nimmt einen Wert unendlich oft an

$\Leftrightarrow$ es gibt $y \in \mathbf{N}$, sodass $\lambda x \, \psi\,(x, y, f)$ einen Wert unendlich oft annimmt

$\Leftrightarrow \exists y \forall z \exists w \, T_2(f, y, z, w)$

4) Die Funktionen $\lambda x f \chi_n(x, f)$ mit

$$\chi_n(x, f) =_{Df} \psi\,(\sigma_1^2(\sigma^n(x)), \sigma_2^2(\sigma^n(x)), f)$$

sind rekursiv, und man erhält zunächst:

$$\chi_n(x, f) = [e_n]_{n+1}(x, f) \quad \text{mit } e_n \in \mathbf{N}$$
$$= [S_n^1(e_n, f)]_n(x)$$
$$= [\zeta_n(f)]_n(x) \quad \text{mit rekursivem } \lambda f \zeta_n(f)$$

Wegen $n > 0$ ist $\sigma^n \mid \mathbf{N}^n \to \mathbf{N}$ bijektiv; daher wird durch $(\sigma_1^2(\sigma^n(x)), \sigma_2^2(\sigma^n(x)))$ offenbar eine Bijektion zwischen $\mathbf{N}^n$ und $\mathbf{N}^2$ definiert. Die Häufigkeit, mit der ein Funktionswert angenommen wird, ist deshalb bei $\lambda xy \, \psi\,(x, y, f)$ und $\lambda x \, \chi_n(x, f)$ jeweils dieselbe. Damit hat man weiter:

Genau dann nimmt $\lambda x f \chi_n(x, f)$ einen Wert unendlich oft an, wenn dies auch auf $\lambda xy \, \psi\,(x, y, f)$ zutrifft.

Wegen 3) erhält man deshalb schließlich:

$$U_n(\zeta_n(f)) \Leftrightarrow \exists y \forall z \exists w \, T_2(f, y, z, w)$$

Damit ist keines der Prädikate $\lambda f \, U_n(f)$ mit $n > 0$ $\forall \exists \forall$-definierbar, qed. -

Die Beweise zu den Sätzen dieses Paragrafen stellen die Bedeutung des *Normalformen-* und des *SMN-Theorems* nachdrücklich heraus. Ausgenutzt wurden diese Theoreme insbesondere bei den Zurückführungen von Prädikaten mit bekanntem Definierbarkeitsgrad auf solche, deren Definierbarkeit untersucht werden sollte. Wenn man so will, wurde dabei jeweils die Theorie eines Prädikats mit bekanntem Unlösbarkeitsgrad mithilfe derjenigen eines Prädikats mit fraglicher Unlösbarkeit *nachgebildet* und daraus geschlossen, dass die untersuchte Theorie zumindest ebenso unlösbar sein muss wie die mit ihrer Hilfe dargestellte.

Auf diese Weise lässt sich schließlich auch die Frage beantworten, die wohl den stärksten Anstoß zur Entwicklung der Berechenbarkeitstheorie gegeben hat, nämlich die nach der Entscheidbarkeit der sog. *Prädikatenlogik der ersten Stufe.* Diese Frage lässt sich stellen als die nach der Entscheidbarkeit der *Allgemeingültigkeit* eines beliebigen prädikatenlogischen Ausdrucks. Aus dem Formalismus der Prädikatenlogik und dem für die erste Stufe dieser Logik von GÖDEL bewiesenen *Vollständigkeitssatz* (welcher mit dem ebenfalls von GÖDEL stammenden berühmten *Unvollständigkeitssatz* für die höheren Stufen kontrastiert) lässt sich herleiten, dass die allgemeingültigen Ausdrücke jedenfalls *aufzählbar* sind (d.h. dass ihre Gödelnummern nach irgendeiner Gödelisierung eine aufzählbare Zahlenmenge bilden). Die *Unentscheidbarkeit* dieser Menge wird nun durch den Nachweis bewiesen, dass die Theorie eines als unentscheidbar bekannten Prädikats, etwa die des *Halteproblems,* mittels eines geeigneten prädikatenlogischen Formalismus (der ersten Stufe) betrieben werden kann. Genauer bedeutet dies, dass in einem geeigneten prädikatenlogischen Kalkül etwa jede Aussage der Form $\exists x\, T_0(f,\, x)$, wobei f jeweils eine (feste) Zahl mit der fraglichen Eigenschaft bezeichnet, ein *beweisbarer Satz* des Systems ist, während dies für kein $g \in \mathbf{N}$ zutrifft, das diese Eigenschaft nicht aufweist. Aus der Entscheidbarkeit der Prädikatenlogik könnte man dann leicht auf die Entscheidbarkeit des Prädikats $\lambda f\, \exists x\, T_0(f,\, x)$ schließen, im Widerspruch zu dem weiter oben Bewiesenen. - Es liegt auf der Hand, dass eine vollständige Ausführung des angedeuteten Beweisgedankens nicht ohne erheblichen Aufwand möglich ist; sie muss deshalb hier unterbleiben.

4. Abstrakte Berechenbarkeitsbegriffe

4.1. Axiomatische Kennzeichnung

Als besonders einleuchtende begriffliche Präzisierung der zunächst ja nur als Intuition gegebenen Vorstellung der algorithmischen Berechenbarkeit wurde hier eine Variante der *Turing-Berechenbarkeit* eingeführt und systematisch untersucht. Daneben war verschiedentlich die Rede davon, dass es noch eine ganze Reihe von weiteren Ansätzen zur Präzisierung dieser Konzeption gibt und dass sich diese Ansätze sämtlich in Bezug auf die jeweils als berechenbar erfassten (partiellen arithmetischen) Funktionen als gleichwertig erwiesen haben; dies ist einer der Gründe für die These von CHURCH, der zufolge die zugrunde liegende Konzeption durch die begrifflichen Präzisierungen auf angemessene Weise wiedergegeben wird. Durch diesen Umstand wird die Frage aufgeworfen, ob die verschiedenen Berechenbarkeitsbegriffe gewissermaßen nur unterschiedliche Anschreibungsvarianten voneinander sind oder ob sie wesentlichere Unterscheidungsmerkmale aufweisen können.

Um dies zu untersuchen, muss festgelegt werden, was ganz allgemein unter einem *Berechenbarkeitsbegriff* zu verstehen ist. Dabei kann man davon ausgehen, dass die *syntaktischen* Größen eines Berechenbarkeitsbegriffs sich jedenfalls durch endliche Texte über einem endlichen Zeichenvorrat kennzeichnen lassen und damit immer einer Gödelisierung unterworfen werden können sowie dass die zu einer solchen gehörenden Ver- und Entschlüsselungsverfahren als im Grundsätzlichen unproblematisch betrachtet werden dürfen. Man kann deshalb von vornherein annehmen, dass die syntaktischen Bestandteile der fraglichen Berechenbarkeitsbegriffeimmer *in arithmetisierter Form* vorliegen; auf die jeweils zugrunde liegenden Zeichen und Zeichenreihen braucht dann nicht eingegangen zu werden. (Dies entspricht dem Vorgehen, den Begriff der berechenbaren Funktion normierungshalber auf den Bereich des Arithmetischen einzuschränken - ohne dadurch die Allgemeinheit der erzielten Ergebnisse zu beeinträchtigen.)

Einige der einen Berechenbarkeitsbegriff ausmachenden Bestandteile sind bereits bei Erörterung der Tragweite des Ansatzes zum Beweis des Normalformentheorems genannt worden: Zunächst gehört ein effektiv entscheidbarer Begriff der *formal korrekt abgefassten Rechenvorschrift* unverzichtbar dazu. In Bezug auf die vorausgesetzte Gödelisierung bedeutet dies, dass die Menge der Gödelnummern von Rechenvorschriften jedenfalls effektiv entscheidbar ist; aufgrund der These von CHURCH muss sie dann sogar *rekursiv* sein. Da es offensichtlich unsinnig wäre anzunehmen, zu einem Berechenbarkeitsbegriff könnten nur endlich viele Rechenvorschriften gehören, lässt sich die Menge der fraglichen Gödelnummern mittels einer (in beiden Richtungen) rekursiven Bijektion auf die Menge aller natürlichen Zahlen abbilden; man kann deshalb zusätzlich voraussetzen, dass *jede* natürliche Zahl eine gültige Rechenvorschrift repräsentiert. Diese Annahme hat rein technische Bedeutung und führt dazu, dass zwischen den Begriffen der gödelisierten Rechenvorschrift und des Index einer Funktion kein Unterschied mehr besteht (anders als dies weiter oben bei der dort zugrunde gelegten Gödelisierung der normierten Turingmaschinen der Fall war).

Weiter wurde festgehalten, dass sich über die Anwendung der Rechenvorschriften jeweils ein *Protokoll* mit den folgenden Eigenschaften führen lassen muss: Stets ist effektiv entscheidbar, ob ein Text Y eine zum Abschluss gebrachte Anwendung der Rechenvorschrift F protokolliert; ggf. muss sich dem Protokoll das vorgegebene Argument X sowie auch das Ergebnis der Anwendung effektiv entnehmen lassen. Für die von vornherein angenommene Gödelisierung des fraglichen Berechenbarkeitsbegriffs bedeutet dies, dass das Prädikat "f ist Gödelnummer einer Rechenvorschrift und y Gödelnummer einer abgeschlossenen Anwendung der Vorschrift f" effektiv entscheidbar ist und dass es zumindest partielle effektiv berechenbare Funktionen gibt, welche ggf. die Gödelnummer x des vorgegebenen Arguments bzw. die des Ergebnisses aus der fraglichen Anwendung y berechnen. Da dieser Fall ja effektiv entscheidbar sein soll, lassen sich die beiden Funktionen offenbar zu effektiv berechenbaren Funktionen ergänzen (wobei es unerheblich ist, wie sie - natürlich berechenbar - für den nicht interessierenden Fall fortgesetzt werden). Aus den bereits früher dargelegten Gründen kann man außerdem voraussetzen, dass das vorgegebene Argument X immer ein geordnetes Zahlentupel und das gewonnene Ergebnis eine natürliche Zahl darstellt. Deshalb darf offenbar weiter angenommen werden, dass die Berechnung des vorgefundenen Arguments durch eine Funktion $\lambda yk\, A(y,\,k)$ erfolgt, wobei in den interessierenden Fällen jeweils etwa $A(y,\,0)$ die Stellenzahl n des Arguments angibt und $A(y,\,k)$ für $k = 1,\,...,\,n$ dessen k. Komponente x_k. Aufgrund der These von CHURCH sind die fraglichen effektiv entscheidbaren bzw. berechenbaren Größen schließlich rekursiv.

Dass die weiter oben zur Präzisierung der intuitiven Berechenbarkeitskonzeption eingeführte *Turing-Berechenbarkeit* - bei geeigneter Gödelisierung - die gerade besprochenen Merkmale aufweist, wurde bereits bei der Erörterung des Beweises zum Normalformentheorem dargelegt: Rechenvorschriften sind die - damals aus rein technischen Gründen normierten - Turingmaschinen und Anwendungsprotokolle die zum Erreichen einer Endkonfiguration führenden (endlichen) Konfigurationenfolgen Es ist klar, dass Argument und Ergebnis einer Rechnung der fraglichen Konfigurationenfolge jedenfalls konstruktiv entnommen werden können. Dass dies auch bei einer Gödelisierung der jetzt betrachteten Art (d.h. ohne Nicht-Gödelnummern von Turingmaschinen) mittels rekursiver Funktionen geschieht, ergibt sich durch entsprechende Abwandlung der seinerzeit zum Beweis des Normalformentheorems angewandten Methoden und soll hier nicht im Einzelnen vorgeführt werden.

Um über weiteres konkretes Anschauungsmaterial zu verfügen, soll jetzt ein weiterer, bisher noch nicht vorgestellter Berechenbarkeitsbegriff kurz gestreift werden, nämlich der von KLEENE eingeführte sog. *Gleichungskalkül*. Hierbei werden Funktionen durch Systeme von Gleichungen definiert, welche aus *Funktionszeichen* mit jeweils fester Stellenzahl, *Zahlenvariablen* und festen *Zahlbezeichnungen* aufgebaut sind. Aufgrund von syntaktischen Merkmalen ist jeweils eines der verwendeten Funktionszeichen als sog. *Hauptfunktionszeichen* ausgezeichnet (und dient zur Bezeichnung der durch das fragliche System definierten Funktion). Die Berechnung von Funktionswerten erfolgt durch Anwendungen zweier *Regeln*: Die erste erlaubt die Substitution einer Zahlbezeichnung für eine Variable (d.h. sämtliche Vorkommen von Letzterer in einer Gleichung müssen ggf. durch jeweils dieselbe Zahlbezeichnung ersetzt werden), und die zweite gestattet die beliebige Benutzung von bereits gewonnenen Funktionswerten (d.h. Vorkommen eines *variablenfreien* Funktionsterms t dürfen - müssen aber nicht durchgehend - durch die Zahlbezeichnung a ersetzt werden, wenn die Gleichung $t = a$ bereits vorliegt). Die durch Regelanwendungen entstehenden neuen Gleichungen werden jeweils dem bereits vorhandenen System hinzugefügt, und eine Berechnung ist zu Ende, sobald eine Gleichung $f(a_1, \ldots, a_n) = b$ hergeleitet worden ist, wobei f das Hauptfunktionszeichen des vorgegebenen Gleichungssystems und n seine Stellenzahl ist sowie $a_1, \ldots, a_n$, b Zahlbezeichnungen sind. - Eine partielle Funktion heißt genau dann durch den Gleichungskalkül berechenbar ("partiell-rekursiv"), wenn es ein Gleichungssystem gibt, welches die Herleitung genau der bei Interpretation des Hauptfunktionszeichens f durch die fragliche Funktion gültigen Gleichungen $f(a_1, \ldots, a_n) = b$ ermöglicht. Es hat sich herausgestellt, dass die so berechenbaren Funktionen gerade die - im Sinne der vorausgegangenen Ausführungen - partiell-rekursiven sind.

Als *Rechenvorschriften* müssen jetzt die - normiert geschriebenen - Gleichungssysteme aufgefasst werden und als *Berechnungsprotokolle* die regelgemäßen Herleitungen der Gleichungen $f(a_1, \ldots, a_n) = b$ für die jeweils gesuchten Funktionswerte. Ersichtlich können diesen Endgleichungen die als vorgegeben zu betrachtenden Argumente und der zugehörige Funktionswert auf konstruktive Weise entnommen werden. Es ist zumindest hochgradig plausibel und trifft auch tatsächlich zu, dass die oben genannten Anforderungen an einen Berechenbarkeitsbegriff durch geeignete Gödelisierungen des Gleichungskalküls erfüllt werden.

Zwischen Turingmaschinen und Gleichungssystemen bestehen greifbare Unterschiede: Während Turingmaschinen sich auf Argumente mit beliebiger Stellenzahl anwenden lassen, sind Gleichungssysteme jeweils einer bestimmten Stellenzahl zugeordnet, nämlich der ihres Hauptfunktionszeichens (wenn man nicht die etwas künstliche Auffassung bemühen will, dass Gleichungssysteme auch auf Argumente mit anderen Stellenzahlen angewendet werden können, dort aber keine terminierenden Herleitungen gestatten). Außerdem verhalten sich Turingmaschinen stets deterministisch, wohingegen die Folge der Regelanwendungen zur Auswertung eines Gleichungssystems nicht von vornherein festzustehen braucht. Berechenbarkeitsbegriffe, bei denen jeweils höchstens eine terminierende Rechnung möglich ist, werden auch als *eigentlich* bezeichnet, die übrigen als *uneigentlich*. Die Turing-Berechenbarkeit ist also ein eigentlicher und die Berechenbarkeit durch den Gleichungskalkül ein uneigentlicher Begriff. Aus einem uneigentlichen Berechenbarkeitsbegriff kann man dadurch einen eigentlichen gewinnen, dass man etwa jeweils nur die fragliche Rechnung mit der kleinsten Gödelnummer gelten lässt oder auch die nichtdeterministischen Schritte durch zusätzliche Festsetzungen geeignet systematisiert. Deshalb soll im Folgenden nur noch von *eigentlichen Berechenbarkeitsbegriffen* die Rede sein.

Bei der Zusammenstellung von an eine Präzisierung der Berechenbarkeitskonzeption zu stellenden Anforderungen sind bislang offenbar nur *einschränkende* Bedingungen genannt worden. Diese sind beispielsweise auch dann erfüllt, wenn man den Gleichungskalkül durch zusätzliche Forderungen an die Form der Gleichungssysteme dahingehend einschränkt, dass etwa nur die im zweiten Kapitel gestreiften primitiv-rekursiven Funktionsdefinitionen als Rechenvorschriften zugelassen werden. Es gäbe dann sogar total-rekursive Funktionen, die im Sinne des so eingeengten Begriffs *nicht* berechenbar wären. Ein als sinnvoll zu betrachtender "universeller" Berechenbarkeitsbegriff müsste aber zumindest alle partiell-rekursiven Funktionen erfassen - mehr wäre nach der These von CHURCH allerdings auch nicht möglich. Den bisher erhobenen "syntaktischen" Forderungen müssen also noch solche an die Seite gestellt werden, die das "semantische" Leistungsvermögen der zugehörigen Rechenvorschriften betreffen. Diese Forderungen müssen sowohl die *Berechenbarkeit von genügend vielen Funktionen* gewährleisten als auch die erforderlichen *Uniformitätseigenschaften*.

Gesichert werden muss zunächst die Berechenbarkeit der partiell-rekursiven Funktionen. Dies kann recht einfach dadurch erfolgen, dass die Existenz von Berechnungsindizes für Funktionen auf eine Weise gefordert wird, die dem induktiven Aufbau der Klasse der partiell-rekursiven Funktionen entspricht. Man hat damit aber noch keine Uniformitätseigenschaften begründet. Statt nun hierfür eine geeignete Fassung des SMN-Theorems zu fordern, kann man die verlangte Uniformität gewissermaßen auch stückweise dort unterbringen, wo es bei den Berechenbarkeitsforderungen um die Existenz von *Indexscharen* (statt von einzelnen Indizes) geht, nämlich bei den Identitätsfunktionen, dem Einsetzungsschema und dem μ-Operator. Anstatt einfach die Existenz von entsprechenden Indizes zu verlangen, hat man dann zu fordern, dass es (u.U. nur partiell-) rekursive Funktionen gibt, die jeweils aus den Parametern der fraglichen Funktionenschar einen zugehörigen Index berechnen. Da das Einsetzungsschema ja auf Funktionenfolgen beliebiger Länge anwendbar sein muss, werden diese durch *Folgenzahlen* von zugehörigen Indizes vertreten. In die nachfolgende Begriffsbildung geht deshalb zunächst auch eine Gödelisierung der endlichen Zahlenfolgen ein; dass eine Abhängigkeit von dieser *nur scheinbar* besteht, muss dann noch gezeigt werden. Schließlich wird man erwarten, dass auch gewisse Beziehungen zwischen der Form der Rechenvorschriften und deren Leistungsvermögen bestehen; dies soll hier jedoch nur angedeutet und nicht näher ausgeführt werden. -

Im Hinblick auf später behandelte Abbildungen soll noch eine technische Abänderung an einem der als zu einem Berechenbarkeitsbegriff gehörig herausgearbeiteten Bestandteile vorgenommen werden: Statt das zweistellige rekursive Prädikat "y ist Gödelnummer des Protokolls einer abgeschlossenen Anwendung der durch f gödelisierten Rechenvorschrift" unmittelbar zu übernehmen, kann man auch von einer *einstelligen Repräsentation* dieses Prädikats ausgehen; dessen Rekursivität wird dadurch offenbar nicht berührt. Dabei ist es unerheblich, ob dazu auf die Folgenzahl $<f, y>$ oder auf irgendeine andere effektive Repräsentation des geordneten Paares zurückgegriffen wird; wesentlich ist nur, dass die angewendete Vorschrift jeweils effektiv dem so erweiterten Protokoll entnommen werden kann, also mittels einer rekursiven Funktion $\lambda x\, V(x)$. Inhaltlich lässt sich dies etwa dahingehend deuten, dass die Protokolle durch eine zusätzliche Notierung der angewendeten Rechenvorschrift erweitert werden. Eine wesentliche Änderung der Konzeption bedeutet dies nicht, weil jedes Protokoll sich ohne weiteres so erweitern bzw. durch Streichung der aufgeführten (und als solche erkennbaren) Rechenvorschrift verkürzen lässt.

Auf den geschilderten Überlegungen beruht die folgende Festsetzung:

Definition 1: Ein *(arithmetisierter) Berechenbarkeitsbegriff (Konstruktivitäts-begriff)* ist ein geordnetes Zehntupel $K = (P^K, V^K, A^K, U^K, a^K, m^K, v^K, I^K, E^K, M^K)$ mit den durch die folgenden Axiome K0 bis K4 beschriebenen Eigenschaften. Dabei ist $\lambda x\, P^K(x)$ ein rekursives Prädikat, $\lambda x\, V^K(x)$, $\lambda xy\, A^K(x, y)$, $\lambda x\, U^K(x)$, $\lambda xy\, I^K(x, y)$, $\lambda xyzw\, E^K(x, y, z, w)$, $\lambda xy\, M^K(x, y)$ sind rekursive Funktionen, und a^K, m^K, v^K sind natürliche Zahlen. $P^K(x)$ soll besagen, dass x (erweitertes) *K-Protokoll* einer abgeschlossenen Anwendung der *K-Vorschrift* $V^K(x)$ ist. Ist x ein derartiges Protokoll, so gibt $A^K(x, 0)$ die *Stellenzahl* des vorgegebenen Arguments an, und $A^K(x, 1)$, ..., $A^K(x, n)$ sind dann dessen *Komponenten.* Die *K-universelle* Funktion U^K entnimmt einem K-Protokoll x das *Ergebnis* $U^K(x)$ der protokollierten Rechnung.

Zur übersichtlicheren Formulierung der Axiome werden noch eine Schar von rekursiven Prädikaten $\lambda f x_1 \ldots x_n y\, T_n^K(f, x_1, \ldots, x_n, y)$ und eine Schar von partiell-rekursiven Funktionen $\lambda f x_1 \ldots x_n y\, [f]_n^K(x_1, \ldots, x_n)$ erklärt (jeweils für $n \geq 0$):

$$T_n^K(f, x_1, \ldots, x_n, y) \Leftrightarrow_{\mathrm{Df}} P^K(y) \wedge V^K(y) = f \wedge A^K(y, 0) = n$$

$$\wedge\, A^K(y, 1) = x_1 \wedge \ldots \wedge A^K(y, n) = x_n$$

$$[f]_n^K(x) =_{\mathrm{Df}} U^K(\mu y\, T_n^K(f, x, y))$$

Die Bedeutung dieser Bezeichnungen entspricht offenbar derjenigen der bereits früher in Bezug auf die Turing-Berechenbarkeit eingeführten analogen Schreibweisen. $\lambda x\, [f]_n^K(x)$ ist die durch den *K- (Berechnungs-) Index f* berechnete *n*-stellige (partielle) Funktion.

Eine partielle bzw. totale (arithmetische) Funktion wird genau dann als *partiell* bzw. *total K-berechenbar* bezeichnet, wenn sie einen K-Index besitzt. Dementsprechend heißt ein Prädikat *K-entscheidbar* genau dann, wenn seine charakteristische Funktion K-berechenbar ist, und eine Zahlenmenge ist genau dann *K-aufzählbar,* wenn sie Wertebereich einer (zunächst einstelligen) K-berechenbaren Funktion oder aber leer ist. -

Dass K ein *eigentlicher* Berechenbarkeitsbegriff ist, besagt

K0: Stets gibt es höchstens ein y mit $T_n^K(f, x, y)$.

Die Bedeutung der restlichen sechs Bestandteile eines Berechenbarkeitsbegriffs wird durch die folgenden Axiome festgelegt:

K1: $[a^K]_2^K = \lambda xy\, (x+y)$

$\qquad [m^K]_2^K = \lambda xy\, (x \cdot y)$

$$[v^\kappa]_2^{\ \kappa} = \chi_< \quad \text{mit } \chi_<(x, y) = \begin{cases} 0 & \text{für } x < y \\ \\ 1 & \text{sonst} \end{cases}$$

$$[I^\kappa(m, n)]_n^{\ \kappa}(x_1, ..., x_n) = I_n^m(x_1, ..., x_n) = x_m \quad \text{für } m < n$$

Für $m \geq n$ soll etwa $I^\kappa(m, n) = 0$ angenommen werden.

K2: $[E^\kappa(m, n, f, g)]_n^{\ \kappa}(x) = [f]_m^{\ \kappa}([g)_0]_n^{\ \kappa}(x), ..., [(g)_{m-1}]_n^{\ \kappa}(x))$

K3: $[M^\kappa(n, f)]_n^{\ \kappa}(x) = \mu y ([f]_{n+1}^{\ \kappa}(x, y) = 0)$

K4: 1) Für $Seq(g) \wedge Seq(k) \wedge lg(g) = lg(k) = m$ gilt:

$$E^\kappa(m, n, f, g) \wedge E^\kappa(m, n, b, k) \Rightarrow f = b \wedge g = k$$

2) $M^\kappa(n, f) = M^\kappa(n, g) \Rightarrow f = g$

3) Die Mengen $Wb(I^\kappa | \{(m, n) \mid m < n\}) \cup \{a^\kappa, m^\kappa, v^\kappa\}$, $Wb(E^\kappa)$, $Wb(M^\kappa)$ sind paarweise disjunkt; außerdem gilt: $a^\kappa, m^\kappa, v^\kappa \notin Wb(I^\kappa | \{(m, n) \mid m < n\})$

Nicht gefordert zu werden braucht $k < n \wedge l < n \wedge k \neq l \Rightarrow I^\kappa(k, n) \neq I^\kappa(l, n)$, weil dies von selbst zutrifft: Da $\lambda x\ I_n^k(x)$ und $\lambda x\ I_n^l(x)$ für $k \neq l$ ja bei gleicher Stellenzahl unterschiedliche Wertverläufe aufweisen, ist unter den fraglichen Bedingungen wegen $I_n^m(x) = [I^\kappa(m, n)]_n^{\ \kappa}(x) = U^\kappa(\mu y\ T_n^\kappa(I^\kappa(m, n), x, y))$ offenbar immer auch $I^\kappa(k, n) \neq I^\kappa(l, n)$.

K4 besagt in etwa, dass die K-berechenbaren partiellen Funktionen K-Indizes besitzen, deren Form gewisse Rückschlüsse auf die Definition der jeweils berechneten Funktion erlaubt. Natürlich bedeutet dies nicht, dass beispielsweise Anfangsfunktionen nicht auch durch aufgrund von Anwendungen des Einsetzungsschemas oder des µ-Operators zustande gekommene andere K-Vorschriften berechnet werden; vielmehr wird lediglich gefordert, dass es *unter anderem* gewisse Rechenvorschriften mit den fraglichen Eigenschaften gibt.

Die durch K4 geforderten Eigenschaften eines Berechenbarkeitsbegriffs erscheinen zwar durchaus plausibel, aber andererseits vielleicht doch nicht als ebenso zwingend wie die durch die übrigen Axiome ausgedrückten. Sie wurden deshalb auch vor allem aus einem methodischen Grund in den Forderungskatalog aufgenommen: Wenn nämlich nachgewiesen werden kann, dass bestimmte Verwandtschaftsverhältnisse schon nicht immer zwischen Berechenbarkeitsbegriffen bestehen, welche die Axiome K0 bis K4 erfüllen, so gewinnt man eine schärfere Aussage, als wenn nur K0 bis K3 gefordert worden wären. Andererseits erhält man eine weiter gehende Aussage, wenn gezeigt werden kann, dass bestimmte Bedingungen bereits dann immer erfüllt sind, wenn lediglich K0 bis K3 gelten.

Unter der in K2 benutzten *Folgenverschlüsselung* soll die in §2.2 eingeführte verstanden werden. Dies ist zwar nicht unerlässlich, erspart aber die erneute Herleitung einiger Ungleichungen, die später benutzt werden sollen. Aus diesem Grund wurde auch keine bijektive Gödelisierung der endlichen Zahlenfolgen genommen, obgleich dies ebenso gut möglich gewesen wäre und sogar besser zu der vorgestellten bijektiven Verschlüsselung der Rechenvorschriften gepasst hätte. (Durch Letztere ist die Einführung eines Prädikats $\lambda x\, R^K(x)$, das die Eigenschaft einer Zahl ausdrückt, K-Vorschrift zu sein, überflüssig geworden; entsprechend hätte die Verwendung einer bijektiven Folgenverschlüsselung das Prädikat $\lambda x\, Seq(x)$ entbehrlich gemacht.)

Gezeigt werden muss noch, dass die zugrunde gelegte Folgenverschlüsselung allenfalls unwesentlich in die vorgenommene Begriffsbildung eingeht. Sei dazu $K = (P^K,\, V^K,\, A^K,\, U^K,\, a^K,\, m^K,\, v^K,\, I^K,\, E^K,\, M^K)$ ein Berechenbarkeitsbegriff und eine weitere Gödelisierung der endlichen Zahlenfolgen gegeben, deren zugehörige Funktionen und Prädikate wie die entsprechenden der hier zugrunde gelegten bezeichnet, jedoch zusätzlich mit einem Stern indiziert werden sollen. Dann werde

$$(E^K)^*(m,\, n,\, f,\, g) =_{Df} E^K(m,\, n,\, f,\, \mu x\,(Seq(x) \land lg(x) = lg^*(g)$$

$$\land\ (\forall x < lg^*(g))\,(a)_k = (g)_k^*))$$

gesetzt. Aufgrund der für die neu hinzugekommene Gödelisierung vorausgesetzten Eigenschaften sind die Funktionen $\lambda x\, lg^*(x)$ und $\lambda xy\,(x)_y^*$ rekursiv; außerdem besteht für den μ-Operator offenbar der Normalfall. Daher ist auch die Funktion $\lambda xyzw\,(E^K)^*(x,\, y,\, z,\, w)$ rekursiv. Ersichtlich weist sie den "neuen" Folgenzahlen $<g_0,\, ...,\, g_{m-1}>^*$ jeweils dieselben K-Indizes zu wie vorher den "alten" Folgenzahlen $<g_0,\, ...,\, g_{m-1}>$; daher hat

$$K^* =_{Df} (P^K,\, V^K,\, A^K,\, U^K,\, a^K,\, m^K,\, v^K,\, I^K,\, (E^K)^*,\, M^K)$$

in Bezug auf die neue Folgenverschlüsselung dieselben Eigenschaften wie K in Bezug auf die alte. Umgekehrt lässt sich offenbar aus jedem derartigen K^* auf analoge Weise das entsprechende K gewinnen; deshalb ist schließlich die Rolle, welche der Wahl der zugrunde zu legenden Folgenverschlüsselung bei Aufstellung eines Berechenbarkeitsbegriffs zukommt, nicht als "wesentlich" zu bewerten. -

Dass die im ersten Kapitel eingeführte *Turing-Berechenbarkeit* den an einen Berechenbarkeitsbegriff gestellten Effektivitätsforderungen zumindest im intuitiven Sinne genügt, wurde bereits dort und im zweiten Kapitel dargelegt. Wenigstens angedeutet werden soll, dass auch der *Gleichungskalkül* (natürlich bis auf K0) entsprechende Eigenschaften hat: Für die zugehörigen Vorschriften, Protokolle und Ergebnisentnahmen wurde dies bereits bei der Motivierung der für Berechenbarkeitsbegriffe angegebenen Axiome ausgeführt. Dass die rekursiven Anfangsfunktionen durch Gleichungssysteme definiert werden können, ist nicht schwierig zu sehen und für einige von ihnen wohlbekannt; dabei ist klar, dass Gleichungen $f(x_0, ..., x_{r-1}) = x_m$ für die Identitätsfunktionen sich auch *effektiv* aus m und n mit $m < n$ konstruieren lassen. Definitionen durch Einsetzung der Form $f(x) = g(h_1(x), ..., h_m(x))$ können jeweils dadurch nachgebildet werden, dass die Gleichungssysteme für die einzusetzenden Funktionen hintereinander geschrieben und durch eine der oben angegebenen entsprechende Gleichung ergänzt werden; dabei sind im Allgemeinen noch geeignete Umbenennungen vorzunehmen. Die ja ebenfalls geforderte eindeutige Zerlegbarkeit der so zusammengesetzten Gleichungssysteme lässt sich nur durch zusätzliche Schreibregeln erreichen, da an die Form der zulässigen Gleichungssysteme (außer einer normierten Schreibweise) keine weiteren Anforderungen gestellt werden. Bemerkenswert ist, dass sich auch die Anwendung des μ-Operators durch Gleichungen vorschreiben lässt: Einem Gleichungssystem zur Definition der Funktion $\lambda x y\, g(x, y)$ fügt man in jeweils geeigneter Form die folgenden Gleichungen hinzu:

$$h(x, y, 0) = y$$

$$h(x, y, z+1) = h(x, y+1, g(x, y+1))$$

$$f(x) = h(x, 0, g(x, 0))$$

Es ist klar, dass die skizzierten Veränderungen *effektiv* vorgenommen werden können, und die gleichfalls geforderte Rekonstruierbarkeit des ursprünglichen Systems ist in dem zuletzt behandelten Fall unproblematisch. Die übrigen durch K4 geforderten Eigenschaften lassen sich ohne Schwierigkeit den jeweiligen Formen der genannten Gleichungssysteme entnehmen. - Dass die beschriebenen Gleichungssysteme in Bezug auf die Herleitbarkeit von Ergebnisgleichungen $f(a) = b$ jeweils tatsächlich die behaupteten Eigenschaften haben, leuchtet zwar ein, soll hier aber nicht genauer begründet werden. -

Für Berechenbarkeitsbegriffe K gilt:

Satz 1: Eine n-stellige Funktion $\lambda x \, \varphi(x)$ (mit $n \geq 0$) ist genau dann partiell bzw. total K-berechenbar, wenn sie partiell- bzw. total-rekursiv ist.

Beweis: 1) Definitionsgemäß ist jede (partiell bzw. total) K-berechenbare Funktion darstellbar in der Form $\varphi(x) = [f]_n^K(x) = U^K(\mu y \, T_n^K(f, x, y))$ mit geeignetem K-Index f. Daraus ergibt sich zugleich ihre (partielle bzw. totale) Reursivität.

2) Jede partiell-rekursive Funktion $\lambda x \, \varphi(x)$ lässt sich ja aus den Anfangsfunktionen $+$, $\cdot$, $\chi_<$, I_n^m durch endlich viele Anwendungen des Einsetzungsschemas sowie des μ-Operators definieren. Durch Induktion über die partiell-rekursiven Definitionen folgt daher offenbar aufgrund von K1, K2, K3, dass man zu φ immer auch einen K-Index f findet. Damit ist φ partiell (und ggf. total) K-berechenbar. –

Offensichtlich wird K4 zum Beweis von Satz 1 nicht gebraucht.

Folgerung: Ein (zahlentheoretisches) Prädikat ist genau dann rekursiv, wenn es K-entscheidbar ist. Eine Menge von natürlichen Zahlen ist genau dann rekursiv aufzählbar, wenn sie K-aufzählbar ist. Offenbar gilt dies entsprechend auch für die verallgemeinerten Fassungen des Aufzählbarkeitsbegriffs sowie für die arithmetischen Prädikate.

Der obige Satz kommt nicht sehr überraschend, da er gewissermaßen von vornherein und nicht einmal auf sehr indirekte Weise in die Definition der K-Berechenbarkeit hineingelegt wurde. Nichtsdestoweniger wirft er ein gewisses zusätzliches Licht auf die *These von* CHURCH: Da wohl kaum ernsthaft angezweifelt werden kann, dass jede partiell-rekursive Funktion auch im Sinne der intuitiven Vorstellung effektiv berechenbar ist, lassen sich Zweifel an der These allenfalls dadurch nähren, dass man im intuitiven Sinne berechenbare Funktionen für vorstellbar hält, die jedoch nicht mehr partiell-rekursiv sind. Hier zeigt nun der Satz (bzw. die der zu ihm führenden Begriffsbildung vorausgegangene Analyse), dass es dann Berechenbarkeitsbegriffe geben müsste, deren "syntaktische" Prädikate T_n^K oder deren "syntaktische" Funktion U^K zwar noch effektiv, aber nicht mehr rekursiv wären (falls man nicht die vorgenommene Analyse überhaupt verwerfen will). Die These von CHURCH lässt sich also gewissermaßen in den genannten syntaktischen Größen lokalisieren: Deren Rekursivität zieht von selbst die partielle Rekursivität der als K-berechenbar erfassten Funktionen nach sich. –

Die im Folgenden angestellten Überlegungen dienen dem Nachweis von bestimmten *Uniformitätseigenschaften* der Berechenbarkeitsbegriffe.

Lemma 1: Zu jedem Berechenbarkeitsbegriff K gibt es eine rekursive Funktion $\lambda xy\, C^K(x, y)$, sodass gilt:

$$[C^K(n, a)]_n^K(x) = C_n^a(x) = a$$

$$C^K(n, a) = C^K(n, b) \Rightarrow a = b$$

Beweis: Aufgrund der durch K1 vereinbarten Nummerierung der Argumentstellen gilt zunächst offenbar:

$$C_n^0(x) = 0 = \mu y\,(y = 0)$$

$$= \mu y\,(I_{n+1}{}^n(x, y) = 0)$$

$$C_n^{a+1}(x) = a+1 = \mu y\,(a < y)$$

$$= \mu y\,(\chi_<(a, y) = 0)$$

$$= \mu y\,(\chi_<(C_n^a(I_{n+1}{}^0(x, y), \ldots, I_{n+1}{}^{n-1}(x, y)), I_{n+1}{}^n(x, y)) = 0)$$

Wegen K1, K2, K3 kann man deshalb festsetzen:

$$C^K(n, 0) =_{Df} M^K(n, I^K(n, n+1))$$

$$C^K(n, a+1)$$

$$=_{Df} M^K(n, E^K(2, n, v^K,$$

$$\qquad <E^K(n, n+1, C^K(n, a),$$

$$\qquad\qquad \mu x\,(lg(x) = n \wedge (\forall l < n)\,(x)_l = I^K(l, n+1)), I^K(n, n+1)>))$$

$$= M^K(n, E^K(2, n, v^K,$$

$$\qquad <E^K(n, n+1, C^K(n, a), <I^K(0, n+1), \ldots, I^K(n-1, n+1)>),$$

$$\qquad I^K(n, n+1)>))$$

Dann ist $\lambda na\, C^K(n, a)$ rekursiv, und man rechnet aus (Induktion über a):

$$[C^K(n, 0)]_n^K(x) = [M^K(n, I^K(n, n+1))]_n^K(x)$$

$$= \mu y\,([I^K(n, n+1)]_{n+1}^K(x, y) = 0)$$

$$= \mu y\,(I_{n+1}{}^n(x, y) = 0)$$

$$= \mu y\,(y = 0)$$

$$= 0 = C_n^0(x)$$

$$[C^{\kappa}(n,\ a+1)]_n^{\ \kappa}(\boldsymbol{x})$$

$$= [M^{\kappa}(n,\ E^{\kappa}(2,\ n,\ v^{\kappa},$$

$$<E^{\kappa}(n,\ n+1,\ C^{\kappa}(n,\ a),\ <I^{\kappa}(0,\ n+1),\ ...,\ I^{\kappa}(n-1,\ n+1)>),$$

$$I^{\kappa}(n,\ n+1)>)]_n^{\ \kappa}(\boldsymbol{x})$$

$$= \mu y\,([E^{\kappa}(2,\ n,\ v^{\kappa},$$

$$<E^{\kappa}(n,\ n+1,\ C^{\kappa}(n,\ a),\ <I^{\kappa}(0,\ n+1),\ ...,\ I^{\kappa}(n-1,\ n+1)>),$$

$$I^{\kappa}(n,\ n+1)>)]_{n+1}^{\ \kappa}(\boldsymbol{x},\ y) = 0)$$

$$= \mu y\,(\chi_<\,([C^{\kappa}(n,\ a)]_n^{\ \kappa}([I^{\kappa}(0,\ n+1)]_{n+1}^{\ \kappa}(\boldsymbol{x},\ y),\ ...,\ [I^{\kappa}(n-1,\ n+1)]_{n+1}^{\ \kappa}(\boldsymbol{x},\ y)),$$

$$[I^{\kappa}(n,\ n+1)]_{n+1}^{\ \kappa}(\boldsymbol{x},\ y)) = 0)$$

$$= \mu y\,(\chi_<\,(C_n^{\ a}(I_{n+1}^{\ 0}(\boldsymbol{x},\ y),\ ...,\ I_{n+1}^{\ n-1}(\boldsymbol{x},\ y)),\ I_{n+1}^{\ n}(\boldsymbol{x},\ y)) = 0)$$

(nach Induktionsvoraussetzung)

$$= \mu y\,(\chi_<\,(a,\ y) = 0)$$

$$= \mu y\,(a < y)$$

$$= a+1 = C_n^{\ a+1}(\boldsymbol{x})$$

Damit ist die erste Behauptung bewiesen. Die zweite folgt dann offenbar aus:

$$a = [C^{\kappa}(n,\ a)]_n^{\ \kappa}(\boldsymbol{x}) = U^{\kappa}(\mu y\ T_n^{\ \kappa}(C^{\kappa}(n,\ a),\ \boldsymbol{x},\ y))$$

Auch zum Beweis der zweiten Aussage des Lemmas wird K4 nicht benötigt. - Man erkennt übrigens, dass der erste Teil des obigen Beweises eine Art Nachbildung des Beweises von R6 aus §2.1 ist.

Satz 2: Zu jedem Berechenbarkeitsbegriff K gibt es eine rekursive Funktion $\lambda xyz\,S^{\kappa}(x,\ y,\ z)$, sodass gilt:

$$[S^{\kappa}(n,\ f,\ a)]_n^{\ \kappa}(\boldsymbol{x}) = [f]_{n+1}(\boldsymbol{x},\ a)$$

Aus K4 folgt außerdem:

$$S^{\kappa}(n,\ f,\ a) = S^{\kappa}(n,\ g,\ b) \Rightarrow f = g \wedge a = b$$

Beweis: Man definiert:

$$S^{\kappa}(n,\ f,\ a) =_{\mathrm{Df}} E^{\kappa}(n+1,\ n,\ f,\ <I^{\kappa}(0,\ n),\ ...,\ I^{\kappa}(n-1,\ n),\ C^{\kappa}(n,\ a)>)$$

Wegen

$$<I^{\kappa}(0, n), \ldots, I^{\kappa}(n-1, n), C^{\kappa}(n, a)>$$

$$= \mu x\,(lg(x) = n+1 \wedge (\forall l < n)\,(x)_l = I^{\kappa}(l, n) \wedge (x)_n = C^{\kappa}(n, a))$$

ist dann $\lambda nfa\ S^{\kappa}(n, f, a)$ rekursiv (auch in n). Da bei der Definition von S^{κ} für die vierte Argumentkomponente eine Folgenzahl eingesetzt wurde, folgt

$$S^{\kappa}(n, f, a) = S^{\kappa}(n, g, b) \Rightarrow f = g \wedge a = b$$

offenbar aus den entsprechenden Eigenschaften von E^{κ} und C^{κ}. - Schließlich rechnet man aus:

$$[S^{\kappa}(n, f, a)]_n{}^{\kappa}(\boldsymbol{x}) = [E^{\kappa}(n+1, n, f, <I^{\kappa}(0, n), \ldots, I^{\kappa}(n-1, n), C^{\kappa}(n, a)>)]_n{}^{\kappa}(\boldsymbol{x})$$

$$= [f]_{n+1}{}^{\kappa}([I^{\kappa}(0, n)]_n{}^{\kappa}(\boldsymbol{x}), \ldots, [I^{\kappa}(n-1, n)]_n{}^{\kappa}(\boldsymbol{x}), [C^{\kappa}(n, a)]_n{}^{\kappa}(\boldsymbol{x}))$$

$$= [f]_{n+1}{}^{\kappa}(\boldsymbol{x}, a), \text{ qed. -}$$

Der Satz kann als leicht verschärfte Fassung eines *K-SMN-Theorems* angesehen werden: Durch Iterationen der Definition von S^{κ} erhält man zu jedem m eine rekursive Funktion $\lambda nfa\ S_m{}^{\kappa}(n, f, a)$, sodass gilt:

$$[S_m{}^{\kappa}(n, f, a)]_n{}^{\kappa}(\boldsymbol{x}) = [f]_{m+n}{}^{\kappa}(\boldsymbol{x}, a)$$

Wird hierbei neben m auch noch jeweils n fest gehalten, so ergibt sich für das *K*-SMN-Theorem die zumeist übliche Form. - Da die obige Erweiterung von Satz 2 die Stellenparameter m, n ja unterschiedlich behandelt, soll noch kurz dargelegt werden, dass neben der gerade erwähnten Fassung auch eine Art *K*-SMN-Theorem gilt, in dem beide Stellenparameter gleichartig als *Argumentkomponenten einer rekursiven Funktion* (statt als jeweils feste Werte) auftreten:

Satz 2*: Zu jedem Berechenbarkeitsbegriff K gibt es eine rekursive Funktion $\lambda xyzw\ S.^{\kappa}(x, y, z, w)$, sodass gilt:

$$[S.^{\kappa}(m, n, f, a)]_n{}^{\kappa}(\boldsymbol{x}) = [f]_{m+n}{}^{\kappa}(\boldsymbol{x}, (a)_0, \ldots, (a)_{m-1})$$

Aufgrund von K4 gilt außerdem für $m > 0$ sowie $Seq\,(a) \wedge Seq\,(b) \wedge lg\,(a) = lg\,(b) = m$:

$$S.^{\kappa}(m, n, f, a) = S.^{\kappa}(m, n, g, b) \Rightarrow f = g \wedge a = b$$

Beweis: Man setzt

$$S.^{\kappa}(0, n, f, a) =_{Df} f$$

$$S.^{\kappa}(m+1, n, f, a) =_{Df} S.^{\kappa}(m, n, S^{\kappa}(m+n, f, (a)_m), <(a)_0, \ldots, (a)_{m-1}>)$$

und findet zunächst:

$$S_\cdot^\kappa(m+1,\ n,\ f,\ a)$$

$$= S_\cdot^\kappa(m,\ n,\ S^\kappa(m+n,\ f,\ (a)_m),\ \mu x\,(lg(x) = m \wedge (\forall l < m)\,(x)_l = (a)_l))$$

Daher ist $\lambda mnfa\ S_\cdot^\kappa(m,\ n,\ f,\ a)$ rekursiv. Schließlich rechnet man aus:

$$[S_\cdot^\kappa(0,\ n,\ f,\ a)]_n^{\ \kappa}(x) = [f]_n^{\ \kappa}(x)$$

$$[S_\cdot^\kappa(m+1,\ n,\ f,\ a)]_n^{\ \kappa}(x) = [S_\cdot^\kappa(m,\ n,\ S^\kappa(m+n,\ f,\ (a)_m),\ {<}(a)_0,\ ...,\ (a)_{m\dashv}{>})]_n^{\ \kappa}(x)$$

$$= [S^\kappa(m+n,\ f,\ (a)_m)]_n^{\ \kappa}(x,\ (a)_0,\ ...,\ (a)_{m\dashv})$$

$$\text{(nach Induktionsvoraussetzung)}$$

$$= [f]_{m+n+1}^{\ \kappa}(x,\ (a)_0,\ ...,\ (a)_m)$$

$$\text{(wegen Satz 2)}$$

Der Zusatz wird durch Induktion über $m > 0$ bewiesen; dabei wird jeweils $S_\cdot^\kappa(m,\ n,\ f,\ a) = S_\cdot^\kappa(m,\ n,\ g,\ b)$ sowie $Seq(a) \wedge Seq(b) \wedge lg(a) = lg(b) = m$ vorausgesetzt.

1) $S_\cdot^\kappa(1,\ n,\ f,\ a) = S_\cdot^\kappa(0,\ n,\ S^\kappa(n,\ f,\ (a)_0),\ {<}\varnothing{>})$ wegen $lg(a) = 1$

$$= S^\kappa(n,\ f,\ (a)_0)$$

$$= S_\cdot^\kappa(1,\ n,\ g,\ b)\quad \text{nach Voraussetzung}$$

$$= S_\cdot^\kappa(0,\ n,\ S^\kappa(n,\ g,\ (b)_0),\ {<}\varnothing{>})\quad \text{wegen } lg(b) = 1$$

$$= S^\kappa(n,\ g,\ (b)_0)$$

Aufgrund von Satz 2 folgt dann zunächst $f = g \wedge (a)_0 = (b)_0$ und wegen $Seq(a) \wedge Seq(b) \wedge lg(a) = lg(b) = 1$ offenbar weiter $f = g \wedge a = b$.

2) $S_\cdot^\kappa(m+1,\ n,\ f,\ a) = S_\cdot^\kappa(m,\ n,\ S^\kappa(m+n,\ f,\ (a)_m),\ {<}(a)_0,\ ...,\ (a)_{m\dashv}{>})$

$$= S^\kappa(m+1,\ n,\ g,\ b)\quad \text{nach Voraussetzung}$$

$$= S_\cdot^\kappa(m,\ n,\ S^\kappa(m+n,\ g,\ (b)_m),\ {<}(b)_0,\ ...,\ (b)_{m\dashv}{>})$$

Nach Induktionsvoraussetzung folgt daher zunächst:

$$S^\kappa(m+n,\ f,\ (a)_m) = S^\kappa(m+n,\ g,\ (b)_m) \wedge {<}(a)_0,\ ...,\ (a)_{m\dashv}{>} = {<}(b)_0,\ ...,\ (b)_{m\dashv}{>}$$

Wegen Satz 2 ergibt sich hieraus: $f = g \wedge (a)_m = (b)_m$

Aufgrund von $Seq\,(a) \wedge Seq\,(b) \wedge lg\,(a) = lg\,(b) = m+1$ erhält man offenbar schließlich: $f = g \wedge a = b$, qed. -

Die Voraussetzung $Seq\,(a) \wedge Seq\,(b)$ bei dem obigen Zusatz wäre nicht erforderlich gewesen, wenn die zugrunde gelegte Gödelisierung der endlichen Zahlenfolgen diese bijektiv auf die natürlichen Zahlen abbilden würde, weil sie dann immer von selbst erfüllt wäre.

Wie entsprechend bereits bei Erörterung des SMN-Theorems in §2.5 ausgeführt wurde, besagt das K-SMN-Theorem in etwa, dass sich die K-Vorschriften jeweils nach einem *einheitlichen konstruktiven Verfahren* dahingehend abwandeln lassen, dass für gewisse Argumentkomponenten bestimmte Einsetzungen - die zunächst gewissermaßen rein zufällig vorgenommen werden können - fest vorgeschrieben werden. Dass es sich hierbei immer gerade um die hinteren Argumentstellen handelt, ist nicht entscheidend: Wie in §2.5 lässt sich nämlich mithilfe des SMN-Theorems leicht zeigen, dass jeweils durch eine ähnliche konstruktive Abänderung der auf eine feste Stellenzahl bezogenen Rechenvorschriften eine bestimmte Permutation der Argumentstellen bewirkt werden kann. - Aus dem K-SMN-Theorem lässt sich natürlich mit den in §2.5 vorgeführten Methoden auch ein *K-Rekursionstheorem* gewinnen; dies gilt auch für die in der Literatur vorhandenen weiter reichenden Versionen, die hier nicht behandelt worden sind.

Auch alle übrigen Folgerungen, die sich im Verlauf der vorausgegangenen Untersuchungen aus der Gültigkeit des *Normalformentheorems* und des *SMN-Theorems* ergeben haben, übertragen sich offenbar aufgrund von Satz 1 und Satz 2 auf sämtliche Berechenbarkeitsbegriffe. Insbesondere gilt dies für die Aussagen über die *Hierarchie der arithmetischen Prädikate* sowie für deren in §3.3 vorgenommene *Anwendungen*. Es handelt sich dabei also jeweils nicht um Eigenschaften einer bestimmten Präzisierung des Berechenbarkeitskonzepts, sondern vielmehr um solche, die gewissermaßen der intuitiven Konzeption selbst zugeschrieben werden müssen. -

Noch eine weitere Uniformitätsaussage soll bewiesen werden:

Satz 3: Zu jedem Berechenbarkeitsbegriff K gibt es eine rekursive Funktion $\lambda x\, F^K(x)$, sodass gilt:

$$[F^K(n)]_n^{\ K}(x_1,\, ...,\, x_n) = <x_1,\, ...,\, x_n>^*$$

Dabei bezeichnet $< ... >^*$ eine geeignete Gödelisierung der endlichen Zahlenfolgen.

Anmerkung: Die hier bislang benutzte Gödelisierung aus §2.2 wäre grundsätzlich ebenfalls geeignet, wäre aber technisch mühsamer zu handhaben als die im Folgenden eingeführte. Dies liegt daran, dass zum Beweis zunächst ein Schema von expliziten, in Bezug auf Rekursivität zulässigen Definitionen für die Funktionen $\lambda x <x>$ angegeben werden müsste.

Beweis: Zunächst wird daran erinnert, dass im Beweis zu Lemma 3.3.2 eine Schar von *rekursiven Bijektionen* $\sigma^n \mid N^n \to N$ (für $n > 0$) erklärt wurde. Zur größeren Bequemlichkeit des Lesers soll die Definition hier wiederholt werden: Den Ausgangspunkt bildete eine *rekursive Bijektion* $\sigma \mid N^2 \to N$ aller geordneten Paare. Damit wurde durch Induktion über $n > 0$ festgesetzt:

$$\sigma^1(x_1) =_{Df} x_1$$

$$\sigma^{n+1}(x_1, \ldots, x_{n+1}) =_{Df} \sigma(\sigma^n(x_1, \ldots, x_n), x_{n+1})$$

(Insbesondere ist dann $\sigma^2 = \sigma$.)

Die *Umkehrfunktionen* $\lambda y\, \sigma_1(y)$, $\lambda y\, \sigma_2(y)$ von σ sind ebenfalls rekursiv. Damit lassen sich die *Umkehrfunktionen* $\lambda y\, \sigma_1^n(y)$, $\ldots$, $\lambda y\, \sigma_n^n(y)$ von σ^n (für $n > 0$) so erklären:

$$\sigma_1^1(y) =_{Df} y$$

$$\sigma_k^{n+1}(y) =_{Df} \sigma_k^n(\sigma_1(y)) \quad \text{für } k = 1, \ldots, n$$

$$\sigma_{n+1}^{n+1}(y) =_{Df} \sigma_2(y)$$

Daher sind auch diese Funktionen sämtlich rekursiv (und außerdem ist $\sigma_1^2 = \sigma_1$ sowie $\sigma_2^2 = \sigma_2$).

Für *beliebige* Stellenzahlen $n \geq 0$ wird jetzt festgesetzt:

$$\Phi(x_1, \ldots, x_n) =_{Df} \begin{cases} 0 & \text{für } n = 0 \\ \sigma^{n+1}(x_n, \ldots, x_1, n \dot- 1) + 1 & \text{sonst} \end{cases}$$

(Die vielleicht etwas seltsam anmutende Reihenfolge der Argumentstellen wurde einzig und allein aus technischen Gründen gewählt.)

Wegen $\sigma^{n+1}(x_n, \ldots, x_1, n \dot- 1) = \sigma(\sigma^n(x_n, \ldots, x_1), n \dot- 1)$ und der Bijektivität von $\sigma \mid N^2 \to N$ sowie jeweils der Bijektivität von $\sigma^n \mid N^n \to N$ mit $n > 0$ durchläuft $(\sigma^n(x_n, \ldots, x_1), n \dot- 1)$ jedes geordnete Paar von natürlichen Zahlen genau einmal und daher $\sigma^{n+1}(x_n, \ldots, x_1, n \dot- 1)$ für $n > 0$ jede natürliche Zahl genau einmal. Damit ist schließlich $\Phi \mid N^* \to N$ offenbar bijektiv, wobei N^* hier - wie in der

Informatik üblich - die *Menge aller endlichen Zahlenfolgen* (einschließlich der leeren) bezeichnet. Deshalb kann

$$\Phi(x_1, ..., x_n) =_{Df} <x_1, ..., x_n>^*$$

gesetzt werden. Ersichtlich ist dann jedes $\lambda x_1 ... x_n <x_1, ..., x_n>^*$ (mit festem $n \geq 0$) eine rekursive Funktion.

Zum Nachweis der Gödelisierungseigenschaft von Φ muss allerdings noch gezeigt werden, dass die zugehörigen Entschlüsselungsfunktionen $\lambda x \; lg^* (x)$ und $\lambda xy (x)^*_y$ rekursiv sind (ohne dass es dabei auf Uniformität ankommt):

Zunächst kann die *Länge* der verschlüsselten Folge offenbar so erklärt werden:

$$lg^* (x) =_{Df} \begin{cases} 0 & \text{für } x = 0 \\ \sigma_2(x \div 1) + 1 & \text{sonst} \end{cases}$$

Weiter ist für $lg^* (x) > 0$

$$t(x) =_{Df} \sigma_1(x \div 1)$$

die Gödelnummer des zu der durch x verschlüsselten Folge gehörigen *geordneten Tupels*. Für $lg^* (x) = 1$ ist diese zugleich die einzige Komponente $(x)^*_0$ des Tupels. Für $lg^* (x) > 1$ wird dagegen das erste Folgenglied aus $t(x)$ durch σ_2 berechnet; $\sigma_1(t(x))$ ist dann die Schlüsselzahl des Tupels aus den nachfolgenden Gliedern. Bis zur vollständigen Entschlüsselung von $t(x)$ wird daher das nächstfolgende Glied jeweils aus der Gödelnummer des noch nicht entschlüsselten Restes durch σ_2 berechnet, während σ_1 jeweils aus dieser Zahl die Kodierung des danach noch verbleibenden Folgenendes liefert; erst zur Bestimmung des letzten Folgengliedes muss σ_1 angewendet werden. Für noch größere Indizes ist es schließlich unerheblich, welche Werte berechnet werden. Man kann daher die Funktion $\lambda xy (x)^*_y$ (welche für $y < lg^* (x)$ jeweils das *mit y indizierte Folgenglied* angibt, wenn die Nummerierung mit 0 beginnt) auf die folgende Weise erklären; dabei liefert die Hilfsfunktion $\lambda xy \; h(x, y)$ jeweils das Ergebnis der y-maligen Anwendung von σ_1 auf x:

$$h(x, 0) =_{Df} t(x) = \sigma_1(x \div 1)$$

$$h(x, y+1) =_{Df} \sigma_1(h(x, y))$$

$$(x)^*_0 =_{Df} \begin{cases} t(x) = \sigma_1(x \div 1) & \text{für } lg^* (x) \leq 1 \\ \sigma_2(t(x)) = \sigma_2(\sigma_1(x \div 1)) & \text{sonst} \end{cases}$$

$$(x)^*_{y+1} =_{Df} \begin{cases} h(x,\, y+1) = \sigma_1(h(x,\, y)) \text{ für } lg^*(x) = y+2 \\[2mm] \sigma_2(h(x,\, y)) \text{ sonst} \end{cases}$$

Damit sind die zu Φ gehörigen Entschlüsselungsfunktionen rekursiv.

Sei jetzt o^κ ein K-Index für C_0^0 (also $[o^\kappa]_0^\kappa = 0$) und s^κ ein solcher für $\lambda xy\, \sigma(x,\, y)$. Dann wird zunächst festgesetzt:

$$t^\kappa(0) =_{Df} o^\kappa$$

$$t^\kappa(1) =_{Df} I^\kappa(0,\, 1)$$

$$t^\kappa(n+2) =_{Df} E^\kappa(2,\, n+2,\, s^\kappa,$$

$$< E^\kappa(n+1,\, n+2,\, t^\kappa(n+1),$$

$$\mu x\, (lg(x) = n+1 \wedge (\forall l < n+1)\, (x)_l = I^\kappa((n+1) \dot{-} l,\, n+2)),$$

$$I^\kappa(0,\, n+2)>)$$

$$= E^\kappa(2,\, n+2,\, s^\kappa,$$

$$< E^\kappa(n+1,\, n+2,\, t^\kappa(n+1),\, < I^\kappa(n+1,\, n+2),\, ...,\, I^\kappa(1,\, n+2)>),$$

$$I^\kappa(0,\, n+2)>)$$

Die Funktion $\lambda x\, t^\kappa(x)$ ist rekursiv (da Definitionen für $t^\kappa(1)$ und für $t^\kappa(n+2)$ sich offenbar durch die Fallunterscheidung zwischen $n = 1$ und $n > 1$ zu einer formal einheitlichen Definition für $t^\kappa(n+1)$ zusammenfassen lassen), und für $n > 0$ gilt:

$$[t^\kappa(n)]_n^\kappa = \lambda x_0\, ...\, x_{n-1}\, \sigma^n(x_{n-1},\, ...,\, x_0)$$

Dies ergibt sich durch Induktion über n, indem man ausrechnet:

$$[t^\kappa(0)]_0^\kappa = [o^\kappa]_0^\kappa = C_0^0 = 0$$

$$[t^\kappa(1)]_1^\kappa(x_0) = [I^\kappa(0,\, 1)]_1^\kappa(x_0) = I_1^0(x_0) = x_0$$

$$[t^\kappa(n+2)]_{n+2}^\kappa(x_0,\, ...,\, x_{n+1})$$

$$= [s^\kappa]_2^\kappa([t^\kappa(n+1)]_{n+1}^\kappa([I^\kappa(n+1,\, n+2)]_{n+2}^\kappa(x),$$

$$...,\, [I^\kappa(1,\, n+2)]_{n+2}^\kappa(x)),\, [I^\kappa(0,\, n+2)]_{n+2}^\kappa(x))$$

$$= \sigma(\sigma^{n+1}(I_{n+2}^{n+1}(x),\, ...,\, I_{n+2}^1(x)),\, I_{n+2}^0(x))$$

(nach Induktionsvoraussetzung)

$$= \sigma\,(\sigma^{n+1}(x_{n+1},\, ...,\, x_1),\, x_0)$$

$$= \sigma^{n+2}(x_{n+1},\, ...,\, x_0)$$

Schließlich wird festgesetzt:

$$F^\kappa(0) =_{\mathrm{Df}} t^\kappa(0) = o^\kappa$$

$$F^\kappa(n{+}1) =_{\mathrm{Df}} E^\kappa(2,\, n{+}1,\, s^\kappa,\, {<}E^\kappa(1,\, n{+}1,\, t^\kappa(n{+}1),$$

$$\mu x\,(lg(x) = n{+}1 \wedge (\forall l < n{+}1)\,(x)_l = I^\kappa((l,\, n{+}1)),$$

$$C^\kappa(n{+}1,\, n){>})$$

$$= E^\kappa(2,\, n{+}1,\, s^\kappa,$$

$$<E^\kappa(1,\, n{+}1,\, t^\kappa(n{+}1).\ <I^\kappa(0,\, n{+}1),\, ...,\, I^\kappa(n,\, n{+}1){>}),\, C^\kappa(n{+}1,\, n){>})$$

Damit ist $\lambda x\, F^\kappa(x)$ offenbar rekursiv, und man rechnet aus:

$$[F^\kappa(0)]_0{}^\kappa = [o^\kappa]_0{}^\kappa = 0 = {<}\varnothing{>}^*$$

$$[F^\kappa(n{+}1)]_{n+1}{}^\kappa(x_0,\, ...,\, x_n)$$

$$= [s^\kappa]_2{}^\kappa([t^\kappa(n{+}1)]_{n+1}{}^\kappa([I^\kappa(0,\, n{+}1)]_{n+1}{}^\kappa(x),$$

$$...,\, [I^\kappa(n,\, n{+}1)]_{n+1}{}^\kappa(x)),\, [C^\kappa(n{+}1,\, n)]_{n+1}{}^\kappa(x))$$

$$= \sigma\,(\sigma^{n+1}(I_{n+1}{}^n(x),\, ...,\, I_{n+1}{}^0(x)),\, C_{n+1}{}^n(x))$$

$$= \sigma\,(\sigma^{n+1}(x_n,\, ...,\, x_0),\, n)$$

$$= {<}x_0,\, ...,\, x_n{>}^*$$

Hiermit ist der Satz bewiesen. -

Sein Beweis beruht im Wesentlichen darauf, dass aufgrund der Axiome K1, K2, K3 die partiell-rekursiven Funktionsdefinitionen sich durch entsprechende Indexberechnungen nachbilden lassen. Dabei liegt die unbestreitbare Umständlichkeit einiger der obigen Ansätze an der vereinbarten *Normierung des Einsetzungsschemas*: Diese verlangt nämlich, dass jeweils sämtliche eingesetzten Funktionen von denselben Argumenten abhängen, und dies lässt sich im Allgemeinen erst durch zusätzliche Einsetzungen von Identitätsfunktionen erreichen. -

In diesem Zusammenhang soll noch kurz erörtert werden, als wie wesentlich in Bezug auf die hier behandelten Fragen die *Stellenzahl* einer Funktion bzw. eines Prädikats anzusehen ist. Dazu wird festgesetzt:

Definition 2: Sei $\lambda x_0 \ldots x_n\, f(x_0, \ldots, x_n)$ eine $(n+1)$-stellige partielle Funktion und $\lambda x_0 \ldots x_n\, P(x_0, \ldots, x_n)$ ein $(n+1)$-stelliges Prädikat. Dann werden die zugehörigen *Kontraktionen* (*einstelligen Repräsentanten*) $\lambda x <\!f\!>(x)$ bzw. $\lambda x <\!P\!>(x)$ so erklärt:

$$<\!f\!>(x) =_{\mathrm{Df}} f((x)_0, \ldots, (x)_n)$$

$$<\!P\!>(x) \Leftrightarrow_{\mathrm{Df}} P((x)_0, \ldots, (x)_n)$$

Die Wahl der zugrunde gelegten Gödelisierungen ist dabei nicht wesentlich (bestimmt aber natürlich jeweils den konkreten Verlauf). Es schadet auch nichts, dass bei einstelligen Funktionen nicht f mit $<\!f\!>$ übereinstimmt (in diesem Fall wird man von $<\!f\!>$ ohnehin keinen Gebrauch machen wollen). - Offensichtlich gilt:

$$f(x_0, \ldots, x_n) = <\!f\!>(<\!x_0, \ldots, x_n\!>)$$

$$P(x_0, \ldots, x_n) \Leftrightarrow <\!P\!>(<\!x_0, \ldots, x_n\!>)$$

Hieraus und aus der Definition liest man sofort ab:

$$f \text{ ist partiell-rekursiv} \Leftrightarrow <\!f\!> \text{ ist partiell-rekursiv}$$

$$f \text{ ist rekursiv} \Leftrightarrow <\!f\!> \text{ ist rekursiv}$$

$$P \text{ ist rekursiv} \Leftrightarrow <\!P\!> \text{ ist rekursiv}$$

$$P \text{ ist aufzählbar} \Leftrightarrow <\!P\!> \text{ ist aufzählbar}$$

Allgemeiner gilt offenbar für beliebige alternierende Präfixe $\mathfrak{Q}$:

$$P \text{ ist } \mathfrak{Q}\text{-definierbar} \Leftrightarrow <\!P\!> \text{ ist } \mathfrak{Q}\text{-definierbar}$$

Zunächst in Bezug auf *Effektivität* kommt deshalb der Stellenzahl keine entscheidende Bedeutung zu. Dies gilt sogar ebenfalls hinsichtlich *Uniformität*. Wegen $\chi_{<\!P\!>} = <\!\chi_P\!>$ genügt der Nachweis für Funktionen.

Satz 4: Sei K ein Berechenbarkeitsbegriff; dann gibt es rekursive Funktionen $\lambda xy\, G^K(x, y)$, $\lambda xy\, H^K(x, y)$ derart, dass gilt:

$$[G^K(n, f)]_1^K = <\![f]_{n+1}^K\!>$$

$$[H^K(n, f)]_{n+1}^K = \lambda x_0 \ldots x_n\, [f]_1^K(<\!x_0, \ldots, x_n\!>)$$

Beweis: 1) Mit P^K und A^K gemäß Definition 1 und $S_{\cdot}^K$ aus Satz 2* erhält man:

$$<[f]_{n+1}{}^{\kappa}> (x) = [f]_{n+1}{}^{\kappa}((x)_0, \ldots, (x)_n)$$

$$= U^{\kappa}(\mu y \, T_{n+1}{}^{\kappa}(f, (x)_0, \ldots, (x)_n, y))$$

$$= U^{\kappa}(\mu y \,(P^{\kappa}(f, y) \wedge A^{\kappa}(y, 0) = n{+}1$$

$$\wedge \, A^{\kappa}(y, 1) = (x)_0 \wedge \ldots \wedge A^{\kappa}(y, n{+}1) = (x)_n))$$

$$= U^{\kappa}(\mu y \,(P^{\kappa}(f, y) \wedge A^{\kappa}(y, 0) = n{+}1 \wedge (\forall l < n{+}1) \, A^{\kappa}(y, l{+}1) = (x)_l))$$

$$= [r^{\kappa}]_3{}^{\kappa}(x, n, f) \quad \text{mit } r^{\kappa} \in \mathbf{N}$$

$$= [S^{\kappa}(2, 1, r^{\kappa}, <n, f>)]_1{}^{\kappa}(x)$$

Daher leistet $G^{\kappa}(n, f) =_{\mathrm{Df}} S^{\kappa}(2, 1, r^{\kappa}, <n, f>)$ das Verlangte.

2) Lediglich einfachheitshalber soll jetzt angenommen werden, dass die in Definition 2 der einstelligen Repräsentation zugrunde gelegte Folgenverschlüsselung diejenige aus dem Beweis von Satz 3 ist. Dann wird festgesetzt:

$$H^{\kappa}(n, f) =_{\mathrm{Df}} E^{\kappa}(n{+}1, 1, f, <F^{\kappa}(n{+}1)>)$$

Damit rechnet man aus:

$$[H^{\kappa}(n, f)]_{n+1}{}^{\kappa}(x_0, \ldots, x_n) = [E^{\kappa}(n{+}1, 1, f, <F^{\kappa}(n{+}1)>)]_{n+1}{}^{\kappa}(x_0, \ldots, x_n)$$

$$= [f]_1{}^{\kappa}([F^{\kappa}(n{+}1)]_{n+1}{}^{\kappa}(x_0, \ldots, x_n)$$

$$= [f]_1{}^{\kappa}(<x_0, \ldots, x_n>^*)$$

Somit hat auch H^{κ} die verlangte Eigenschaft, qed. -

Natürlich lassen sich die Ansätze aus dem Beweis von Satz 4 auch zum Nachweis von entsprechenden Uniformitätseigenschaften verwenden, bei denen es um die Verschmelzung lediglich eines Teils der Argumentstellen bzw. um die Aufspaltung einer von mehreren Komponenten geht.

4.2. Verwandtschaft von Berechenbarkeitsbegriffen

Hinsichtlich der erfassten partiellen Funktionen besteht zwischen verschiedenen Berechenbarkeitsbegriffen kein Unterschied; dies wurde gewissermaßen von vornherein in die Begriffsbildung hineingelegt. Damit ist aber noch nichts darüber gesagt, inwieweit zwischen den zu *verschiedenen* Berechenbarkeitsbegriffen gehörigen Berechnungsvorschriften für jeweils dieselben Funktionen effektiv ausführbare Übergänge möglich sind. Falls es etwa eine berechenbare Bijektion zwischen den zu zwei Berechenbarkeitsbegriffen gehörigen Vorschriften gibt, welche zugleich die jeweils berechnete Funktion invariant lässt, müsste dies als zusätzliche enge Verwandtschaft zwischen den beiden Begriffen betrachtet werden. Entsprechend wäre auch der Fall aufzufassen, dass ein effektiver Übergang von den Vorschriften eines Berechenbarkeitsbegriffs zu denen eines anderen gefunden werden kann, der mit den zugehörigen Uniformitätsstrukturen verträglich ist. Derartige Fragen sollen jetzt untersucht werden.

Satz 1: Seien K und L Berechenbarkeitsbegriffe; dann gibt es eine rekursive Funktion $\lambda x\, D^{KL}(x)$, sodass gilt:

$$[D^{KL}(x)]_{n+1}^{L}(x_0, \ldots, x_n) = U^K(\mu y\, T_n^{K}(x_0, \ldots, x_n, y))$$

Beweis: Die Funktion $\lambda nx\, U^K(\mu y\, T_n^{K}((x)_0, \ldots, (x)_n, y))$ ist wegen

$$U^K(\mu y\, T_n^{K}((x)_0, \ldots, (x)_n, y))$$

$$= U^K(\mu y\, (P^K(y) \wedge V^K(y) = (x)_0 \wedge A^K(y, 0) = n \wedge (\forall k < n)\, A^K(y, k+1) = (x)_{k+1}))$$

(mit P^K, A^K gemäß Definition 1.1) partiell-rekursiv; aufgrund von Definition 1.1 und Satz 1.1 hat sie daher einen L-Index r^{KL}. Wird n fest gehalten, so ergibt sich offenbar jeweils die Kontraktion von $\lambda x_0 \ldots x_n\, U^K(\mu y\, T_n^{K}(x_0, \ldots, x_n, y))$. Man erhält damit:

$$U^K(\mu y\, T_n^{K}(\boldsymbol{x}, y))$$

$$= U^K(\mu y\, T_n^{K}((<\boldsymbol{x}>)_0, \ldots, (<\boldsymbol{x}>)_n, y))$$

$$= [r^{KL}]_2^{L}(<\boldsymbol{x}>, n) \quad \text{(nach Wahl von } r^{KL})$$

$$= [r^{KL}]_2^{L}([F^L(n+1)]_{n+1}^{L}(\boldsymbol{x}), n)$$

(wegen Satz 1.3; wie schon vorher kann dabei einfachheitshalber angenommen werden, dass die zum Beweis von Satz 1.3 gewählte Folgenverschlüsselung zugrunde liegt)

$$= [r^{KL}]_2^{L}([F^L(n+1)]_{n+1}^{L}(I_{n+2}^{0}(\boldsymbol{x}, n), \ldots, I_{n+2}^{n}(\boldsymbol{x}, n)), I_{n+2}^{n+1}(\boldsymbol{x}, n))$$

$$= [r^{\kappa L}]_2{}^L([F^L(n+1)]_{n+1}{}^L([I^L(0,\ n+2)]_{n+2}{}^L(\boldsymbol{x},\ n),\ ...,\ [I^L(n,\ n+2)]_{n+2}{}^L(\boldsymbol{x},\ n)),$$

$$[I^L(n+1,\ n+2)]_{n+2}{}^L(\boldsymbol{x},\ n))\ \ (\text{wegen K1})$$

$$= [E^L(2,\ n+2,\ r^{\kappa L},$$

$$<E^L(n+1,\ n+2,\ F^L(n+1),\ <I^L(0,\ n+2),\ ...,\ I^L(n,\ n+2)>),$$

$$I^L(n+1,\ n+2)>)]_{n+2}{}^L(\boldsymbol{x},\ n)$$

(wegen K2; wie im Anschluss an Defintion 1.1. ausgeführt wurde, kann auch hier angenommen werden, dass dabei die zum Beweis von Satz 1.3 gewählte Folgenverschlüsselung zugrunde liegt)

Die Anzahl der von den inneren spitzen Klammern umschlossenen Glieder ändert sich mit n. Wegen

$$<I^L(0,\ n+2),\ ...,\ I^L(n,\ n+2)> = \mu x\,(\lg(x) = n+1 \wedge (\forall y < n+1)\,(x)_y = I^L(y,\ n+2))$$

sowie aufgrund der Eigenschaften der Folgenverschlüsselung lässt sich der durch die inneren spitzen Klammern gebildete Teilausdruck jedoch durch einen in n rekursiven Ausdruck ersetzen. Dann steht in den eckigen Klammern offenbar ebenfalls ein derartiger Ausdruck. Die obige Gleichungskette lässt sich damit wie folgt fortsetzen:

$$U^K(\mu y\ T_n{}^K(\boldsymbol{x},\ y)) = [R^{\kappa L}(n)]_{n+2}{}^L(\boldsymbol{x},\ y)\ \ \text{mit rekursivem } R^{\kappa L}$$

$$= [S^L(n+1,\ R^{\kappa L}(n),\ n)]_{n+1}{}^L(\boldsymbol{x})\ \ (\text{wegen Satz 1.2})$$

Deshalb kann schließlich $D^{\kappa L}(n) =_{\text{Df}} S^L(n+1,\ R^{\kappa L}(n),\ n)$ gesetzt werden, und man erhält eine rekursive Funktion $D^{\kappa L}$ mit der behaupteten Eigenschaft. -

Folgerung: Seien K und L Berechenbarkeitsbegriffe. Dann gilt für jede partiell-rekursive Funktion $\lambda \boldsymbol{x}\ \varphi(\boldsymbol{x})$ mit einer Stellenzahl $n \geq 0$:

$$\varphi(\boldsymbol{x}) = U^K(\mu y\ T_n{}^K(f^K,\ \boldsymbol{x},\ y))\ \ \text{mit } f^K \in \mathbf{N}$$

$$= [D^{\kappa L}(n)]_{n+1}{}^L(f^K,\ \boldsymbol{x})$$

$$= [S_*^L(n,\ D^{\kappa L}(n),\ f^K)]_n{}^L(\boldsymbol{x})$$

Dabei entspricht die rekursive Funktion S_*^L der Funktion S^L aus Satz 1.2, bezieht sich aber auf die vorgeschriebene Einsetzung eines festen Wertes für die erste (statt der letzten) Argumentstelle.

Wenn man so will, ist diese Folgerung ein *allgemeines Normalformentheorem*. Für $K = L$ und mit $D^K =_{\text{Df}} D^{\kappa K}$ liefert Satz 1 das

Korollar: Zu jedem Berechenbarkeitsbegriff K gibt es eine rekursive Funktion $\lambda x\, D^K(x)$, sodass gilt:

$$[D^K(n)]_{n+1}^{\;K}(\boldsymbol{x}) = U^K(\mu y\, T_n^{\;K}(\boldsymbol{x}, y))$$

Das Korollar drückt eine Art Uniformität der universellen partiell-rekursiven Funktionen in Bezug auf die Stellenzahl aus. Wie die obige Folgerung ergibt sich daraus offenbar weiter eine entsprechende Uniformitätsaussage über alle partiell-rekursiven Funktionen. Aufgrund des Beweises von Satz 1 dürfte außerdem deutlich sein, dass eine entsprechende Uniformität auch bei der Schar der Prädikate $\lambda x_0 \ldots x_n y\, T_n^{\;K}(x_0, \ldots, x_n, y)$ vorliegt. Satz 1 selbst beschreibt außer der besagten Uniformität noch einen Übergang zwischen zwei Berechenbarkeitsbegriffen, nämlich wie zu einem zweiten Berechenbarkeitsbegriff gehörige Vorschriften zur Berechnung der universellen Funktionen (mit jeweils bestimmter Stellenzahl) eines ersten solchen Begriffs ermittelt werden können. - Aus der Folgerung zu Satz 1 ergibt sich nun sofort:

Lemma 1: Seien K und L Berechenbarkeitsbegriffe; dann gibt es eine rekursive Funktion $\lambda xy\, \alpha^{KL}(x, y)$, sodass gilt:

1) Jede Abbildung $\lambda x\, \alpha_n^{\;KL}(x)$ mit $\alpha_n^{\;KL}(x) =_{\mathrm{Df}} \alpha^{KL}(n, x)$ ist injektiv.

2) $[\alpha_n^{\;KL}(f)]_n^{\;L} = [f]_n^{\;K}$

Beweis: Mit $\alpha^{KL}(n, f) =_{\mathrm{Df}} S^L(n, D^{KL}(n), f)$ hat man zunächst:

$$[\alpha_n^{\;KL}(f)]_n^{\;L}(\boldsymbol{x}) = [S^L(n, D^{KL}(n), f)]_n^{\;L}(\boldsymbol{x})$$

$$= U^K(\mu y\, T_n^{\;K}(f, \boldsymbol{x}, y)) \quad \text{(nach der Folgerung aus Satz 1)}$$

$$= [f]_n^{\;K}(\boldsymbol{x})$$

Die Injektivität der $\alpha_n^{\;KL}$ ist dann (dem auf die erste Argumentstelle bezogenen Gegenstück von) Satz 1.2 zu entnehmen, qed. -

Anmerkung: Festgehalten werden soll, dass K4 zum Beweis von Satz 1 mitsamt Folgerungen nicht gebraucht wurde. Erst zum Nachweis der Injektivitätsaussage in Lemma 1 wurde K4 herangezogen. (Verfolgt man die Herleitung von Lemma 1 genauer, so erkennt man, dass lediglich der E^K betreffende Zusatz gebraucht wurde.)

Zu zwei Berechenbarkeitsbegriffen K und L gibt es also immer zwei Scharen von Injektionen $\{\alpha_n^{\;KL} \mid n \in \mathbf{N}\}$ und $\{\alpha_n^{\;LK} \mid n \in \mathbf{N}\}$ mit der Stellenzahl als Scharparameter zwischen den K- und den L-Indizes, die mit der jeweils definierten partiell-rekursiven Funktion verträglich sind und sich darüber hinaus zu einer einzigen rekursiven Abbildung $\lambda nf\,\alpha^{KL}(n, f)$ bzw. $\lambda nf\,\alpha^{LK}(n, f)$ zusammensetzen lassen (und damit selbst rekursiv sind). Mithilfe eines auf den Engländer JOHN MYHILL zurückgehenden (und aus einem anderen Anlass entdeckten) Verfahrens lässt sich aus diesen beiden Scharen eine Schar von (rekursiven) Bijektionen $\{\beta_n^{KL} \mid n \in \mathbf{N}\}$ bzw. $\{\beta_n^{LK} \mid n \in \mathbf{N}\}$ zwischen den K- und den L-Indizes der jeweils fraglichen Stellenzahl gewinnen; diese Bijektionen lassen sich gleichfalls als Zweige einer einzigen rekursiven Abbildung $\lambda nf\,\beta^{KL}(n, f)$ bzw. $\lambda nf\,\beta^{LK}(n, f)$ darstellen und sind ebenfalls funktionserhaltend.

Satz 2: Seien K und L Berechenbarkeitsbegriffe; dann gibt es eine rekursive Funktion $\lambda xy\,\beta^{KL}(x, y)$, sodass gilt:

1) Jede Abbildung $\beta_n^{KL} \mid \mathbf{N} \to \mathbf{N}$ mit $\beta_n^{KL}(x) =_{\mathrm{Df}} \beta^{KL}(n, x)$ ist bijektiv.

2) $[\beta_n^{KL}(f)]_n^L = [f]_n^K$

Beweis: Beschrieben werden soll die Konstruktion einer Bijektion $\beta_n^{KL} \mid \mathbf{N} \to \mathbf{N}$. Da sie sich lediglich auf die auch in n rekursiven Abbildungen $\lambda nf\,\alpha^{KL}(n, f)$ und $\lambda nf\,\alpha^{LK}(n, f)$ stützt, ergibt sich dabei nicht nur die Rekursivität der einzelnen β_n^{KL}, sondern auch die von deren Zusammenfassung $\lambda nf\,\beta^{KL}(n, f)$.

Sei also n beliebig gewählt und fest gehalten. Die jetzt gesuchte Bijektion $\beta_n^{KL} \mid \mathbf{N} \to \mathbf{N}$ ist ja eine Menge von geordneten Paaren natürlicher Zahlen; zunächst wird deshalb eine effektive Aufzählung $\lambda x\,\varphi_n(x)$ der zu β_n^{KL} gehörigen Paare erklärt. (Technisch gesehen, werden hierbei die Paarnummern gemäß einer Gödelisierung der geordneten Paare aufgezählt.) Dies geschieht durch Induktion über die Anzahl der jeweils endlich vielen bereits herausgegriffenen Paare; als Induktionsvoraussetzung wird dabei angenommen, dass bei den jeweils bereits vorliegenden Paaren der Aufzählung keine erste Komponente und ebenso keine zweite Komponente mehrfach auftritt. (Dagegen ist es natürlich zulässig, dass eine Zahl sowohl als erste wie auch als zweite Komponente jeweils eines Paares auftritt; schließlich soll dies ja sogar auf jede natürliche Zahl zutreffen. - Zu Beginn des Verfahrens ist die Induktionsvoraussetzung von selbst erfüllt.) Bei jedem Schritt dieser Induktion wird genau ein weiteres Paar den bereits gewonnenen hinzugefügt und zwar so, dass die Induktionsvoraussetzung richtig bleibt. Man geht dabei abwechselnd von der jeweils nächsten ersten bzw. zweiten infrage kommenden Komponente aus und ermittelt zu dieser eine geeignete zweite bzw. erste Komponente.

Die erste Komponente f von $\varphi_n(2m)$ (mit $m \geq 0$) sei jeweils die kleinste bei den $\varphi_n(k)$ mit $k < 2m$ noch nicht als erste Komponente aufgetretene Zahl. Nach Induktionsvoraussetzung sind bislang genau $2m$ Paare mit ebenso vielen verschiedenen ersten Komponenten bestimmt worden; deshalb ist die gesuchte nächste erste Komponente - offenbar sogar schon unter den Zahlen 0, ..., $2m$ - vorhanden (und von sämtlichen vorher gefundenen verschieden). Die mit diesem f zu kombinierende zweite Komponente g wird dann mithilfe eines *Probierverfahrens* ermittelt, das wieder induktiv sowie von m und n unabhängig erklärt wird: Induktionsvoraussetzung ist dabei wieder, dass unter den jeweils im Laufe dieses Verfahrens bereits aufgesuchten ersten Komponenten keine öfter als einmal auftritt und ebenso keine zweite Komponente mehrfach aufgesucht worden ist; zu Beginn des Probierverfahrens trifft dies von selbst zu, da lediglich f vorliegt. Sodann wird der jeweils nächste Wert abwechselnd durch Anwendung der Injektion $\alpha_n^{\kappa\iota}$ sowie der Umkehrung des bisher schon konstruierten Teils $\{\varphi_n(k) \mid k < 2m\}$ der gesuchten Bijektion $\beta_n^{\kappa\iota}$ (also gewissermaßen durch Anwendung von $(\beta_n^{\kappa\iota})^{-1}$) aufgesucht, und zwar solange, bis eine im bereits vorliegenden Teil von $\beta_n^{\kappa\iota}$ noch nicht *als solche* aufgetretene zweite Komponente g gefunden wird; diese wird dann mit f zu $\varphi_n(2m) = (f,\ g)$ kombiniert. (Da von f aus abwechselnd zweite und erste Komponenten durchlaufen werden, ist im betrachteten Fall der letzte Probierschritt immer eine Anwendung von $\alpha_n^{\kappa\iota}$.)

Zunächst ist zu zeigen, dass das beschriebene Probierverfahren jedenfalls das gesuchte g ermittelt. Das Verfahren lässt sich mithilfe einer induktiv definierten Funktion $\lambda x\, \psi_{mn}(x)$ beschreiben:

1) $\qquad \psi_{mn}(0) =_{Df} f$

2) $\ \psi_{mn}(2k+1) =_{Df} \alpha_n^{\kappa\iota}(\psi_{mn}(2k))$

3) $\ \psi_{mn}(2k+2) =_{Df}$ das x mit $(x,\ \psi_{mn}(2k+1)) \in \{\varphi_n(l) \mid l < 2m\}$, falls $\psi_{mn}(2k+1)$
$\qquad\qquad$ unter den zweiten Komponenten der Menge $\{\varphi_n(l) \mid l < 2m\}$
$\qquad\qquad$ vorkommt

(Wenn aus formalen Gründen ψ_{mn} auf ganz $\mathbf{N}$ erklärt sein soll, kann für den unter 3) nicht erfassten Fall etwa $\psi_{mn}(2k+2) =_{Df} \psi_{mn}(2k)$ gesetzt werden.)

Aufgrund der Injektivität von $\alpha_n^{\kappa\iota}$ sowie der vorausgesetzten Bijektivität des bereits konstruierten Teils $\{\varphi_n(l) \mid l < 2m\}$ von $\beta_n^{\kappa\iota}$ folgt dann durch Induktion über das Argument von ψ_{mn}, dass ''zunächst'' in jedem Schritt des beschriebenen Probierverfahrens eine bei den $(\psi_{mn}(2k),\ \psi_{mn}(2k+1))$ noch nicht aufgetretene erste bzw. zweite Komponente aufgesucht wird. Da die Menge $\{\varphi_n(l) \mid l < 2m\}$ ja nur endlich viele zweite Komponenten liefert (nämlich genau $2m$), muss spätestens bei der Bestimmung von $\psi_{mn}(4m+1)$ eine in Bezug auf $\{\varphi_n(l) \mid l < 2m\}$ neue zweite Komponente g auftauchen. - Wird dann $\varphi_n(2m) =_{Df} (f,\ g)$ gesetzt (mit der zu Beginn des Probierverfahrens ermittelten neuen ersten Komponente f, so ist auch $\{\varphi_n(k) \mid k < 2m+1\}$ offensichtlich eine Bijektion (aus genau $2m+1$ geordneten Paaren).

Zur Bestimmung von $\varphi_n(2m+1)$ geht man "spiegelbildlich" vor: Zunächst wird als zweite Komponente von $\varphi_n(2m+1)$ das kleinste g genommen, das bei den $\varphi_n(k)$ mit $k < 2m+1$ noch nicht als zweite Komponente auftritt. Die zugehörige erste Komponente wird dann durch ein dem oben geschilderten entsprechendes Suchverfahren ermittelt. Dieses kann durch eine zu ψ_{mn} analoge Funktion χ_{mn} beschrieben werden, deren Konstruktion mit $\chi_{mn}(0) =_{Df} g$ beginnt und deren nachfolgende Werte immer abwechselnd durch Anwendung der Injektion α_n^{LK} sowie der durch die $\varphi_n(k)$ mit $k < 2m+1$ gegebenen Bijektion solange fortlaufend bestimmt, bis man (nach Anwendung von α_n^{LK}) ein f findet, welches bei den $\varphi_n(k)$ mit $k < 2m+1$ noch nicht als erste Komponente aufgetreten ist. Man setzt dann $\psi_{mn}(2m+1) =_{Df} (f, g)$ und erhält eine um ein weiteres Paar vergrößerte Bijektion $\{\varphi_n(k) \mid k < 2m+2\}$.

Als β_n^{KL} wird dann die Menge der $\{\varphi_n(k) \mid k \in \mathbf{N}\}$ genommen. Aufgrund von deren Konstruktion durchläuft die Menge der zugehörigen ersten Komponenten und ebenso die der zugehörigen zweiten Komponenten offenbar die Menge aller natürlichen Zahlen, wobei jeweils keine Zahl mehrfach auftritt. Daher ist β_n^{KL} eine bijektive Abbildung von $\mathbf{N}$ auf $\mathbf{N}$.

Diese ist auch rekursiv: Zunächst ist nämlich die Aufzählung der Paare von β_n^{KL} effektiv ausführbar; nach der These von CHURCH gibt es also eine rekursive Funktion φ_n, welche die Paarnummern der zu β_n^{KL} gehörigen geordneten Paare aufzählt. (Wegen ihrer Umständlichkeit soll hier auf die Angabe einer entsprechenden expliziten Definition verzichtet werden.) Zur Bestimmung von $\beta_n^{KL}(f)$ hat man dann fortlaufend $\varphi_n(0)$, $\varphi_n(1)$, $\varphi_n(2)$, ... solange zu berechnen, bis man das - sicher vorhandene und eindeutig bestimmte - Paar mit der ersten Komponente f gefunden hat; dessen zweite Komponente ist dann der gesuchte Wert. (Bei Verwendung der fraglichen Paarverschlüsselung erhält man also die Formel $\beta_n^{KL}(f) =_{Df} \sigma_2(\mu x\,(\sigma_2(\varphi_n(x)) = f))$.) Damit ist $\beta_n^{KL} \mid \mathbf{N} \to \mathbf{N}$ immer eine rekursive Bijektion, und da die zur Berechnung von $\beta_n^{KL}(f)$ benutzten Vorschriften für sämtliche Werte des Parameters n in gleicher Weise anwendbar sind, ist (zunächst wieder nach der These von CHURCH) auch $\lambda xy\,\beta^{KL}(x, y)$ mit $\beta^{KL}(n, f) =_{Df} \beta_n^{KL}(f)$ rekursiv. Damit ist die erste Behauptung bewiesen.

Die zweite Behauptung folgt durch zwei der Definition der Aufzählungen φ_n entsprechende Induktionen: Für die "äußere" Induktion wird vorausgesetzt, dass die jeweils bereits gebildeten Paare von β_n^{KL} immer zwei Komponenten einander zuordnen, die (bzgl. K bzw. L) Indizes derselben n-stelligen Funktion sind. (Zu

Beginn ist diese Voraussetzung trivialerweise erfüllt, weil dann noch kein Verstoß dagegen vorliegen kann.) Da die zur Konstruktion der jeweils nächsten Zuordnung von β_n^{KL} benutzten Abbildungen α_n^{KL} bzw. α_n^{LK} diese Eigenschft haben, folgt offenbar durch die "innere" Induktion, dass die bei einem Schritt der "äußeren" Induktion durchlaufenen Werte der der Funktionen ψ_{mn} bzw. χ_{mn} jeweils Indizes (bzgl. K bzw. L) derselben Funktion sind. Deshalb wird auch bei dem jeweils nächsten "äußeren" Induktionsschritt jedesmal ein Paar (f, g) mit $[f]_n^K = [g]_n^L$ hinzugefügt, und daher hat schließlich β_n^{KL} immer auch die zweite behauptete Eigenschaft.

Eigentlich müsste jetzt noch eine in Bezug auf Rekursivität zulässige Definition für die Funktion $\lambda xy\, \beta^{KL}(x, y)$ angegeben werden. Einige Bemerkungen dazu mögen jedoch genügen: Zunächst überlegt man sich ohne Schwierigkeit, dass die Eigenschaft einer Zahl, eine endliche Folge zu verschlüsseln, deren Glieder geordnete Paare darstellen, welche zusammen eine (endliche) Bijektion bilden, rekursiv ist. Man kann daher offenbar eine rekursive Funktion $\lambda pnx\, \psi\,(p, n, x)$ definieren, die für den Fall, dass p eine derartige Bijektion darstellt, mithilfe der Funktion $\lambda xy\, \alpha^{KL}(x, y)$ das oben jeweils durch die Funktion $\lambda x\, \psi_{mn}(x)$ gegebene Probierverfahren nachbildet und andernfalls etwa den Wert 0 annimmt. (Einfachheitshalber kann dabei die Ermittlung der kleinsten nicht zu der durch p gegebenen Bijektion gehörigen ersten Komponente als Anfangsteil dieses Suchverfahrens aufgefasst werden.) Man hat dann das Verfahren bei dem Induktionsschritt (einschließlich -anfang) zur Berechnung von $\varphi_n(2m)$ *unabhängig von den Parametern der jeweiligen Anwendung* durch eine rekursive Funktion beschrieben. Entsprechend lässt sich das bei dem Induktionsschritt zur Bestimmung von $\varphi_n(2m + 1)$ eingesetzte Probierverfahren durch eine rekursive Funktion $\lambda pnx\, \chi\,(p, n, x)$ nachbilden (mit α^{LK} anstelle von α^{KL}). Nachdem die Hilfsfunktionen ψ und χ vorab erklärt worden sind, lässt sich sodann die Funktion $\lambda nf\, \beta^{KL}(n, f)$ durch eine in den dabei benutzten Funktionen primitive Rekursion definieren. Man erkennt so schließlich, dass β^{KL} in der Tat rekursiv ist. Da die Formulierung der hier angedeuteten Definition lediglich etwas mühsam, aber nicht schwierig ist, soll sie hier unterbleiben. - Der Beweis von Satz 2 ist damit abgeschlossen. -

Anmerkung: Statt $\lambda xy\, \beta^{LK}(x, y)$ analog zu konstruieren, kann man natürlich einfach

$$\beta^{LK}(n, f) =_{Df} \beta_n^{LK}(f) =_{Df} \sigma_1(\varphi_n(\mu x\,(\sigma_1(\varphi_n(x) = f)))$$

setzen; man hat dann außerdem $\beta_{n}^{LK} = (\beta_{n}^{KL})^{-1}$ für jedes n. (Dann ist allerdings nicht zu erwarten, dass β^{LK} zugleich die mittels der besprochenen Konstruktion gewonnene Funktion ist.).

Folgerung: Aufgrund des Normalformentheorems gilt offenbar erst recht:

$$\exists y\, T_{n}^{K}(f, \boldsymbol{x}, y) \Leftrightarrow \exists y\, T_{n}^{L}(\beta_{n}^{KL}(f), \boldsymbol{x}, y)$$

Daher ist β_{n}^{KL} jeweils zugleich eine Bijektion zwischen den n-stelligen K- und den n-stelligen *L-Aufzählungsindizes*. Darüber hinaus erkennt man nochmals, dass die T_{n}^{K}-Prädikate bei allen Berechenbarkeitsbegriffen in Bezug auf die *KLEENE/MOSTOWSKI-Hierarchie der arithmetischen Prädikate* dieselben Definierbarkeitseigenschaften haben (vgl. hierzu die Ausführungen im Anschluss an das K-SMN-Theorem).

Es gilt also, dass die zu verschiedenen Berechenbarkeitsbegriffen gehörigen Rechenvorschriften sich stets (bei vorgegebener Stellenzahl) effektiv und bijektiv so ineinander überführen lassen, dass einander entsprechende Vorschriften immer zur Berechnung derselben partiellen Funktion dienen. Dies kann als Hinweis auf eine zwischen sämtlichen Berechenbarkeitsbegriffen bestehende enge Verwandtschaft aufgefasst werden. Die Überführung einer Rechenvorschrift in die entsprechende Vorschrift eine anderen Berechenbarkeitsbegriffs erscheint allerdings "im allgemeinen Fall" etwas kompliziert.

Im Folgenden soll nun untersucht werden, inwieweit sich die nach Satz 2 zwischen den Indizes zweier Berechenbarkeitsbegriffe bestehende Beziehung auf die übrigen "syntaktischen" Größen überträgt. - Ein entsprechendes Ergebnis gewinnt man auch für die *Anwendungsprotokolle*. Da bei der üblichen mengentheoretischen Begründung der mathematischen Objekte kein Unterschied zwischen einstelligen Relationen und Mengen besteht und die traditionelle Unterscheidung zwischen Relationen und Prädikaten hier ja verwischt wird, ist das Prädikat $\lambda x\, P^{K}(x)$ jeweils mit der Menge $\{x \mid P^{K}(x)\}$ gleichzusetzen; $P^{K}(x)$ bedeutet also nichts anderes als $x \in P^{K}$. Für jeden Berechenbarkeitsbegriff K ist damit P^{K} eine rekursive Menge. Da offenbar jeweils unendlich viele (abgeschlossene) K-Berechnungen protokolliert werden müssen, ist P^{K} außerdem immer unendlich. Für die nachfolgenden Überlegungen ergibt sich insbesondere, dass P^{K} sich abbilden lässt.

Satz 3: Seien K und L Berechenbarkeitsbegriffe. Dann gibt es eine rekursive Funktion $\lambda x\, \gamma^{KL}(x)$ mit den Eigenschaften:

1) Durch γ^{KL} wird P^{K} bijektiv auf P^{L} abgebildet.

2) Mit $\beta^{\varkappa\lambda}$ gemäß Satz 2 gilt:

$$T_n^{\varkappa}(f, x, y) \Leftrightarrow T_n^{\lambda}(\beta_n^{\varkappa\lambda}(f), x, \gamma^{\varkappa\lambda}(y)) \wedge \beta_n^{\varkappa\lambda}(f) = V^{\varkappa}(\gamma^{\varkappa\lambda}(y))$$

$$T_n^{\varkappa}(f, x, y) \Rightarrow U^{\varkappa}(y) = U^{\lambda}(\gamma^{\varkappa\lambda}(y))$$

Beweis: Aus jedem $x \in P^{\varkappa}$ wird ja durch $V^{\varkappa}$ die angewendete K-Vorschrift f sowie durch die Funktion $A^{\varkappa}$ das der protokollierten Rechnung vorgegebene Argument aus y herausgelesen (und durch $U^{\varkappa}$ deren Ergebnis). Damit die zweite Behauptung erfüllt wird, ist nach Definition von $T_n^{\varkappa}$ und T_n^{λ} zu jedem $y \in P^{\varkappa}$ ein $z \in P^{\lambda}$ zu finden, aus welchem V^{λ} die f entsprechende L-Vorschrift entnimmt sowie A^{λ} dasselbe Argument (und U^{λ} dasselbe Ergebnis). Für dieses z muss also gelten:

$$V^{\lambda}(z) = \beta_n^{\varkappa\lambda}(f) \wedge A^{\lambda}(z, 0) = n = A^{\varkappa}(y, 0) \wedge (\forall r < A^{\lambda}(z, 0)) \, A^{\lambda}(z, r+1) = A^{\varkappa}(y, r+1)$$

Wegen K0 und Satz 2 gibt es offenbar zu jedem $y \in P^{\varkappa}$ genau ein derartiges $z \in P^{\lambda}$; aufgrund der Normalformentheoreme ist dann jeweils von selbst $U^{\varkappa}(y) = U^{\lambda}(z)$. Man hat daher etwa festzusetzen:

$$\gamma^{\varkappa\lambda}(x) =_{\mathrm{Df}} \begin{cases} \mu y \, (y \in P^{\lambda} \wedge V^{\varkappa}(y) = \beta^{\varkappa\lambda}(A^{\varkappa}(x, 0), V^{\varkappa}(x)) \\ \qquad \wedge (\forall r < A^{\lambda}(y, 0)) \, A^{\lambda}(y, r+1) = A^{\varkappa}(x, r+1) \quad \text{für } x \in P^{\varkappa} \\ 0 \ \text{sonst} \end{cases}$$

Nach den vorausgeschickten Feststellungen liegt dabei für den μ-Operator der Normalfall vor; deshalb ist $\gamma^{\varkappa\lambda}$ rekursiv. Außerdem sind die Bedingungen der zweiten Behauptung offenbar erfüllt.

Zu zeigen bleibt, dass (etwas lax geschrieben) $\gamma^{\varkappa\lambda} \mid P^{\varkappa} \to P^{\lambda}$ bijektiv ist: Die Injektivität ergibt sich wegen K0 und Satz 2 daraus, dass aus verschiedenen K-Protokollen auch unterschiedliche Anfangsbedingungen für die dargestellte Berechnung herausgelesen werden und sich dies in den zugeordneten L-Protokollen widerspiegelt. - Ist andererseits $y \in P^{\lambda}$ sowie $V^{\lambda}(y) = g$ und $A^{\lambda}(y, 0) = n$, so gibt es wegen Satz 2 ein f mit $g = \beta_n^{\varkappa\lambda}(f)$ und daher nach dem Gesagten ein $x \in P^{\varkappa}$ mit der Eigenschaft:

$$V^{\varkappa}(x) = f \wedge A^{\varkappa}(x, 0) = n \wedge (\forall r < A^{\varkappa}(x, 0)) \, A^{\varkappa}(x, r+1) = A^{\lambda}(y, r+1)$$

Damit ist offenbar $y = \gamma^{\varkappa\lambda}(x)$, und mehr ist nicht zu zeigen. -

Anmerkung: Die Definition von $\gamma^{\varkappa\lambda}$ stützt sich wesentlich auf die Abbildung $\lambda xy \, \beta^{\varkappa\lambda}(x, y)$ und besteht in ihrem Kern darin, dass jeweils zu $\beta^{\varkappa\lambda}(n, f)$ das immer eindeutig vorhandene L-Protokoll gesucht wird, dessen Anfangsbedingungen den Vorgaben aus dem fraglichen K-Protokoll entsprechen; dazu wird der μ-Operator eingesetzt. Gilt nun $\forall n\ \beta_n^{LK} = (\beta_n^{KL})^{-1}$ (vgl. die Anmerkung zu Satz 2), so liefert die durchgeführte Konstruktion - mit K und L in vertauschten Rollen - offenbar $(\gamma^{KL} \mid P^K)^{-1}$ als $\gamma^{LK} \mid P^L$. (Dies gilt ersichtlich unabhängig davon, auf welche Weise β_n^{KL} gewonnen wurde.) - Anders als im vorliegenden Fall brauchte zur Bestimmung von $\beta_n^{KL}(f)$ offenbar keine Suchoperation von unbeschränkter Reichweite ausgeführt zu werden (jedenfalls dann nicht, wenn die β_n^{KL} wie im Beweis von Satz 2 konstruiert wurden); deshalb erscheint die festgestellte rekursive Verwandtschaft zwischen den zu verschiedenen Berechenbarkeitsbegriffen gehörigen Protokollen gewissermaßen weniger eng als die zwischen den zugehörigen Rechenvorschriften. - Außer auf die beiden ersten Komponenten der betroffenen Berechenbarkeitsbegriffe stützt sich die angegebene Definition von γ^{KL} lediglich auf β_n^{KL}; wenn man so will, ist also γ^{KL} bereits durch β_n^{KL} festgelegt.

Es ist nun nicht zu erwarten, dass die - im gerade angesprochenen Sinne jeweils durch β_n^{KL} gegebene - rekursive Verwandtschaft zwischen zwei Berechenbarkeitsbegriffen von vornherein auch zwischen den übrigen Bestimmungsstücken besteht. Man wird es jedoch als nur unwesentliche Abschwächung dieser Beziehung ansehen, wenn sich die fraglichen Größen ohne Veränderung des Prädikats P^L sowie der Funktionen A^L und U^L gegen entsprechende andere austauschen lassen, welche sich dieser Verwandtschaft einfügen. Dass dies tatsächlich gelingt, liegt einfach daran, dass die vorhandenen rekursiven Bijektionen sich dazu benutzen lassen, die besagten Größen - ohne Verlust der Rekursivität - von einem Bereich in den anderen zu übertragen.

Satz 4: Seien $K = (P^K,\ V^K,\ A^K,\ U^K,\ a^K,\ m^K,\ v^K,\ I^K,\ E^K,\ M^K)$, $L = (P^L,\ V^L,\ A^L,\ U^L,\ a^L,\ m^L,\ v^L,\ I^L,\ E^L,\ M^L)$ Berechenbarkeitsbegriffe und β^{KL}, γ^{KL} Abbildungen gemäß den Sätzen 2 bzw. 3. Dann gibt es a_*^L, m_*^L, v_*^L, I_*^L, E_*^L, M_*^L derart, dass $L^* =_{\mathrm{Df}} (P^L,\ V^L,\ A^L,\ U^L,\ a_*^L,\ m_*^L,\ v_*^L,\ I_*^L,\ E_*^L,\ M_*^L)$ ein Berechenbarkeitsbegriff ist, für den zusätzlich gilt:

$$a_*^L = \beta_2^{KL}(a^K)$$

$$m_*^L = \beta_2^{KL}(m^K)$$

$$v_*^L = \beta_2^{KL}(v^K)$$

$$I_*^L(m,\ n) = \beta_n^{KL}(I^K(m,\ n)) \quad \text{für } m < n$$

$$E_*^L(m,\ n,\ \beta_m^{KL}(f),\ \langle\beta_n^{KL}((g)_0),\ \ldots,\ \beta_n^{KL}((g)_{m-1})\rangle) = \beta_n^{KL}(E^K(m,\ n,\ f,\ g))$$

$$M_*^L(n,\ \beta_{n+1}^{KL}(f)) = \beta_n^{KL}(M^K(n,\ f))$$

Außerdem kann β^{KL} als β^{KL*} und γ^{KL} als γ^{KL*} genommen werden.

Beweis: Zunächst behalten β^{KL} und γ^{KL} ihre Eigenschaften in Bezug auf K und L^*, weil die von diesen Abbildungen betroffenen Komponenten beim Übergang von L zu L^* gar nicht verändert werden. Ersichtlich bleibt auch die Gültigkeit von K0 erhalten. - Sei jetzt einfachheitshalber β^{KL} o.B.d.A. so gewählt, dass $\beta_n^{LK} = (\beta_n^{KL})^{-1}$ gilt. Dann wird beispielsweise E^L folgendermaßen erklärt:

$$E^L(m,\ n,\ b,\ k) =_{Df} \beta^{KL}(E^K(m,\ n,\ \beta_m^{LK}(b),\ <\beta_n^{LK}((k)_0),\ ...,\ \beta_n^{LK}((k)_{m-1})>))$$

Wegen

$$<\beta_n^{LK}((k)_0),\ ...,\ \beta_n^{LK}((k)_{m-1})> = \mu x\,(lg(x) = 0 \wedge (\forall l < m)\,(x)_l = \beta_n^{LK}((k)_l))$$

wird $\lambda mnbk\ E^L(m,\ n,\ b,\ k)$ offenbar durch einen in allen Argumentkomponenten rekursiven Ausdruck definiert. Durch Einsetzen von $b =_{Df} \beta_m^{KL}(f)$ und $k =_{Df} <\beta_n^{KL}((g)_0),\ ...,\ \beta_n^{KL}((g)_{m-1})>$ bestätigt man aufgrund von $\beta_r^{KL} = (\beta_r^{LK})^{-1}$ leicht die Gültigkeit der für E^L behaupteten Gleichung. Dass E^L außerdem K2 sowie auch K4 erfüllt, ergibt sich offenbar aus den Eigenschaften von β^{KL} und β^{LK}. - Es liegt jetzt auf der Hand, dass die übrigen Fälle sich analog - z.T. erheblich einfacher - erledigen lassen. -

Anmerkung: Gilt $\beta_r^{LK} = (\beta_r^{KL})^{-1}$ und $\gamma^{LK} \mid P^L = (\gamma^{KL} \mid P^K)^{-1}$, so rechnet man aufgrund der Bijektivität dieser Abbildungen leicht aus, dass die den in Satz 4 angegebenen Gleichungen entsprechenden auch bei Vertauschung der Rollen von K und L^* gelten und somit das Verhältnis von K und L^* auf Gegenseitigkeit beruht. -

Die Sätze 2 und 3 gehen gewissermaßen von bereits vorliegenden Berechenbarkeitsbegriffen aus und geben an, dass dann zwischen diesen auf bestimmte Weise eine Verwandtschaftsbeziehung hergestellt werden kann. Eine Art Umkehrung dieses Ansatzes liegt vor, wenn man stattdessen von einem Berechenbarkeitsbegriff K und zwei Abbildungen β, γ ausgeht und fragt, unter welchen Bedingungen ein Berechenbarkeitsbegriff L derart gefunden werden kann, dass β und γ die Rollen von β^{KL} bzw. γ^{KL} übernehmen. Es ist klar, dass dann β und γ von vornherein eine Reihe von Bedingungen erfüllen müssen. Gelingt es, notwendige und hinreichende Bedingungen dafür anzugeben, so gewinnt man zugleich eine Art Überblick darüber, welche Freiheitsgrade im Hinblick auf die Festlegung eines Berechenbarkeitsbegriffs bestehen. (Man darf dabei allerdings nicht aus dem Blick verlieren, dass auch verschiedene Gödelisierungen eines und desselben als System von Zeichenreihen gegebenen Berechenbarkeitsbegriffs zu verschiedenen arithmetisierten Berechenbarkeitsbegriffen im Sinne von Definition 1.1 führen.) - Zunächst muss β zweistellig rekursiv sein, und zwar so, dass jedes $\lambda y\,\beta\,(x,\ y) \mid \mathbf{N} \to \mathbf{N}$ bijektiv ist. Außerdem muss γ einstellig rekursiv und auf P^K injektiv sein sowie einen rekursiven Bildbereich $\gamma(P^K)$ liefern. Dass die genannten Bedingungen zugleich hinreichend sind, besagt

Satz 5: Sei $K = (P^K, V^K, A^K, U^K, a^K, m^K, v^K, I^K, E^K, M^K)$ ein Berechenbarkeitsbegriff, $\lambda xy\, \beta(x, y)$ rekursiv, sodass jeweils $\lambda y\, \beta(x, y) \mid \mathbf{N} \to \mathbf{N}$ bijektiv ist, und $\lambda x\, \gamma(x)$ rekursiv, sodass $\gamma \mid P^K$ injektiv mit rekursivem Wertebereich $Wb(\gamma \mid P^K)$ ist. Dann gilt: Durch

$$P^L =_{\mathrm{Df}} \gamma(P^K) = Wb(\gamma \mid P^K)$$

$$V^L(x) =_{\mathrm{Df}} \begin{cases} \beta(A^K((\gamma \mid P^K)^{-1}(x), 0), V^K((\gamma \mid P^K)^{-1}(x))) & \text{für } x \in Wb(\gamma \mid P^K) \\ 0 & \text{sonst} \end{cases}$$

$$A^L(x, y) =_{\mathrm{Df}} \begin{cases} A^K((\gamma \mid P^K)^{-1}(x), y) & \text{für } x \in P^K \\ 0 & \text{sonst} \end{cases}$$

$$U^L(x) =_{\mathrm{Df}} \begin{cases} U^K((\gamma \mid P^K)^{-1}(x)) & \text{für } x \in P^K \\ 0 & \text{sonst} \end{cases}$$

$$a^L =_{\mathrm{Df}} \beta(2, a^K)$$

$$m^L =_{\mathrm{Df}} \beta(2, m^K)$$

$$v^L =_{\mathrm{Df}} \beta(2, v^K)$$

$$I^L(m, n) =_{\mathrm{Df}} \begin{cases} \beta(n, I^K(m, n)) & \text{für } m < n \\ 0 & \text{sonst} \end{cases}$$

$$E^L(m, n, f, g) =_{\mathrm{Df}} \beta(n, E^K(m, n, \beta_m^{-1}(f), \langle \beta_n^{-1}((g)_0), \ldots, \beta_n^{-1}((g)_{m-1}) \rangle))$$

$$= \beta(n, E^K(m, n, \beta_m^{-1}(f),$$

$$\mu x\, (Seq(x) \wedge lg(x) = m \wedge (\forall k < m)\, (x)_k = \beta_n^{-1}((g)_k))))$$

$$M^L(n, f) =_{\mathrm{Df}} \beta(n, M^K(n, \beta_{n+1}^{-1}(f)))$$

mit $\beta_r^{-1}(x) =_{\mathrm{Df}} \mu y\, (\beta(r, y) = x)$ wird ein Berechenbarkeitsbegriff $L = (P^L, V^L, A^L, U^L, a^L, m^L, v^L, I^L, E^L, M^L)$ definiert. Dabei kann $\beta^{KL} =_{\mathrm{Df}} \beta$ und $\gamma^{KL} =_{\mathrm{Df}} \gamma$ gesetzt werden.

Beweis: Da $\lambda nf\, \beta_n^{-1}(f)$ und $\lambda x\, \gamma^*(x)$ mit

$$\gamma^*(x) =_{Df} \begin{cases} \mu y\,(\gamma\,(y) = x) & \text{für } x \in P^L \\ \\ 0 & \text{sonst} \end{cases}$$

aufgrund der Voraussetzungen ersichtlich rekursiv sind und außerdem offenbar $\gamma^* \mid P^L = (\gamma \mid P^K)^{-1}$ ist, sind zunächst alle Komponenten von L offensichtlich rekursiv und von der jeweils vorgeschriebenen Art.

Definitionsgemäß ist für $x \in P^K$ immer $\gamma\,(x) \in P^L$ und mit $A^L\,(x,\,0) =_{Df} n$ nach Definition $V^L(\gamma\,(x)) = \beta\,(n,\,V^K(x))$; außerdem gilt für $x \in P^K$ offenbar definitionsgemäß $A^K(x,\,y) = A^L(\gamma\,(x),\,y)$ und $U^K(x) = U^L(\gamma\,(x))$. Weiter hat man festzusetzen (für jedes n):

$$T_n^L(x_0,\,...,\,x_n,\,y) \Leftrightarrow_{Df} y \in P^L \wedge V^L(y) = x_0 \wedge A^L(y,\,0) = n$$

$$\wedge\ (\forall k < n)\ A^L(y,\,k+1) = x_{k+1}$$

Mit $T_n^K\,(f,\,\boldsymbol{x},\,y)$ gilt dann nach Definition von T_n^L offenbar jeweils $T_n^K(\beta\,(n,\,f),\,\boldsymbol{x},\,\gamma\,(y))$ und weiter $U^K(y) = U^L(\gamma\,(y))$. Darüber hinaus kann es aus den gleichen Gründen offenbar zu g jeweils höchstens ein z mit $T_n^L\,(g,\,\boldsymbol{x},\,z)$ geben. Damit erfüllt L zunächst die Forderung des Axioms K0. Mit

$$[g]_n^L(\boldsymbol{x}) =_{Df} U^L(\mu y\, T_n^L(g,\,\boldsymbol{x},\,y))$$

gilt dann wegen $\mu y\, T_n^L(\beta\,(n,\,f),\,\boldsymbol{x},\,y) = \gamma\,(\mu y\, T_n^K(f,\,\boldsymbol{x},\,y))$ offenbar nach Definition von U^L:

$$[f]_n^K(\boldsymbol{x}) = [\beta\,(n,\,f)]_n^L(\boldsymbol{x})$$

Deshalb bleibt nur noch nachzuweisen, dass a^L, m^L, v^L, I^L, E^L, M^L die durch K1 bis K4 geforderten Eigenschaften haben. Dies ergibt sich wie im Beweis von Satz 4. –

Anmerkung: Ist $\gamma \mid \mathbf{N} \to \mathbf{N}$ eine Bijektion, so ist P^L wegen

$$x \in P^L \Leftrightarrow \gamma^{-1}(x) = \mu y\,(\gamma\,(y) = x) \in P^K$$

offenbar von selbst rekursiv. Außerdem kann man dann einfach festsetzen:

$$V^L(x) =_{Df} \beta\,(A^K(\gamma^{-1}(x),\,0),\,V^K(\gamma^{-1}(x)))$$

$$A^L(x,\,y) =_{Df} A^K(\gamma^{-1}(x),\,y)$$

$$U^L(x) =_{Df} U^K(\gamma^{-1}(x))$$

Nach Satz 4 lässt sich die *Uniformitätsstruktur* eines Berechenbarkeitsbegriffs K immer mithilfe der Abbildung β^{KL} aus Satz 2 auf einen Berechenbarkeitsbegriff L

übertragen und an die Stelle von dessen ursprünglicher Uniformitätsstruktur setzen. Man wird erwarten, dass die so erzeugte neue Uniformitätsstruktur mit der alten "im Allgemeinen" nicht übereinstimmt. Dies trifft in der Tat zu: Die nun folgenden Ausführungen dienen dem Nachweis, dass die (durch I^K, E^K, M^K bzw. I^L, E^L, M^L gegebenen) Uniformitätsstrukturen zweier Berechenbarkeitsbegriffe K und L sich in manchen Fällen sogar überhaupt nicht umkehrbar eindeutig und rekursiv sowie zugleich funktionstreu und strukturerhaltend aufeinander abbilden lassen.

Zu diesem Zweck werden Berechenbarkeitsbegriffe entwickelt, die auf einer Normierung der Definition der partiell-rekursiven Funktionen (als Rechenvorschriften) sowie auf einer Systematisierung der zugehörigen Auswertungen beruhen. Wie schon bei den arithmetisierten Berechenbarkeitsbegriffen im Allgemeinen wird auch hier gewissermaßen die Stufe eines entsprechenden Systems zur Verarbeitung von Zeichenreihen übersprungen. Trotzdem dürfte deutlich werden, dass dieses lediglich virtuelle Zwischenstadium mit etwas Mühe auch ebenso gut hätte tatsächlich ausgeführt werden können; die dabei entstehenden Berechenbarkeitsbegriffe könnten dann etwa als "Kalküle der kanonischen Auswertung" bezeichnet werden.

Zur *Auswertung einer Funktionsdefinition* würde zunächst die - sozusagen willkürliche - Vorgabe eines passenden Arguments gehören. Die "kanonische" Auswertung müsste sodann durch Induktion über den Aufbau der partiell-rekursiven Funktionsdefinitionen vorgeschrieben werden: Die Auswertung einer *Basisdefinition* (d.h. einer Vorschrift zur Berechnung einer der partiell-rekursiven Anfangsfunktionen, die nicht aufgrund der Axiome K2 und K3 zustande kommt) könnte einfach in der Angabe des durch das vorgegebene Argument bestimmten Funktionswertes bestehen; da nämlich ohnehin klar ist, dass jeweils auf mannigfache Weise ein Algorithmus zur Ermittlung des fraglichen Wertes angegeben werden kann und die zugehörigen Einzelheiten ja nicht zu interessieren brauchen, können die Zwischenschritte hier auch übergangen werden. Die *zusammengesetzten Funktionsdefinitionen* wären Anwendungen entweder des Einsetzungsschemas oder aber des μ-Operators. Im ersten Fall müssten zunächst die Definitionen der eingesetzten Funktionen (in normierter Reihenfolge) ausgewertet werden und sodann - mit den soeben ermittelten Werten als Argument - die Definition der "äußeren" Funktion; im zweiten Fall müsste zur Bestimmung von $\mu x\,(g(a,\,x) = 0)$ fortlaufend die fragliche Definition von g für $(a,\,0)$, $(a,\,1)$, $(a,\,2)$, ... solange ausgewertet werden, bis sich ggf. 0 als Wert ergibt, und als gesuchter Wert das zuletzt angesetzte x genommen werden. (Damit die angedeutete induktive Definition der "kanonischen Auswertung" funktioniert, muss natürlich - neben der Entscheidbarkeit der Menge der zulässigen Funktionsdefinitionen - gewährleistet sein, dass jede fragliche Definition nur auf eine Weise "verstanden" werden kann; außerdem müssen die technischen Einzelheiten der Auswertung selbstverständlich so erklärt werden, dass jeweils effektiv erkennbar ist, ob eine ordnungsgemäße Auswertung vorliegt oder nicht, und dass darüber hinaus ggf. dieser das gefundene Ergebnis effektiv entnommen werden kann.)

Durch die angedeutete Konzeption der kanonischen Auswertung wird nun noch nicht festgelegt, *wieviele* Basisdefinitionen den einzelnen partiell-rekursiven Anfangsfunktionen entsprechen sollen. Wenn es gelingt, diese Zuordnung auf unterschiedliche Weise so vorzunehmen, dass die zu einer Anfangsfunktion gehörigen jeweiligen Basisdefinitionen sich nicht umkehrbar eindeutig aufeinander abbilden lassen, hat man offenbar zwei Berechenbarkeitsbegriffe gefunden, deren Uniformitätsstrukturen *nicht isomorph* sind. Erst recht gibt es dann keine funktionserhaltende Bijektion zwischen den jeweils zugehörigen Rechenvorschriften (Funktionsdefinitionen), die mit den fraglichen Uniformitätsstrukturen verträglich und zugleich effektiv ist. Dass ein derartiger Nachweis - für arithmetisierte Berechenbarkeitsbegriffe - tatsächlich möglich ist, soll im Folgenden vorgeführt werden

Zunächst wird eine Funktion $\lambda x\,\alpha\,(x)$ erklärt:

$$\alpha\,(0) =_{Df} 0$$

$$\alpha\,(1) =_{Df} 1$$

$$\alpha\,(2) =_{Df} 2$$

$$\alpha\,(x+3) =_{Df} \begin{cases} \alpha\,(x+2)+1 & \text{für } \sigma_1(x) < \sigma_2(x) \\ \\ \alpha\,(x+2) \text{ sonst} \end{cases}$$

Offenbar kann diese Definition auch als primitiv-rekursive Definition geschrieben werden, die sich auf rekursive Hilfsfunktionen stützt; deshalb ist α rekursiv. Da es unendlich viele $y = x+3$ gibt mit $\sigma_1(x) < \sigma_2(x)$, ist außerdem $\alpha \mid \mathbf{N} \to \mathbf{N}$ surjektiv.

Fasst man 0 als Schlüsselzahl von $\lambda xy\,(x+y)$ auf, 1 von $\lambda xy\,(x\cdot y)$, 2 von $\chi_<$ und $\sigma_1(m, n)+3$ für $m < n$ jeweils von I_m^n, so werden die partiell-rekursiven Anfangsfunktionen offenbar durch $\lambda x\,\alpha\,(x)$ bijektiv mit den natürlichen Zahlen durchnummeriert. $\lambda x\,\beta\,(x)$ mit

$$\beta\,(x) =_{Df} \mu y\,(\alpha\,(y) = x)$$

ist dann ersichtlich rekursiv und berechnet aus den durch die Nummerierung α erhaltenen Zahlen die obigen Schlüsselzahlen der Anfangsfunktionen. Offenbar gilt dann für I_m^n, wenn x die zugehörige Nummer ist:

$$m = \sigma_1(\beta\,(x) \doteq 3) \,\wedge\, n = \sigma_2(\beta\,(x) \doteq 3)$$

Als Nächstes wird eine *vorläufige* Gödelisierung der fraglichen Rechenvorschriften erklärt, und zwar durch Definition der charakteristischen Funktion der Eigenschaft "x ist vorläufige Gödelnummer einer gültigen Rechenvorschrift". Die dabei zugrunde gelegte vorläufige Verschlüsselung soll die durch α bestimmten Nummern der *Anfangsvorschriften* durch die Folgenzahlen der zugehörigen *eingliedrigen* Folgen kodieren. Die Anwendungen des *Einsetzungsschemas* sollen Folgenzahlen von *dreigliedrigen* Folgen entsprechen; dabei dient das erste Glied 0 als Kennung, das zweite Glied gibt die fragliche Vorschrift zur Berechnung derjenigen Funktion wieder, in die eingesetzt wird, und das dritte Glied ist die Folgenzahl aus den fraglichen Berechnungsvorschriften für die einzusetzenden Funktionen. Den Anwendungen des *μ-Operators* schließlich sollen Folgenzahlen von *zweigliedrigen* Folgen entsprechen; dabei dient deren erstes Glied 0 wieder als Kennung, während das zweite eine Berechnungsvorschrift für die dem μ-Operator unterworfene Funktion wiedergibt. Aus der Länge der fraglichen Folge ist also jeweils ersichtlich, ob eine Basisvorschrift, eine Anwendung des Einsetzungsschemas oder eine des μ-Operators vorliegt.

$$\gamma\,(x) =_{\mathrm{Df}} \begin{cases} 0 \quad \text{für } \exists y\, x = y \\ \qquad \vee\, \exists y,\, z\,(x = <0,\, y,\, z> \,\wedge\, \gamma\,(y) = 0 \,\wedge\, Seq(z) \,\wedge\, lg(z) > 0 \\ \qquad\qquad\qquad\qquad\qquad \wedge\, (\forall w < lg(z))\, \gamma\,((z)_w) = 0 \\ \qquad \vee\, \exists y\,(x = <0,\, y> \,\wedge\, \gamma\,(y) = 0) \\ 1 \quad \text{sonst} \end{cases}$$

Da Folgenzahlen (gemäß §2.1) stets größer sind als die durch sie verschlüsselten Folgenglieder, ist zunächst $\lambda x\, \gamma\,(x)$ wohldefiniert durch Induktion, und die obigen Existenzquantoren können gleichwertig durch x beschränkt werden. Die rechte Seite der obigen Gleichung lässt sich daher offenbar zunächst als rekursiver Funktionsterm schreiben, in dem allerdings noch γ-Funktionsterme eingesetzt sind. Nach der gerade getroffenen Feststellung kann man aber für γ (y) immer $(\overline{\gamma}\,(x))_y$ schreiben und $(\overline{\gamma}\,(x))_{(z)_w}$ für γ ((z)$_w$); deshalb ist γ durch eine rekursive Wertverlaufsrekursion gemäß §2.3 definiert und damit selbst rekursiv.

Aufgrund der Festsetzungen für arithmetisierte Berechenbarkeitsbegriffe muss die durch γ gegebene vorläufige Kodierung der fraglichen Rechenvorschriften noch so "zusammengeschoben" werden, dass eine *bijektive* Verschlüsselung entsteht. Dies leistet die jetzt erklärte Funktion $\lambda x\,\delta\,(x)$.

$$\delta\,(x) =_{Df} 0$$

$$\delta\,(x+1) =_{Df} \begin{cases} \delta\,(x)+1 & \text{für } \gamma\,(x+1) = 0 \wedge (\exists y < x+1)\,\gamma\,(y) = 0 \\[2mm] \delta\,(x) & \text{sonst} \end{cases}$$

Da 0 die Folgenzahl der leeren Folge ist, wird durch 0 keine der fraglichen Rechenvorschriften vorläufig verschlüsselt. Offenbar wird auch noch die kleinste vorläufige Gödelnummer einer derartigen Vorschrift auf 0 abgebildet, und danach nimmt der Funktionswert über den vorläufigen Gödelnummern jeweils um 1 zu, während er andernfalls mit dem jeweils vorigen Wert übereinstimmt. Da es offenbar unendlich viele Rechenvorschriften der fraglichen Art gibt, bildet δ die vorläufigen Gödelnummern dieser Vorschriften bijektiv auf die natürlichen Zahlen ab. - Die Rekursivität von $\lambda x\,\delta\,(x)$ ist evident. Deshalb kann man $\delta\,(x)$ als "endgültige" Schlüsselzahl der durch x vorläufig kodierten Rechenvorschrift nehmen. Aus demselben Grund ist auch die durch

$$\varepsilon\,(0) =_{Df} \mu y\,(\gamma\,(y) = 0 \wedge \delta\,(y) = 0)$$

$$\varepsilon\,(x+1) =_{Df} \mu y\,(\delta\,(y) = x+1)$$

erklärte Funktion offenbar rekursiv sowie außerdem die Umkehrung der Einschränkung von δ auf die fraglichen vorläufigen Gödelnummern. Vor einer Analyse der durch eine Zahl x *endgültig* kodierten Funktionsdefinition hat man also zunächst $\varepsilon\,(x)$ als deren vorläufige Gödelnummer zu bestimmen.

Als Nächstes sollen die *Auswertungen* der eingeführten Funktionsdefinitionen (Rechenvorschriften) erklärt werden, und zwar durch Definition der zugehörigen charakteristischen Funktion $\lambda x\,\zeta\,(x)$. Diese Definition erfolgt wieder durch Wertverlaufsrekursion. Inhaltlich handelt es sich dabei um eine Induktion über den Aufbau der eingeführten kodierten Funktionsdefinitionen. (Bei der Erläuterung dieses Induktionstyps am Anfang des zweiten Kapitels wurde darauf hingewiesen, dass eine derartige Definition nur unter bestimmten Voraussetzungen zulässig ist, nämlich nur dann, wenn die induktiv erzeugten Funktionsargumente jeweils nur auf eine einzige Weise gewonnen werden können. Dies trifft hier tatsächlich zu: Aufgrund der oben vorgenommenen vorläufigen Verschlüsselung lässt sich ja immer eindeutig feststellen, ob eine Basisvorschrift, eine Einsetzungsvorschrift oder eine μ-Vorschrift vorliegt, und bei "zusammengesetzten" Vorschriften ist auch deren Zerlegung in die *unmittelbaren* Bestandteile jeweils auf nur eine Weise möglich. Dies läuft offenbar darauf hinaus, dass jede fragliche Vorschrift nur auf eine Art "gelesen" werden kann.) Formal handelt es sich natürlich einfach um eine arithmetische Induktion, deren Ansatz sich aber ohne die inhaltliche Deutung wohl kaum durchschauen ließe. Die angesprochene eindeutige "Zerlegbarkeit" der Argumente äußert sich hier darin, dass die einzelnen Möglichkeiten der Fallunterscheidung, in welche sich die induktive Definition ja auflösen lässt, einander ausschließen. - Zunächst sollen jetzt die einzelnen Fälle getrennt inhaltlich besprochen und formalisiert werden. Wo (beim Induktionsschritt) die Bedingung eingeht, dass gewisse Bestandteile des Funktionsarguments x Auswertungen wiedergeben, soll dies bereits im Vorgriff durch Gleichungen der Form $\zeta(y) = 0$ ausgedrückt werden.

Wie schon weiter oben festgehalten wurde, kann die Auswertung einer *Basisdefinition* einfach durch normiertes Hinschreiben der gültigen Gleichung für das vorgegebene Argument (falls dieses infrage kommt) und den zugeörigen Funktionswert geschehen (weil klar ist, dass die Berechnung des Wertes durch einen geeigneten Algorithmus erfolgen kann, und dessen Einzelheiten hier nicht mehr zu interessieren brauchen); bei Vorgabe eines nicht passenden Arguments (z.B. eines geordneten Zahlentripels für die Summenfunktion) soll eine Auswertung nicht erklärt werden. Zugunsten einer bequemen Handhabung soll die fragliche Gleichung durch eine Folge der Form

(Ergebnis, Argument, Funktionsdefinition)

dargestellt werden; dabei soll das Argument immer durch die *Folgenzahl* aus den zugehörigen Komponenten wiedergegeben werden. Aufgrund der vorangestellten Definitionen ergibt sich dann offenbar:

x kodiert eine Auswertung einer *Basisvorschrift* $\Leftrightarrow$

$Seq(x) \wedge lg(x) = 3$

$\wedge\ Seq((x)_1) \wedge Seq(\varepsilon((x)_2)) \wedge lg(\varepsilon((x)_2)) = 1$

$\wedge\ (((\varepsilon((x)_2) = 0 \wedge lg((x)_1) = 2 \wedge (x)_0 = ((x)_1)_0 + ((x)_1)_1)$

$\vee\ (\varepsilon((x)_2) = 1 \wedge lg((x)_1) = 2 \wedge (x)_0 = ((x)_1)_0 \cdot ((x)_1)_1)$

$\vee\ (\varepsilon((x)_2) = 2 \wedge lg((x)_1) = 2 \wedge ((x)_1)_0 < ((x)_1)_1 \wedge (x)_0 = 0)$

$\vee\ (\varepsilon((x)_2) = 2 \wedge lg((x)_1) = 2 \wedge ((x)_1)_0 \geq ((x)_1)_1 \wedge (x)_0 = 1)$

$\vee\ (\varepsilon((x)_2) > 2 \wedge lg((x)_1) = \sigma_2(\beta((\varepsilon((x)_2))_0) \dot{-} 3) \wedge (x)_0 = ((x)_1)_{\sigma_1(\beta((\varepsilon((x)_2))_0) \dot{-} 3)}))$

(Aufgrund der gewählten Verschlüsselung der Identitätsfunktionen I_n^m ist im Fall $\varepsilon((x)_2) > 2$ von selbst immer $m = \sigma_1(\beta((\varepsilon((x)_2))_0) \dot{-} 3) < \sigma_2(\beta((\varepsilon((x)_2))_0) \dot{-} 3) = n$.)

Ersichtlich ist das oben dargestellte Prädikat rekursiv.

Die Auswertung einer durch Anwendung des *Einsetzungsschemas* auf einfachere Definitionen gewonnenen Funktionsdefinition soll in einer Folge der folgenden Art bestehen: Den Schluss soll die Folge aus den Auswertungen der "eingesetzten" Funktionsdefinitionen für das vorgegebene Argument bilden, sofern diese Auswertungen alle erklärt sind. Ggf. soll diese Folge nicht in Form ihrer einzelnen Glieder angehängt werden, sondern in Gestalt ihrer *Folgenzahl* als ein einziges Glied. Unmittelbar vor dieser Auswertungsfolge soll weiter ggf. die Auswertung der "äußeren" Funktionsdefinition stehen, wobei das Argument aus den für die "inneren" Funktionen errechneten Werten besteht. Schließlich sollen den beschriebenen beiden Gliedern die drei Komponenten der "Endgleichung"

(Endergebnis, vorgegebenes Argument, fragliche Funktionsdefinition)

vorangestellt werden; die Auswertung einer Einsetzungsvorschrift ist damit immer die Folgenzahl einer *fünfgliedrigen* Folge. (In den durch die obige Skizzierung nicht erfassten Fällen soll eine Auswertung nicht erklärt sein.) Eine Auswertung beginnt auch im vorliegenden Fall - wie vorher für Basisdefinitionen vereinbart wurde und ebenso noch für μ-Vorschriften festgelegt wird - mit einer in der beschriebenen Form dargestellten Gleichung. Außerdem erkennt man, dass die beschriebene Festsetzung gerade der inhaltlichen Bedeutung des Einsetzungsschemas entspricht. - Unter Berücksichtigung der vorher getroffenen Vereinbarungen erhält man offenbar:

x kodiert eine Auswertung einer *Einsetzungsvorschrift* $\Leftrightarrow$

$$Seq(x) \wedge lg(x) = 5 \wedge (x)_0 = ((x)_3)_0$$

$$\wedge\, Seq((x)_1) \wedge lg((x)_1) = lg((x)_4) \wedge (\forall k < lg((x)_4))\, (x)_1 = (((x)_4)_k)_1$$

$$\wedge\, Seq(\varepsilon((x)_2)) \wedge lg(\varepsilon((x)_2)) = 3 \wedge (\varepsilon((x)_2))_0 = 0 \wedge (\varepsilon((x)_2))_1 = \varepsilon(((x)_3)_2)$$

$$\wedge\, Seq((\varepsilon((x)_2))_2) \wedge lg((\varepsilon((x)_2)_2) = lg((x)_4)$$

$$\wedge\, (\forall k < lg((x)_4))\, ((\varepsilon((x)_2))_2)_k = \varepsilon(((x)_4)_k)_2$$

$$\wedge\, Seq((x)_3) \wedge \zeta((x)_3) = 0 \wedge Seq(((x)_3)_1) \wedge lg(((x)_3)_1) = lg((x)_4)$$

$$\wedge\, (\forall k < lg((x)_4))\, (((x)_3)_1)_k = (((x)_4)_k)_0$$

$$\wedge\, Seq((x)_4) \wedge lg((x)_4) > 0 \wedge (\forall k < lg((x)_4))\, \zeta(((x)_4)_k) = 0$$

Ersichtlich liegt damit ein in $\lambda x\, \zeta(x)$ rekursives Prädikat vor.

Die Auswertung einer durch Anwendung des μ-*Operators* auf eine Vorschrift entstandenen Funktionsdefinition soll eine Folge der folgenden Art sein: Den Schluss dieser Folge bildet diesmal ggf. eine Folge von Auswertungen der dem μ-Operator unterworfenen Funktionsdefinition. Deren erstes Glied ist eine Auswertung dieser Definition über dem vorgegebenen Argument, welches jedoch als zusätzliche letzte Komponente die Zahl 0 aufweist. Falls diese Auswertung existiert und einen von 0 verschiedenen Wert ergeben hat, soll als nächstes Glied eine Auswertung derselben Vorschrift stehen, die aber auf das um die Zahl 1 verlängerte vorgegebene Argument angewendet wurde. Falls diese Auswertung nicht den Wert 0 erbracht hat, soll das vorgegebene Argument wieder durch die nächsthöhere Zahl (jetzt also durch 2) verlängert werden, usw. Erst wenn eine derartige Auswertung der "inneren" Definition den Wert 0 geliefert hat, soll die Folge abbrechen und als Endergebnis die zuletzt als Verlängerung des vorgegebenen Arguments genommene Zahl erbringen (welche zugleich um 1 kleiner als die Länge der fraglichen Auswertungsfolge ist). Wieder soll die besagte Folge nicht in Form ihrer einzelnen Glieder angefügt, sondern durch ihre *Folgenzahl* wiedergegeben werden. Da auch in diesem Fall vor der dargestellten Berechnung die drei Komponenten der Gleichung

(Ergebnis, Rechenvorschrift, vorgegebenes Argument)

stehen sollen, werden die Auswertungen von μ-Vorschriften durch Folgenzahlen von *viergliedrigen* Folgen dargestellt. Eine Auswertung ist jetzt nicht erklärt, wenn die Folge der "inneren" Auswertungen durch jedes ihrer Glieder einen von 0 verschiedenen Wert liefert oder aber eines dieser Glieder gar nicht vorhanden ist (weil die fragliche Auswertung nicht existiert). Man erkennt auch hier, dass die Auswertungen von μ-Vorschriften gerade so erklärt wurden, wie es der inhaltlichen Bedeutung des μ-Operators entspricht. - Offenbar erhält man jetzt die Äquivalenz:

x kodiert eine Auswertung einer μ-*Vorschrift* $\Leftrightarrow$

$$Seq(x) \wedge lg(x) = 4 \wedge (x)_0 = lg((x)_3) \dot{-} 1$$

$$\wedge\, Seq((x)_1) \wedge (\forall k < lg((x)_1))\, ((x)_1)_k = (((((x)_3)_0)_1)_k$$

$$\wedge\, Seq(\varepsilon((x)_2)) \wedge lg(\varepsilon((x)_2)) = 2 \wedge (\varepsilon((x)_2))_0 = 0$$

$$\wedge\, (\forall k < lg((x)_3))\, (\varepsilon((x)_2))_1 = \varepsilon(((((x)_3)_k)_2)$$

$$\wedge\, Seq((x)_3) \wedge lg((x)_3) > 0$$

$$\wedge\, (\forall k < lg((x)_3))\, \zeta((((x)_3)_k) = 0$$

$$\wedge\, (\forall k < lg((x)_3 \dot{-} 1))\, ((((x)_3)_k)_0 \neq 0 \wedge (((x)_3)_{lg((x)_3) \dot{-} 1})_0 = 0$$

$$\wedge\, (\forall k < lg((x)_3))\, (Seq((((((x)_3)_k)_1) \wedge lg(((((x)_3)_k)_1) = lg((x)_1) + 1$$

$$\wedge\, (((((x)_3)_k)_1)_{lg((x)_1)} = k)$$

Ersichtlich liegt wieder ein in $\lambda x\, \zeta(x)$ rekursives Prädikat vor.

Wegen der unterschiedlichen Längenbedingungen schließen die obigen Fälle paarweise einander aus. Man kann deshalb $\lambda x\, \zeta(x)$ durch eine Fallunterscheidung erklären, indem man für diese Fälle jeweils 0 als Funktionswert vorschreibt und andernfalls 1. (Wegen der Einheitlichkeit des Funktionswerts in den besprochenen Fällen brauchten diese nicht einmal einander auszuschließen; dann ließe sich aber R12 aus §2.1 nicht unmittelbar anwenden.) Beachtet man jetzt noch, dass aufgrund der für die benutzte Folgenverschlüsselung gültigen Ungleichungen in den obigen Fällen $\zeta(y) = 0$ nur für gewisse $y < x$ verlangt wurde, so erkennt man - wie oben bei der Definition von $\lambda x\, \gamma(x)$ - dass $\lambda x\, \zeta(x)$ durch eine auf rekursiven Funktionen fußende Wertverlaufsrekursion definiert wird. Damit ist ζ die charakteristische Funktion eines rekursiven Prädikats $\lambda x\, R(x)$, und dieses besagt eben, dass x die Kodierung einer Auswertung einer Rechenvorschrift der fraglichen Art ist.

Es ist nun leicht zu sehen, dass durch die obigen Definitionen ein Berechenbarkeitsbegriff erklärt worden ist. Man hat dazu nur noch die Bestimmungsstücke eines Berechenbarkeitsbegriffs aus den eingeführten Größen herauszulesen, indem man etwa festsetzt:

$$P_0(x) \Leftrightarrow_{Df} \zeta(x) = 0$$

$$V_0(x) =_{Df} (x)_2$$

$$A_0(x, y) =_{Df} \begin{cases} lg((x)_1) & \text{für } y = 0 \\ ((x)_1)_y & \text{sonst} \end{cases}$$

$$U_0(x) =_{Df} (x)_0$$

$$a_0 =_{Df} \delta\,(\mu x\,(Seq(x) \wedge lg(x) = 1 \wedge (x)_0 = 0))$$

$$m_0 =_{Df} \delta\,(\mu x\,(Seq(x) \wedge lg(x) = 1 \wedge (x)_0 = 1))$$

$$v_0 =_{Df} \delta\,(\mu x\,(Seq(x) \wedge lg(x) = 1 \wedge (x)_0 = 2))$$

$$I_0(m, n) =_{Df} \begin{cases} \delta\,(\mu x\,(Seq(x) \wedge lg(x) = 1 \wedge (x)_0 > 2 \\ \qquad \wedge\, \sigma_1((x)_0) \dot{-} 3) = m \wedge \sigma_2((x)_0) \dot{-} 3) = n)) & \text{für } m < n \\ 0 & \text{sonst} \end{cases}$$

$$E_0(m, n, f, g) =_{Df} \delta\,(<0, \varepsilon\,(f), \mu x\,(Seq(x) \wedge lg(x) = m \wedge (\forall k < m)\,(x)_k = \varepsilon\,((g)_k))>)$$

$$M_0(n, f) =_{Df} \delta\,(<0, \varepsilon\,(f)>)$$

Satz 6: $K =_{Df} (P_0, V_0, A_0, U_0, a_0, m_0, v_0, I_0, E_0, M_0)$ ist ein Berechenbarkeitsbegriff.

Beweis: Dies ergibt sich offenbar aus den vorausgegangenen Überlegungen. Besonders angemerkt werden soll, dass die Gültigkeit von K4 zunächst offenbar aus den Eigenschaften der zur vorläufigen Gödelisierung der Rechenvorschriften angewendeten Folgenverschlüsselung beruht und auch durch das anschließende "Zusammenschieben" der vorläufigen Gödelnummern nicht wieder aufgehoben wird. -

Hinzugefügt werden sollte vielleicht noch, dass die K_0-Indizes zwar natürlich nicht "syntaktisch" bestimmten Stellenzahlen zugeordnet sind, wohl aber "semantisch": Durch Induktion über den Aufbau von $\varepsilon\,(f)$ im Hinblick auf die durch $\lambda x\,\gamma\,(x)$ gegebene vorläufige Verschlüsselung der partiell-rekursiven Funktionen ergibt sich nämlich offenbar, dass für den Fall der Vorgabe eines Arguments mit "falscher" Stellenzahl keine Auswertung erklärt ist.

K_0 kann als ein *Kalkül der kanonischen Auswertung* bezeichnet werden. Der unbestimmte Artikel verweist hierbei darauf, dass durch gewisse Veränderungen des Ansatzes noch andere derartige Kalküle erklärt werden können, wie jetzt dargelegt werden soll.

Wie bei jedem Berechenbarkeitsbegriff hat auch in Bezug auf K_0 jede partiell-rekursive Funktion unendlich viele Indizes; insbesondere gilt dies für die Anfangsfunktionen $+$, $\cdot$, $\chi_<$, I_n^m mit $m < n$. Eine Besonderheit von K_0 besteht jedoch darin, dass jede Anfangsfunktion nur durch *eine einzige Basisvorschrift* berech-

net wird. Dies wurde dadurch erreicht, dass zunächst die Anfangsfunktionen
(mittels $\lambda x \, \alpha \, (x)$) bijektiv auf die natürlichen Zahlen abgebildet wurden und
anschließend die so gewonnenen Schlüsselzahlen als einzige durch jeweils eine
eingliedrige Folge (vorläufig) kodiert wurden. Die übrigen K_0-Indizes der partiell-rekursiven Basisfunktionen können sich daher nur durch geeignete Anwendungen der Funktionen E_0 und M_0 ergeben.

Hat man jetzt einen weiteren Berechenbarkeitsbegriff K, bei dem eine der Anfangsfunktionen mehr als einen *nicht* mittels E_0 und M_0 "zusammengesetzten" K-
Index besitzt, so ist es ersichtlich unmöglich, die K-Indizes - jeweils bezogen auf
eine Stellenzahl - den K_0-Indizes so umkehrbar eindeutig zuzuordnen, dass die
Zuordnung immer Indizes derselben Funktion ineinander überführt und zugleich mit den fraglichen Uniformitätsstrukturen verträglich ist; in mindestens
einem Fall müsste eine "unzerlegbare" K-Vorsschrift auf eine "zusammengesetzte" K_0-Vorsschrift abgebildet werden bzw. umgekehrt. (Aufgrund der gewählten Verschlüsselung kann eine K_0-Vorsschrift nicht sowohl "unzerlegbar" als
auch "zusammengesetzt" sein.)

Einen derartigen Berechenbarkeitsbegriff K_1 anzugeben, ist jetzt aber nicht
schwierig. Man braucht dazu nur die Konstruktion von K_0 nachzubilden, jedoch
mit folgenden Unterschieden: Anstelle von α definiert man zunächst etwa:

$$\alpha^*(0) =_{\mathrm{Df}} 0$$

$$\alpha^*(1) =_{\mathrm{Df}} 1$$

$$\alpha^*(2) =_{\mathrm{Df}} 2$$

$$\alpha^*(3) =_{\mathrm{Df}} 3$$

$$\alpha^*(x+4) =_{\mathrm{Df}} \begin{cases} \alpha^*(x+3)+1 & \text{für } \sigma_1(x) < \sigma_2(x) \\[2mm] \alpha^*(x+3) \text{ sonst} \end{cases}$$

Sodann soll 3 etwa ebenso wie 0 der Addition $\lambda xy \, (x+y)$ zugeordnet werden.
Dies lässt sich offenbar dadurch erreichen, dass in den sonst gleichen Definitionen für die jetzt mit einem Stern indizierten Funktionen jeweils $\beta^*(y) \doteq 4$ anstelle
von $\beta(y) \doteq 3$ geschrieben wird und dem sechsten Konjunktionsglied in dem Ansatz für "x kodiert eine Auswertung einer Basisvorschrift" die Bedingung

$$\vee \, (\varepsilon^*((x)_2) = 3 \wedge lg((x)_1) = 2 \wedge (x)_0 = ((x)_1)_0 + ((x)_1)_1)$$

hinzugefügt sowie dort außerdem $\varepsilon\,((x)_2) > 2$ durch $\varepsilon^*((x)_2) > 3$ ersetzt wird.
Schließlich hat man noch in der Definition von $I_1(m,\, n)$ die Bedingung $(x)_0 > 2$

durch $(x)_0 > 3$ zu ersetzen. Die übrigen Konstruktionsschritte verlaufen dann analog. - Man gewinnt so den

Satz 7: Es gibt Berechenbarkeitsbegriffe
$K = (P^K, V^K, A^K, U^K, a^K, m^K, v^K, I^K, E^K, M^K)$ und
$L = (P^L, V^L, A^L, U^L, a^L, m^L, v^L, I^L, E^L, M^L)$ derart, dass gilt:

Es gibt keine (also erst recht keine rekursive) Funktion $\lambda xy\ \beta^{KL}(x, y)$ mit den folgenden Eigenschaften:

1) Jede Abbildung $\lambda y\ \beta^{KL}(x, y) \mid \mathbf{N} \to \mathbf{N}$ ist bijektiv.

2) $(\forall n, f)\ [f]_n^K = [\beta^{KL}(n, f)]_n^L$

3) $(\forall m, n, f, g)\ (Seq(g) \wedge lg(g) = m \wedge m > 0 \Rightarrow$

$$\beta^{KL}(n, E^K(m, n, f, g)) =$$

$$E^L(m, n, \beta^{KL}(m, f),$$

$$\mu x\,(Seq(x)\ lg(x) = m \wedge (\forall k < m)\ (x)_k = \beta^{KL}(n, (g)_k)))$$

4) $(\forall n, f)\ \beta^{KL}(n, M^K(n, f)) = M^L(n, \beta^{KL}(n+1, f))$

Beweis: Dies ergibt sich offenbar mit $K =_{Df} (P_0, V_0, A_0, U_0, a_0, m_0, v_0, I_0, E_0, M_0)$ und $L =_{Df} (P_1, V_1, A_1, U_1, a_1, m_1, v_1, I_1, E_1, M_1)$ aus den vorangestellten Überlegungen, weil dann eine "unzerlegbare" (und nicht "zusammengesetzte") L-Vorschrift ein "zusammengesetztes" K-Urbild haben müsste. -

Es gibt damit Fälle, in denen die rekursive Verwandtschaft von zwei Berechenbarkeitsbegriffen sich *nicht* auch auf deren Uniformitätsstrukturen erstreckt. Dies gilt sogar schon innerhalb des Teilbereichs der Kalküle der kanonischen Auswertung. (Es ist klar, dass die obige Konstruktion von K_1 auf mannigfache Weise variiert werden kann.) Wenn man rekursive Verwandtschaft als Ausdruck einer "nicht so wesentlichen" Verschiedenheit auffasst (was zugegebenermaßen etwas großzügig ist), dann können also wesentliche Unterschiede zwischen verschiedenen Berechenbarkeitsbegriffen *höchstens bei deren Uniformitätsstrukturen* auftreten. -

Aufgaben

Zu Kapitel 1:

1) Seien auf $\mathbf{N}$ eine Relation $\angle \subseteq \mathbf{N}^2$ und eine Abbildung $\varphi \mid \mathbf{N} \to \mathbf{Z}$ erklärt durch:

$$x \angle y \Leftrightarrow_{\mathrm{Df}} (x \equiv 0(2) \wedge y \equiv 0(2) \wedge x < y)$$

$$\vee (x \equiv 1(2) \wedge y \equiv 0(2))$$

$$\vee (x \equiv 1(2) \wedge y \equiv 1(2) \wedge x > y)$$

$$\varphi(n) =_{\mathrm{Df}} \left\{ \begin{array}{ll} k & \text{für } n = 2k \\[2ex] -(k+1) & \text{für } n = 2k+1 \end{array} \right\} \text{ jeweils mit dem einzig möglichen } k$$

Beweisen: $\varphi \mid \mathbf{N} \to \mathbf{Z}$ ist eine Bijektion, sodass gilt: $x \angle y \Leftrightarrow \varphi(x) < \varphi(y)$

Folgern: $\angle$ ist eine (strikte) *totale Ordnung* auf $\mathbf{N}$ vom Typ $(\mathbf{Z}, <)$; daher kann $(\mathbf{N}, \angle)$ als Modell des Rechenbandes dienen.

2) Für Turingmaschinen M, M^* über einem Alphabet α zeigen:

$$M \; \ddot{a}q\, M^* \Rightarrow M \equiv M^*$$

3) Beweisen: Zu jeder Turingmaschine M lässt sich eine Turingmaschine M^* angeben, sodass gilt:

a) $M \equiv M^*$

b) Zwei Ausgänge (s, k), (s, l) von M^* stimmen genau dann überein, wenn sie zu demselben Zustand gehören.

Folgern: Ausgänge können o.B.d.A. durch ihnen umkehrbar eindeutig entsprechende *Stoppzustände* wiedergegeben werden.

4) Über $\alpha = \{a_1, \ldots, a_N\}$ seien l^α und die wie folgt erklärte Turingmaschine z^α gegeben:

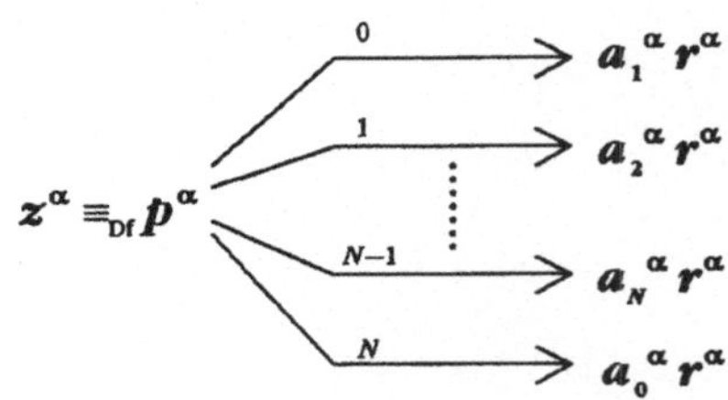

Zeigen: Zu jeder Elementarmaschine lässt sich eine gleichwertige Turingmaschine aus Exemplaren von l^α und z^α zusammensetzen.

Folgern: Für l^α und z^α gilt ein zu Satz 1.2.2* analoger Satz

5) Zeigen: Es gibt keine Turingmaschine, die genau dann eine Endkonfiguration erreicht, wenn sie auf ein Rechenband mit genau oder mit höchstens k markierten Feldern ($k \in \mathbf{N}$ beliebig fest) angesetzt wird. - Gilt eine entsprechende Aussage auch für ein Band mit mindestens k markierten Feldern?

6) Beweisen: Kommen in einer (nicht willkürlich abbrechenden) Konfigurationenfolge zwei gleiche Glieder vor, so ist die Folge schließlich periodisch, ebenso die Folge aus den zugehörigen Konfigurationszeilen. - Was bedeutet dies für den Platzbedarf?

7) Die Turingmaschine

$$M \equiv_{\mathrm{Df}} \overset{\longrightarrow}{\Big\rangle} \; | \, r \, K$$

werde auf das leere Band angesetzt und liefere die Konfigurationenfolge $(K_n)_{n \in \mathbf{N}}$; $(t_n)_{n \in \mathbf{N}}$ sei die Folge aus den Operationsanweisungen (dritten Komponenten) der zugehörigen Konfigurationszeilen.

Beweisen: $(t_n)_{n \in \mathbf{N}}$ ist nicht schließlich periodisch.

8) Da jeder einmal im Leben den Hilfssatz 1.3.8 bewiesen haben sollte (um ihn dann endgültig auf sich beruhen zu lassen), überlege man sich zumindest, wie man einen vollständigen Beweis zu führen hätte.

9) Sei Konvention 1 die Rechenkonvention aus Definition 1.3.1*. Konvention 2 unterscheide sich von dieser lediglich dadurch, dass die vorgegebenen Argumente jeweils *spiegelbildlich* dargestellt werden, d.h. $(x_1, \ldots, x_n)$ durch die Sequenz

$$\ldots * \, | \, \ldots \, | \, * \, \ldots \, | \, \ldots \, | \, * \, \ldots$$
$$x_n + 1 \qquad\qquad x_1 + 1$$

(aber ohne dass auch spiegelbildlich gerechnet werden soll).

Zeigen: Eine Funktion $\lambda x_1 \ldots x_n \, f(x_1, \ldots, x_n)$ ist genau dann (partiell bzw. total) gemäß Konvention 1 Turing-berechenbar, wenn sie es gemäß Konvention 2 ist.

10) Man überlege sich analog, dass der *Berechenbarkeitscharakter* einer Funktion (d.h. ob diese partiell Turing-berechenbar ist oder nicht) sich auch nicht ändert, wenn anstelle der unären etwa die *binäre* Zahlendarstellung (bei

Eingaben und Ausgaben) zugrunde gelegt wird. - Wie lässt sich dieser Sachverhalt verallgemeinern?

11) Zeigen:

a) $\lambda x\ R(x) \subseteq \mathbf{N}^n$ ist genau dann Turing-entscheidbar, wenn $\lambda x\ \neg R(x)$ Turing-entscheidbar ist.

b) $\varnothing$ und $\mathbf{N}$ sind Turing-entscheidbare Mengen.

c) Wenigstens klar machen: Jede *finite* (d.h. endliche) und jede *kofinite* Menge $M \subseteq \mathbf{N}$ (deren Komplement $\mathbf{N} \setminus M$ endlich ist) ist Turing-entscheidbar. - Gibt es auch Turing-entscheidbare Mengen, die weder finit noch kofinit sind?

12) Sei $R \subseteq \mathbf{N}^n$ Turing-entscheidbar und $g \mid \mathbf{N}^n \to \mathbf{N}$ (total) Turing-berechenbar. Beweisen: $\lambda x\ f(x)$ mit

$$
f(x) =_{\mathrm{Df}} \begin{cases} g(x) & \text{für } R(x) \\[2mm] \text{nicht erklärt sonst} \end{cases}
$$

ist partiell Turing-berechenbar.

13) Eine völlig andere Technik, mittels derer "nach rechts" gerechnet werden kann, als die im Text besprochene ist die folgende: Durch eine entsprechende Erweiterung des Alphabets lässt sich die Einteilung des Rechenbandes in zwei *Spuren* nachbilden (etwa nach Art der Spuren auf einem Stereo-Tonband). Diese Einteilung muss zunächst auf einem geeigneten endlichen Bandstück durch die Maschine selbst vorgenommen und jeweils bei Bedarf im Verlauf der Rechnung fortgesetzt werden, da das Band ja zunächst ein gewöhnliches Turingband ist, dessen Felder nicht unterteilt sind; dabei muss der (linke) Anfang der Einteilung durch ein Sonderzeichen ∇ markiert werden. Befindet sich die Maschine auf der "oberen" Spur, so führt sie die vorgeschriebenen Bewegungen etwa im gewöhnlichen Sinne aus; auf der "unteren" Spur hat sie sich dagegen jeweils spiegelbildlich zu bewegen. Beim Passieren der mit ∇ markierten Stelle ist jedesmal die Spur zu wechseln. In welcher Spur sie sich gerade befindet, "merkt sich" die Maschine mithilfe ihres jeweiligen Zustands; dazu müssen die Zustände der ursprünglichen Maschine entsprechend *aufgespalten* werden.

Die skizzierte Technik funktioniert bei jeder Rechenkonvention; bei der aus Definition 1.3.1 (sic!) hat etwa Folgendes zu geschehen: Vorgegeben wird zunächst eine Konfiguration

$$\ldots * a_{11} \ldots a_{1 n_1} * a_{m1} \ldots a_{mn_m} C_M * \ldots$$

mit dem Anfangszustand C_M der fraglichen Maschine M (vgl. hierzu den letzten Absatz auf S. 19). Diese richtet zunächst einen Teil der unteren Spur ein und geht dann an die Ausgangsstelle zurück:

$$\ldots * \begin{array}{c} a_{11} \ldots a_{1 n_1} * a_{m1} \ldots a_{mn_m} C_0 \\ \nabla * \ldots\ldots\ldots\ldots\ldots\ldots\ldots \end{array} * \ldots$$

Dabei entspricht C_0 dem Anfangszustand der zu simulierenden Maschine. Deren Rechnung wird anschließend bis zum etwaigen Erreichen einer Endkonfiguration durch M simuliert. Wenn die Rechnung gemäß der Konvention aus Definition 1.3.1 erfolgt ist, liegt dann eine Konfiguration folgender Art vor:

$$\ldots * \begin{array}{c} * \ldots\ldots\ldots\ldots\ldots\ldots\ldots * \\ \nabla * \ldots * b_1 \ldots b_n C' * \ldots * \end{array} * \ldots$$

(Dabei ist C' der dann angenommene Zustand, und das Ergebnis $b_1 \ldots b_n$ könnte ebenso gut woanders in dem in Spuren eingeteilten Bereich stehen.) Aufgrund der vereinbarten Konvention ist schließlich eine Endkonfiguration der Art

$$\ldots * b_1 \ldots b_n C * \ldots$$

herzustellen. Wenn man will, kann man dabei den Anfang des Ergebnisworts an dieselbe Stelle rücken, an der sich ursprünglich der Anfang des Arguments befunden hatte.

Der beschriebene Vorgang lässt sich auch durch die Vorstellung veranschaulichen, dass das Band an der mit ∇ markierten Stelle geknickt und wieder nach rechts statt nach links verlegt wird. -

Man überlege sich im Einzelnen, wie man eine vorgegebene Turingmaschine und ihr Alphabet $\alpha = \{a_1, \ldots, a_N\}$ abzuändern hat, damit sie auf die beschriebene Art "nach rechts" rechnet, und beweise dies.

Zu Kapitel 2:

1) Zeigen, dass die folgenden Funktionen bzw. Relationen rekursiv sind:

a) $\lambda xy\,[x/y]$ mit

$$[x/y] =_{\mathrm{Df}} \begin{cases} \text{das größte } z \in \mathbf{N} \text{ mit } z \leq x/y \text{ für } y \neq 0 \\ \\ 0 \quad \text{sonst} \end{cases}$$

b) $\lambda xy\,rs(x, y)$ mit

$$rs(x, y) =_{\mathrm{Df}} \begin{cases} \text{Rest von } x \text{ bei Division durch } y \text{ für } y \neq 0 \\ \\ x \quad \text{sonst} \end{cases}$$

c) $\lambda x\,Gr(x)$ mit

$$Gr(x) \Leftrightarrow_{\mathrm{Df}} x \text{ ist } \textit{gerade} \Leftrightarrow x \equiv 0(2)$$

d) $\lambda x\,Ug(x)$ mit

$$Ug(x) \Leftrightarrow_{\mathrm{Df}} x \text{ ist } \textit{ungerade} \Leftrightarrow x \equiv 1(2)$$

e) $\lambda x\,Pr(x)$ mit

$$Pr(x) \Leftrightarrow_{\mathrm{Df}} x \text{ ist } \textit{Primzahl}$$

f) $\lambda xy\,Rp(x, y)$ mit

$$Rp(x, y) \Leftrightarrow_{\mathrm{Df}} x, y \text{ sind } \textit{relativ prim}$$

(vgl. die Anmerkung nach der Folgerung aus Definition 2.2.1)

2) Zeigen: $Wb\,(gp)$ und $\mathbf{N} \setminus Wb\,(gp)$ (mit $gp \mid \mathbf{N}^2 \to \mathbf{N}$ gemäß Definition 2.2.2) sind unendliche rekursive Mengen.

3) Beweisen: Zu jeder endlichen Folge $(a_0, \ldots, a_{n-1})$ von natürlichen Zahlen (mit $n \geq 0$) gibt es unendlich viele $a \in \mathbf{N}$, sodass gilt:

$$(\forall k < n)\ \beta(a, k) = a_k$$

4) Beweisen:

a) $gp^* \mid \mathbf{N}^2 \to \mathbf{N}$ und $gp^{**} \mid \mathbf{N}^2 \to \mathbf{N}$ mit

$$gp^*(x, y) =_{\mathrm{Df}} \tfrac{1}{2}\left((x+y)^2 + 3x + y\right)$$

$$gp^{**}(x, y) =_{\mathrm{Df}} 2^x \cdot (2y+1) \dot{-} 3$$

sind rekursive Bijektionen. - Es ist aufschlussreich, gp^* mit dem in der Literatur häufig dargestellten (auf GEORG CANTOR zurückgehenden) Verfahren aus der elementaren Mengenlehre zum Beweis der *Abzählbarkeit* der geordneten Paare von natürlichen Zahlen (bzw. der rationalen Zahlen) zu vergleichen.

b) Sei $\sigma^2 \mid \mathbf{N}^2 \to \mathbf{N}$ rekursiv und bijektiv. Dann sind die durch

$$\sigma_1^{\,2}(z) =_{Df} \text{das } x \text{ mit } \sigma^2(x, y) = z \text{ für ein } y$$

$$\sigma_2^{\,2}(z) =_{Df} \text{das } x \text{ mit } \sigma^2(x, y) = z \text{ für ein } x$$

erklärten *Umkehrungen* $\sigma_1^{\,2} \mid \mathbf{N}^2 \to \mathbf{N}$, $\sigma_2^{\,2} \mid \mathbf{N}^2 \to \mathbf{N}$ rekursive *Surjektionen*.

5) Für σ^2 wie oben und $n \geq 2$ werde festgesetzt:

$$\sigma^{n+1}(x_1, ..., x_{n+1}) =_{Df} \sigma^2(\sigma^n(x_1, ..., x_n), x_{n+1})$$

a) Für $n \geq 2$ beweisen: Jedes $\sigma^n \mid \mathbf{N}^n \to \mathbf{N}$ ist eine rekursive Bijektion.

b) Die zugehörigen *Umkehrungen* $\sigma_k^{\,n} \mid \mathbf{N} \to \mathbf{N}$ (jeweils für $k = 1, ..., n$) definieren und zeigen, dass sie sämtlich rekursive Surjektionen sind.

6) Für Funktionen $\lambda x\, f(x)$ bzw. Prädikate $\lambda x\, P(x)$ von beliebiger Stellenzahl $n+1$ mit $n \geq 0$ definiert man:

$$\begin{aligned}
\langle f \rangle (x) &=_{Df} f((x)_0, ..., (x)_n) \\
\langle P \rangle (x) &\Leftrightarrow_{Df} P((x)_0, ..., (x)_n)
\end{aligned} \left. \right\} \text{ sog. } \textit{Kontraktion} \text{ von } f \text{ bzw. } P$$

Offensichtlich gilt:

$$<f> (<x_0, ..., x_n>) = f(x_0, ..., x_n)$$

$$<P> (<x_0, ..., x_n>) \Leftrightarrow P(x_0, ..., x_n)$$

Beweisen:

a) f ist rekursiv $\Leftrightarrow$ $<f>$ ist rekursiv

b) f ist partiell-rekursiv $\Leftrightarrow$ $<f>$ ist partiell-rekursiv

c) P ist rekursiv $\Leftrightarrow$ $<P>$ ist rekursiv

d) P ist aufzählbar $\Leftrightarrow$ $<P>$ ist aufzählbar (hierzu s. §3.1)

7) Unter sonst den gleichen Voraussetzungen wie in R12 (s. §2.1) seien die $\lambda x\, g_k(x)$ lediglich partiell-rekursiv.

a) Warum lässt sich der Beweis von R12 nicht übertragen?

b) R12 auch für partiell-rekursive Funktionen beweisen. (Hinweis: Normal-formentheorem)

8) Zeigen: Ist $\lambda\,x\,f(x)$ eine partiell-rekursive Funktion mit *rekursivem* Definitionsbereich $Db(f)$, so ist ihr Graph $\mathcal{G}_f$ (d.h. das Prädikat $\lambda\,x\,y\,(f(x) = y)$) rekursiv.

9) Beweisen: Eine *unendliche* Menge $M \subseteq \mathbf{N}$ ist genau dann rekursiv, wenn sie *"der Größe nach wiederholungsfrei aufzählbar"* ist, d.h. wenn es eine rekursive Funktion $f\,|\,\mathbf{N} \to \mathbf{N}$ mit dem Wertebereich $Wb(f) = M$ gibt, sodass gilt:

$$\forall x\,f(x) < f(x{+}1)$$

Daraus folgern: Jede unendliche aufzählbare Menge umfasst eine unendliche rekursive Menge.

10) Zur Gegenüberstellung mit Aufgabe 1.5 zeigen: Es gibt rekursive Prädikate $H, G, M \subseteq \mathbf{N}^2$, sodass gilt:

$$H(x,\,y) \text{ bzw. } G(x,\,y) \text{ bzw. } M(x,\,y) \Leftrightarrow_{\mathrm{Df}}$$

x ist Gödelnummer einer Bandinschrift (gemäß §2.4) mit höchstens bzw. genau bzw. mindestens k markierten Feldern.

Kann die Gödelnummer einer Bandinschrift durch eine (etwa auf das Feld 0 angesetzte) Turingmaschine berechnet werden?

11) Beweisen (ohne Diagonalschluss): Jede Gleichung

$$[g]_{n+1}(x,\,f) = [f]_n(x)$$

hat genau dann eine Lösung $f \in \mathbf{N}$, wenn dies für jede Gleichung

$$[\varphi\,(f)]_n(x) = [f]_n(x)$$

mit rekursivem $\varphi\,|\,\mathbf{N} \to \mathbf{N}$ gilt.- Was folgt hierzu aus dem Rekursionstheorem?

12) a) Sei $f \in \mathbf{N}$ ein Index von $\lambda x\,([x]_1(x){+}1)$. Ist $[f]_1(f)$ erklärt?

b) Sei $f\,|\,\mathbf{N} \to \mathbf{N}$ rekursiv und $\lambda x\,([f(n)]_1(x)$ jeweils total. Zeigen: Es gibt eine rekursive Funktion $\lambda x\,\varphi\,(x)$ mit $\forall n\,[f(n)]_1 \neq \varphi$. Daraus schließen: Die Menge der Indizes von einstelligen rekursiven Funktionen ist nicht aufzählbar. Was besagt die Behauptung aus Aufgabe 6a hierzu?

13) Sei $\sigma^2 \mid \mathbf{N}^2 \to \mathbf{N}$ eine rekursive Bijektion mit den (gleichfalls rekursiven) Umkehrungen σ_1^2 und σ_2^2. Abweichend von Aufgabe 5 werde - aus rein technischen Gründen - für $n > 2$ jeweils

$$\sigma^{n+1}(x_0, \ldots, x_n) =_{\mathrm{Df}} \sigma^2(x_0, \sigma^n(x_1, \ldots, x_n))$$

gesetzt sowie zur Vervollständigung $\sigma^1(x) =_{\mathrm{Df}} x$ (dann ist $\sigma^n \mid \mathbf{N}^n \to \mathbf{N}$ für $n > 0$ jeweils rekursiv und bijektiv) und $\sigma^0 =_{\mathrm{Df}} 0$. Hiermit erklären:

a) eine "effektive" Bijektion $\Phi \mid \bigcup \{\mathbf{N}^n \mid n \in \mathbf{N}\} \to \mathbf{N}$ (d.h. eine Gödelisierung aller endlichen Zahlenfolgen, bei der jede Zahl als Folgenzahl auftritt)

b) eine rekursive Funktion $\beta^* \mid \mathbf{N}^2 \to \mathbf{N}$, sodass gilt:

$$\beta^*(y, 0) = \text{Länge } n \text{ der durch } y \text{ vermöge } \Phi \text{ verschlüsselten Folge}$$
$$(x_0, \ldots, x_{n-1})$$

$$\beta^*(y, k+1) = \text{Glied dieser Folge mit dem Index } k \text{ für } k < \beta^*(y, 0)$$

ZU Kapitel 3:

1) Für Relationen $\lambda \boldsymbol{x}\, P(\boldsymbol{x}) \subseteq \mathbf{N}^n$ mit $n > 0$ zeigen:

$$P \text{ ist aufzählbar} \Leftrightarrow \{\langle \boldsymbol{x}\rangle \mid P(\boldsymbol{x})\} \text{ ist aufzählbare Menge}$$

$$\Leftrightarrow \{\sigma^n(\boldsymbol{x}) \mid P(\boldsymbol{x})\} \text{ ist aufzählbare Menge}$$

$$(\text{mit } \sigma^n \text{ gemäß Aufgabe 2.5 oder 2.13})$$

2) Zeigen: Eine *nichtleere* Relation $\lambda \boldsymbol{x}\, P(\boldsymbol{x}) \subseteq \mathbf{N}^n$ mit $n > 0$ ist genau dann aufzählbar, wenn es rekursive Funktionen $\lambda x f_1(x), \ldots, \lambda x f_n(x)$ gibt, sodass gilt:

$$P(x_0, \ldots, x_n) \Leftrightarrow \exists k\, (x_1 = f_1(k) \wedge x_n = f_n(k))$$

3) Zeigen:

a) $\varphi =_{\mathrm{Df}} \lambda x\, \mu y\, T_0(x, y)$ ist eine partiell-rekursive Funktion, deren Graph $\mathcal{G}_\varphi$ rekursiv und deren Definitionsbereich $Db(\varphi)$ nicht mehr rekursiv ist.

b) $\varphi =_{\mathrm{Df}} \lambda x\, (0 \cdot \mu y\, T_0(x, y))$ ist eine partiell-rekursive Funktion, deren Graph $\mathcal{G}_\psi$ nicht mehr rekursiv ist.

Vgl. auch Aufgabe 2.8.

4) a) Beweisen: Der Graph einer partiell-rekursiven Funktion $\lambda x\ \varphi(x)$ ist genau
   dann rekursiv, wenn es ein rekursives Prädikat $\lambda x y\ R(x,\ y)$ gibt, sodass
   gilt:

$$\varphi(x) = \mu y\ R(x,\ y)$$

   b) Die (total-) rekursive Funktion $\varphi \mid \mathbf{N}^n \to \mathbf{N}$ so darstellen.

5) Zeigen: Eine *unendliche* aufzählbare Menge $M \subseteq \mathbf{N}$ ist "wiederholungsfrei"
   aufzählbar (d.h. durch eine injektive Abbildung $f \mid \mathbf{N} \to \mathbf{N}$), aber nicht immer
   auch "der Größe nach". (Vgl. Aufgabe 2.9)

6) Zeigen: Für $m,\ n > 0$ gehören die Prädikate $\lambda a f g\ G_{mn}(a,\ f,\ g)$ mit

$$G_{mn}(a,\ f,\ g) \Leftrightarrow_{\mathrm{Df}} \lambda x\ [f]_{m+n}(x,\ a) = \lambda x\ [g]_{m+n}(x,\ a)$$

   zu $\Pi_2^0 \setminus \Sigma_2^0$; dies gilt sogar noch für alle Prädikate $\lambda f\ G_{mn}(a,\ f,\ g)$, wenn $g \in \mathbf{N}$
   und $a \in \mathbf{N}^m$ so gewählt werden, dass $\lambda x\ [g]_{m+n}(x,\ a)$ eine rekursive Funkti-
   on ist.

   (Hinweis: Mithilfe einer rekursiven Funktion $\lambda x\ \varphi(x)$ mit der Eigenschaft
   $[\varphi(f)]_{m+n}(x,\ y) = [f]_n(x)$ auf Satz 3.3.4 zurückführen.)

Zu Kapitel 4:

1) Gegeben seien "Prinzipskizzen" von α_n^{KL} und α_n^{LK} als (unvermeidlich schon
   bijektive) Abbildungen zwischen $\{a,\ b,\ c,\ d\}$ und $\{w,\ x,\ y,\ z\}$ durch die folgenden Festsetzungen:

$$\text{``}\alpha_n^{KL}\text{''}(a) = w,\quad \text{``}\alpha_n^{KL}\text{''}(b) = x,\quad \text{``}\alpha_n^{KL}\text{''}(c) = y,\quad \text{``}\alpha_n^{KL}\text{''}(d) = z$$

$$\text{``}\alpha_n^{LK}\text{''}(w) = b,\quad \text{``}\alpha_n^{LK}\text{''}(x) = c,\quad \text{``}\alpha_n^{LK}\text{''}(y) = d,\quad \text{``}\alpha_n^{LK}\text{''}(z) = a$$

   Hieraus nach der Konstruktion aus dem Beweis von Satz 4.2.2 entsprechende
   Prinzipskizzen von β_n^{KL} und β_n^{LK} konstruieren sowie "β_n^{LK}" mit ("β_n^{KL}")$^{-1}$ vergleichen.

2) Seien $A,\ B \subseteq \mathbf{N}$ unendliche rekursive Mengen, und sei $f \mid \mathbf{N} \to \mathbf{N}$ eine injektive rekursive Abbildung mit $f(A) \subseteq B$. Eine Folgenzahl x soll genau dann als
   endliche Korrespondenz bzgl. $(A,\ B)$ bezeichnet werden, wenn die durch sie
   verschlüsselten Glieder Gödelnummern von geordneten Paaren sind, die ihrerseits etwa nach wachsenden ersten Komponenten geordnet werden und
   deren erste Komponenten alle zu A und deren zweite Komponenten sämtlich

zu *B* gehören, wobei keine erste und keine zweite Komponente mehrfach auftritt. In formaler Schreibweise kann man also etwa festsetzen:

$$EK_{AB}(x) \Leftrightarrow_{Df} Seq(x) \wedge (\forall k < lg(x))\, (\sigma_1((x)_k) \in A \wedge \sigma_2((x)_k) \in B)$$

$$\wedge (\forall k,\, l < lg(x))\, (k < l \Rightarrow \sigma_1((x)_k) < \sigma_1((x)_l) \wedge \sigma_2((x)_k) \neq \sigma_2((x)_l))$$

Zeigen: Es gibt eine rekursive Funktion $\varphi \mid N^2 \to N$ mit der folgenden Eigenschaft: Gilt $EK_{AB}(x)$ und kommt $y \in A$ unter den durch x verschlüsselten ersten Komponenten nicht vor, so gilt auch $EK_{AB}(\varphi(x, y))$, und $\varphi(x, y)$ erweitert x gerade um ein Paar mit der ersten Komponente y.

(Hinweis: Das Probierverfahren aus dem Beweis von Satz 4.2.2 lässt sich übertragen.)

3) Den folgenden, von MYHILL entdeckten Satz beweisen: Seien $A, B \subseteq N$ rekursive Mengen, und seien $f, g \mid N \to N$ injektive rekursive Abbildungen mit $f(A) \subseteq B \wedge f(N \setminus A) \subseteq N \setminus B$ bzw. $g(B) \subseteq A \wedge g(N \setminus B) \subseteq N \setminus A$. Dann gibt es eine rekursive Bijektion $\varphi \mid N \to N$ mit $\varphi(A) = B \wedge \varphi(N \setminus A) = N \setminus B$.

(Hinweis: Den Beweis von Satz 4.2.2 übertragen.)

4) Einen (arithmetisierten) Kalkül der kanonischen Auswertung angeben, bei dem es zu jeder partiell-rekursiven Anfangsfunktion *unendlich viele* "unzerlegbare" Rechenvorschriften gibt.

Anhang 1: Zur Bedeutung der verwendeten logischen Symbole

Zur Darstellung der Theorie wurde im Buch die *mathematische Umgangssprache* verwendet, in diesem Fall ein durch gewisse Sonderzeichen und Formeln ergänztes Deutsch. Eine genaue Analyse dieser Sprache kann hier nicht vorgenommen werden. Dies wäre Aufgabe der *mathematischen Logik,* und dort würde man zunächst die natürliche Sprache durch eine der theoretischen Untersuchung leichter zugängliche geeignete *synthetische Präzisionssprache* ersetzen. Für den hier verfolgten Zweck genügt es aber, dass man die benutzten sprachlichen Gebilde erkennen und eindeutig verstehen kann. Man braucht dazu nicht einmal über allgemein anwendbare Regeln zu verfügen; vielmehr genügt es, wenn man dies in den ja jedenfalls endlich vielen tatsächlich auftretenden Einzelfällen jedes Mal - sozusagen von Fall zu Fall - irgendwie schafft.

Man wird dann feststellen, dass die Sprache *namenartige* und *satzartige* Ausdrücke aufweist. Die ersteren dienen zur Bezeichnung der interessierenden mathematischen Objekte, wie z.B. Zahlen, Funktionen, Relationen usw., die letzteren dagegen sollen Sachverhalte beschreiben. Weiter wird man feststellen, dass nicht jeder dieser Ausdrücke schon eine bestimmte Bedeutung hat, da manche von ihnen Bestandteile mit veränderlicher Bedeutung aufweisen, die erst interpretiert werden müssen. Satzartige Ausdrücke ohne solche Bestandteile sind jedoch nach dem sog. *Zweiwertigkeisprinzip* der Logik stets entweder *wahr* oder *falsch.* Dies besagt nicht, dass man den *Wahrheitswert* einer Aussage immer effektiv ermitteln kann, er wird aber jeweils als "an sich" feststehend vorausgesetzt.

Nun enthält die Sprache einige Bestandteile, mit deren Hilfe man aus vorliegenden Aussagen - meistens mehreren - weitere Aussagen bilden kann und die deshalb *Junktoren* oder *aussagenlogische Verknüpfungen* genannt werden. In der Mathematik gebräuchlich sind meistens die fogenden: *nicht, und, oder, wenn - so, genau dann - wenn.* Diese Junktoren haben alle die Eigenschaft, dass die Wahrheitswerte der durch ihre Anwendung entstehenden Aussagen nur von den Wahrheitswerten der miteinander verbundenen Aussagen abhängen und nicht von diesen selbst; z.B. ist eine Und-Verbindung genau dann wahr, wenn beide miteinander verbundenen Bestandteile wahr sind. Man sagt dazu, die fraglichen Junktoren seien *extensional.* (Demgegenüber ist z.B. der mit Bezug auf Zeitverhältnisse gebrauchte Junktor *während* - der in der Mathematik keine Rolle spielt - nicht extensional.) Die Bedeutung von extensionalen Junktoren lässt sich durch sog. *Wahrheitsfunktionen* wiedergeben, d.h. durch Funktionen, deren Argumente geordnete Tupel aus den Wahrheitswerten W, F und deren Werte wieder Wahrheitswerte sind. Umgekehrt lässt sich jede derartige Wahrheitsfunktion als Junktor auffassen, unabhängig davon, ob es dafür eine eigene sprachliche Bezeichnung gibt (was vielleicht nicht immer ganz leicht zu entscheiden ist und außerdem vermutlich bei den verschiedenen natürlichen Sprachen recht unterschiedlich ausfällt). Aus kombinatorischen Gründen gibt es dann offenbar genau $2^2 = 4$ einstellige und genau $2^4 = 16$ zweistellige Junktoren (sowie genau $2^8 = 256$ dreistellige usw.).

Im Folgenden wird nun die Bedeutung der oben genannten, in der Mathematik gebräuchlichen Junktoren beschrieben. Es spielt dabei keine Rolle, ob diese Bedeutung immer auch dem Sprachgebrauch jedes Einzelnen entspricht (insbesondere beim "wenn - so" sind die Auffassungen wohl tatsächlich nicht ganz einheitlich); in der Mathematik werden die fraglichen Junktoren jedenfalls *ausschließlich* im Sinne der angegebenen Normierung benutzt. Dies gilt natürlich auch für die zugehörigen, synthetischen Sprachen entnommenen *Zeichen*, die zur Präzisierung oder Abkürzung oft zusammen mit Bestandteilen der Umgangssprache gebraucht werden. Diese Zeichen können jetzt zugleich als *Namen* für die fraglichen Wahrheitsfunktionen dienen. Deshalb binden sie im folgenden Abschnitt stärker als das Gleichheitszeichen (anders als gewöhnlich bei ihrer Anwendung auf satzartige Ausdrücke, die selbst das Gleichheitszeichen als Bestandteil aufweisen können).

Das "nicht", die sog. *Negation* $\neg$, ist wie folgt festgelegt:

$$\neg W = F, \quad \neg F = W$$

Das "und", die sog. *Konjunktion* $\wedge$, ist so definiert:

$$W \wedge W = W, \quad W \wedge F = F \wedge W = F \wedge F = F$$

Für das "oder", die sog. *Adjunktion* $\vee$, hat man:

$$W \vee W = W \vee F = F \vee W = W, \quad F \vee F = F$$

Die Adjunktion ist also das *nicht ausschließende* Oder. Deshalb sind die in der Literatur auch häufig benutzten Bezeichnungen *Disjunktion* oder *Alternative* nicht gerade glücklich gewählt, da diesen Bezeichnungen sprachlich ja eigentlich die Bedeutung des wechselseitigen Ausschließens zukommt.

Das "wenn - so", die sog. *Implikation* $\Rightarrow$, ist folgendermaßen festgelegt:

$$W \Rightarrow W = F \Rightarrow W = F \Rightarrow F = W, \quad W \Rightarrow F = F$$

Hier entspricht insbesondere die Festsetzung $F \Rightarrow F = W$ wohl nicht dem Sprachempfinden Aller, sondern nur dem der Meisten. In der Mathematik ist aber eine Wenn-So-Verbindung nur dann falsch (und sonst wahr), wenn der Wenn-Teil wahr und der So-Teil falsch ist.

Das "genau dann - wenn", die sog. *Äquivalenz* $\Leftrightarrow$, ist so festgelegt:

$$W \Leftrightarrow W = F \Leftrightarrow F = W, \quad W \Leftrightarrow F = F \Leftrightarrow W = F$$

Die Äquivalenz bedeutet also nichts anderes als die *Gleichheit der Wahrheitswerte*.

Wahrheitsfunktionen können natürlich in ebensolche eingesetzt werden (und man erhält stets wieder eine derartige Funktion). Um bei der üblichen sog. *Infix*-Schreibweise für zweistellige Junktoren *eindeutige Lesbarkeit* zu gewährleisten, muss man dabei in geeigneter Weise *Klammern* setzen. Damit dies nicht zu viele zu sein brauchen (weil sonst die - psychologische - Lesbarkeit beeinträchtigt wäre), verabredet man sog. *Klammereinsparungsregeln*, nach welchen $\neg$ stärker binden soll als die übrigen Junktoren, $\wedge$ und $\vee$ stärker als $\Rightarrow$ und $\Leftrightarrow$ sowie schließlich $\Rightarrow$ stärker als $\Leftrightarrow$. (Dass man auf diese Weise tatsächlich immer eindeutige Lesbarkeit erreicht, ist weniger selbstverständlich, als man vielleicht meint; man kann sich aber zur Not damit behelfen, dass man sich in jedem konkreten Einzelfall davon überzeugt. Bei nicht zu langen Ausdrücken ist dies oft leicht.) - Anstelle von satzartigen Ausdrücken (hier der mathematischen Umgangssprache) kann man auch sog. *Aussagenvariablen A, B, C, ...* verwenden, die nichts anderes als Variable für Wahrheitswerte sind. Da $A \vee \neg A$ bzw. $A \wedge \neg A$ bei jeder Einsetzung eines Wahrheitswerts für A den Wert W bzw. F liefert, kann man sogar auf die Verwendung von besonderen Zeichen für die Wahrheitswerte bei der Anwendung von Junktoren verzichten.

Die *Gleichheit* von zwei mithilfe von Junktoren und Aussagenvariablen dargestellten Wahrheitsfunktionen lässt sich im Prinzip leicht überprüfen: Man braucht dazu nur für alle benutzten Aussagenvariablen unabhängig voneinander einen der Werte W, F einzusetzen und für sämtliche derartigen Möglichkeiten jeweils den zugehörigen Funktionswert zu bestimmen; genau dann liegt beide Male die gleiche Funktion vor, wenn sich jedes Mal zwei gleiche Wahrheitswerte ergeben. (Dabei geht allerdings die Konvention ein, dass die Variablen bei beiden Funktionen in derselben Reihenfolge geordnet werden; es lohnt sich nicht, hier darauf einzugehen, wie das Verfahren sonst abzuändern wäre.) Da die Gleichheit von Wahrheitswerten sich ja durch $\Leftrightarrow$ ausdrücken lässt, kann man ggf. auch beispielsweise

$$\Phi(A, B, C, D) \Leftrightarrow \Psi(A, B, C, D)$$

schreiben (mit konkreten Darstellungen von Φ und Ψ); eine derartige Äquivalenz bedeutet verabredungsgemäß, dass sie für jede sog. *Belegung* der verwendeten Aussagenvariablen mit Wahrheitswerten zutrifft. Man sagt dann auch, die Äquivalenz sei *gültig*. - Auf die beschriebene Weise ergibt sich die Gültigkeit der folgenden Äquivalenzen:

$$A \wedge B \Leftrightarrow \neg\,(\neg A \vee \neg B)$$

$$A \vee B \Leftrightarrow \neg\,(\neg A \wedge \neg B)$$

$$A \Rightarrow B \Leftrightarrow \neg A \vee B$$

$$(A \Leftrightarrow B) \Leftrightarrow (A \Rightarrow B) \wedge (B \Rightarrow A)$$

Man erkennt hieraus, dass nicht alle der in der Mathematik verwendeten Junktoren tatsächlich benötigt werden; grundsätzlich würde man auch mit $\neg$ und $\wedge$ oder mit $\neg$ und $\vee$ auskommen (man müsste dann allerdings eine umständlichere Ausdrucksweise in Kauf nehmen). Dies gilt sogar für ganz *beliebige* Junktoren. Man kann nämlich jede beliebige Wahrheitsfunktion $\Phi\,(A_1, \ldots, A_n)$ zunächst (mittels Einsetzungen) durch $\neg$, $\wedge$, $\vee$ ausdrücken: Ist $\Phi\,(A_1, \ldots, A_n)$ stets falsch, so gilt etwa $\Phi\,(A_1, \ldots, A_n) \Leftrightarrow A \wedge \neg A$ mit irgendeinem A. Ist $\Phi\,(A_1, \ldots, A_n)$ stets wahr und $n = 0$ (d.h. hängt Φ von keinen Argumentvariablen ab), so kann man entsprechend $\Phi\,(A_1, \ldots, A_n) \Leftrightarrow A \vee \neg A$ schreiben. Andernfalls gibt es wenigstens eine Belegung der Variablen $A_1, \ldots, A_n$ mit Wahrheitswerten, sodass $\Phi\,(A_1, \ldots, A_n)$ wahr wird. Dass Letzteres zutrifft, ist dann gleichwertig damit, dass eine derartige Belegung vorliegt.

Nun ist eine mehrgliedrige Oder-Verbindung offenbar genau dann wahr, wenn wenigstens eins ihrer Glieder wahr ist (in dem hier mitgedachten Grenzfall einer eingliedrigen "Oder-Verbindung" somit, dass deren einziges Glied wahr ist). Demnach ist also $\Phi\,(A_1, \ldots, A_n)$ genau dann wahr, wenn die (ein- oder mehrgliedrige) *Oder-Verbindung* aus geeigneten *Beschreibungen* aller, wie man sagt; Φ *erfüllenden* Belegungen von $A_1, \ldots, A_n$ zutrifft. (Obgleich verschiedene derartige Belegungen einander ausschließen, darf hier offenbar - gerade deshalb - auch das nicht ausschließende Oder gebraucht werden.)

Allerdings ist die Bezeichnung "mehrgliedrige Oder-Verbindung" zunächst nicht eindeutig, da "oder" ja eine *zweistellige* Verknüpfung ist und bei drei- oder mehrgliedrigen Oder-Verbindungen daher egentlich hinzugefügt werden müsste, wie Klammern zu setzen sind; außerdem müsste bei mindestens zweigliedrigen Verbindungen natürlich auch eine Reihenfolge der einzelnen Glieder angegeben werden. Wegen $A \vee B \Leftrightarrow B \vee A$ und $(A \vee B) \vee C \Leftrightarrow A \vee (B \vee C)$ folgt aber (wie bei jeder *kommutativen* und *assoziativen* Operation, dass es bei mindestens zweigliedrigen Verbindungen *nicht auf die Reihenfolge* und bei wenigstens dreigliedrigen *nicht auf die Klammerung* ankommt (und deshalb gewöhnlich vereinbart wird, zumindest die Klammerung wegzulassen, wenn dies schon bei der Reihenfolge nicht gut möglich ist). Die beanstandete Ungenauigkeit ist daher unwesentlich.

Weiter lässt sich jede *Beschreibung einer Belegung* von A_1, ..., A_n als n-gliedrige *Und-Verbindung* aus geeigneten Beschreibungen der den *einzelnen A_k* zugeordneten Wahrheitswerte zusammensetzen. Da eine mindestens eingliedrige Und-Verbindung offenbar genau dann wahr ist, wenn dies auf jedes zugehörige Glied zutrifft, ist eine derartige Beschreibung einer einzelnen Belegung von A_1, ..., A_n genau dann wahr, wenn jede fragliche Beschreibung der Belegung eines A_k wahr ist, wenn also gerade die beschriebene Belegung vorliegt. - Wegen $A \wedge B \Leftrightarrow B \wedge A$ und $(A \wedge B) \wedge C \Leftrightarrow A \wedge (B \wedge C)$ kommt es auch bei mehrgliedrigen Und-Verbindungen auf die Reihenfolge und die Klammerung nicht an.

Schließlich ist die *Aussage*, dass A_k mit W belegt ist, genau dann wahr, wenn A_k *selbst* mit W belegt wird, und die *Aussage*, dass A_k mit F belegt ist, genau dann, wenn $\neg A_k$ den Wert W annimmt. Eine einzelne Belegung von A_1, ..., A_n mit Wahrheitswerten lässt sich daher immer durch eine Und-Verbindung aus einfachen bzw. negierten A_k ausdrücken; dabei treten die mit W belegten A_k "einfach" und die mit F belegten negiert auf. Ersichtlich ist diese Und-Verbindung jeweils bei der fraglichen Belegung und bei sonst keiner wahr.

Da "und" und "oder" hier ja im Sinne der vorgenommenen Präzisierungen gebraucht worden sind, ergibt sich offenbar insgesamt zunächst, dass $\Phi(A_1, ..., A_n)$ genau dann wahr ist, wenn die beschriebene aus dem Verlauf von Φ ablesbare (mehrgliedrige) Adjunktion von (mehrgliedrigen) Konjunktionen aus - je nach erfasster Belegung - einfachen bzw. negierten A_k wahr ist. Da in den (im Grenzfall gar nicht mehr vorhandenen) übrigen Fällen sowohl von Φ als auch von der gewonnenen sog. *(kanonischen) adjunktiven Normalform* der Wert F angenommen wird, gilt die Äquivalenz:

$$\Phi(A_1, ..., A_n) \Leftrightarrow \text{zugehörige kanonische adjunktive Normalform}$$

Man kann daher zunächst auf alle übrigen etwa zur Darstellung von Φ benutzten Junktoren außer $\neg$, $\wedge$, $\vee$ verzichten. Wenn man will, kann man anschließend noch aufgrund der oben angegebenen Äquivalenzen für $\wedge$ und $\vee$ einen beliebigen dieser beiden Junktoren hinauswerfen. (Dieser Sachverhalt wurde hier deshalb so ausführlich besprochen, weil erst durch ihn ein volles Verständnis der Folgerung aus R7 in §2.1 ermöglicht wird.) -

Neben den Junktoren treten als Bestandteile der Sprache die sog. *Quantoren* "für alle" $\forall$ und "es gibt" $\exists$ auf. Der *Allquantor* $\forall$ weist eine gewisse inhaltliche Verwandtschaft mit der Konjunktion $\wedge$ auf, da man sich vorstellen kann, dass eine Aussage $\forall x\, A$ anstelle einer Konjunktion verwendet wird, welche aus (in den meisten Fällen unendlich vielen) Gliedern besteht, von denen jedes einzelne besagt, dass jeweils ein bestimmtes infrage kommendes Objekt die durch A ausgedrückte Eigenschaft hat, wobei jedes infrage kommende Objekt durch ein entsprechendes Konjunktionsglied erfasst wird. Analog besteht eine Art Verwandtschaft zwischen dem *Existenzquantor* $\exists$ und der Adjunktion $\vee$; hier kann man sich vorstellen, dass $\exists x\, A$ für eine Adjunktion (von zumeist unendlicher Länge) steht, deren Glieder sich wie die in Bezug auf $\forall x\, A$ beschriebenen verhalten. In aller Regel beziehen sich die *Quantifizierungen* $\forall x$, $\exists x$ nicht auf sämtliche Dinge überhaupt, sondern nur auf die Objekte aus einem jeweils als fest vorgegeben betrachteten Bereich, beispielsweise auf den der natürlichen Zahlen. $\forall x\, A$ ist also genau dann wahr, wenn A auf jedes einzelne Objekt aus dem fraglichen Bereich zutrifft, und $\exists x\, A$ genau dann, wenn A für wenigstens ein Objekt aus diesem Bereich wahr ist. Daher gelten offenbar die folgenden Äquivalenzen:

$$\forall x\, A \Leftrightarrow \neg\exists x\, \neg A, \quad \exists x\, A \Leftrightarrow \neg\forall x\, \neg A$$

Sie zeigen, dass man grundsätzlich auch mit jedem dieser Quantoren allein auskommen würde.

Neben den besprochenen *unbeschränkten* Quantifizierungen werden auch sog. *beschränkte* Quantifizierungen benutzt. Diese haben die allgemeine Form $(\forall x \in M)$ bzw. $(\exists x \in M)$, wobei M eine Menge von Elementen des zu Grunde gelegten Bezugsbereichs ist; ist dieser die Menge der natürlichen Zahlen, so steht M häufig für ein *endliches Anfangsstück* $\{x \mid x < k\}$ von $\mathbf{N}$ mit einem $k \in \mathbf{N}$. Die beschränkten Quantifizierungen lassen sich aufgrund der Äquivalenzen

$$(\forall x \in M)\, A \Leftrightarrow \forall x\, (x \in M \Rightarrow A)$$

$$(\exists x \in M)\, A \Leftrightarrow \exists x\, (x \in M \wedge A)$$

auf unbeschränkte zurückführen, und auch hier gilt offenbar:

$$(\forall x \in M)\, A \Leftrightarrow \neg\, (\exists x \in M)\, \neg A$$

$$(\exists x \in M)\, A \Leftrightarrow \neg\, (\forall x \in M)\, \neg A$$

Festgehalten werden soll, dass eine *Allaussage* nur dadurch falsch werden kann, dass ein *Gegenbeispiel* existiert. Dies gilt natürlich auch für den Sonderfall, dass M in einer beschränkten Allaussage $(\forall x \in M)\ A$ die *leere Menge* ist. Da in dieser ja kein Gegenbeispiel mit $\neg A$ gefunden werden kann, ist eine Aussage $(\forall x \in \varnothing)\ A$ trivialerweise immer wahr. (Schreibt man stattdessen $\forall x\,(x \in \varnothing \Rightarrow A)$, erkennt man dies daran, dass $x \in \varnothing$ immer falsch und damit $x \in \varnothing \Rightarrow A$ für jedes fragliche Objekt wahr ist.)

Dieser ziemlich banalen Feststellung kommt eine größere Bedeutung für die mathematische Praxis zu, als man vielleicht zunächst denkt. Dies gilt insbesondere für die *vollständige Induktion*: Neben der geläufigen Form mit *Induktionsanfang* (formal korrekt für $n = 0$) und *Induktionsschritt* (Übertragung von n auf $n+1$) gibt es nämlich noch eine weitere. Bei einem Beweis nach dieser Spielart *entfällt der Induktionsanfang*, und statt zu zeigen, dass die Behauptung sich immer von n auf $n+1$ überträgt, beweist man, dass sie jedes Mal auch auf n zutreffen muss, wenn sie für *alle* $k < n$ wahr ist. Man zeigt also

$$(\forall k < n)\ A(k) \Rightarrow A(n)$$

für beliebiges n und schließt dann auf $(\forall n \in \mathbf{N})\ A(n)$. (Dass dieser *Induktionsschluss* zulässig ist, ersieht man etwa daraus, dass durch den "neuen" Induktionsschritt die Existenz eines kleinsten $n \in \mathbf{N}$ ohne die fragliche Eigenschaft ausgeschlossen wird.) Bei dieser Form der Induktion wird der Induktionsanfang sozusagen stillschweigend miterbracht, da die Behauptung ja auf alle - gar nicht vorhandenen - $k < 0$ zutrifft und sich deshalb nach dem Induktionsschritt auf 0 überträgt. - Weil der - gewöhnlich harmlose - Induktionsanfang hierbei entfällt, ist diese Form sogar oft etwas bequemer als die wohl weitaus häufiger anzutreffende andere. In manchen Fällen muss man allerdings den Induktionsschritt mit der Fallunterscheidung $n = 0 \lor n > 0$ beginnen und schmuggelt dann den Induktionsanfang hinterrücks wieder ein.

Allquantoren werden oft gewissermaßen stillschweigend auch dort mitgedacht, wo sie gar nicht stehen. Dass z.B. die Addition kommutativ ist, wird meistens durch die Gleichung

$$x+y = y+x$$

gefordert; diese soll *gültig* sein, d.h. jedesmal zu einer wahren Aussage führen, wenn man die Variablen $x,\ y$ durch beliebige Zahlen aus dem fraglichen Bereich interpretiert. Dies läuft aber ersichtlich darauf hinaus, dass die hingeschriebene Gleichung als

$$\forall x \forall y\ x+y = y+x$$

aufgefasst wird (mit auf den fraglichen Zahlenbereich bezogenen Quantifizierungen). Bei diesem Sprachgebrauch stehen die Variablen sozusagen für "beliebige" Objekte (aus dem zugrunde gelegten Bereich). Daneben werden sie auch in einem ganz anderen Sinne gebraucht, nämlich als "Beispielvariable" zur Bezeichnung eines jeweils ganz bestimmten Objekts (etwa wenn n die kleinste Primzahl mit einer gerade erörterten Eigenschaft bezeichnen soll). Um welchen der beiden Sprachgebräuche es sich handelt, muss jeweils dem Zusammenhang entnommen werden. -

Zu den logischen Zeichen werden manchmal auch die *Variablen* gezählt (wohl weil sich ihr Gebrauch nicht auf eine spezifische Theorie beschränkt). Obgleich dies hier - ohne Hilfsmittel aus der mathematischen Logik - nicht vollständig erklärt werden kann, soll noch kurz auf einen Umstand hingewiesen werden, für den man vermutlich aufgrund mathematischer Erfahrung eine Art Vorverständnis mitbringt: Variable können *frei* oder aber *gebunden* vorkommen. Bei freien Vorkommen sind *Einsetzungen* (von irgendwelchen einschlägigen namenartigen Ausdrücken) *sinnvoll*, bei gebundenen Vorkommen *nicht*. Nur gebunden kommt z.B. x in $\exists x\, f(x, y) = 0$ sowie auch in $\lambda x\, f(x, y)$ vor, während y in beiden Fällen nur frei vorkommt. Es ist nämlich offensichtlich sinnlos, etwa $\exists 7\, f(7, y) = 0$ bzw. $\lambda 7\, f(7, y)$ zu schreiben, wohingegen $\exists x\, f(x, 7) = 0$ bzw. $\lambda x\, f(x, 7)$ durchaus sinnvoll sind (wenngleich $\exists x\, f(x, 7) = 0$ - je nach Bedeutung von f - auch falsch sein kann). In $\forall x\, x < y \wedge x \neq 13$ hat x sowohl ein gebundenes als auch ein freies Vorkommen, da der "Wirkungsbereich" von $\forall x$ sich nur auf $x < y$ erstreckt.

Bei freien Vorkommen sind sog. *Umbenennungen* der Variablen nicht ohne weiteres zulässig; $f(x, y)$ kann - je nach Bedeutung der Variablen x, y, z - einen anderen Wert bezeichnen als $f(z, y)$. Demgegenüber ist $\lambda x\, f(x, y)$ dieselbe (einstellige und zu dem Parameterwert y gehörige) Funktion wie $\lambda z\, f(z, y)$, und $\exists x\, f(x, y) = 0$ ist gleichwertig mit $\exists z\, f(z, y) = 0$. Bei derartigen *gebundenen Umbenennungen* muss man allerdings auch Vorsicht walten lassen: Beispielsweise wäre es natürlich unzulässig, von den obigen Ausdrücken zu $\exists y\, f(y, y) = 0$ bzw. zu $\lambda y\, f(y, y)$ überzugehen (weil das vorher freie Vorkommen von y nach der Umbenennung gebunden wäre). Auch wenn man über kein ausformuliertes Regelsystem hierzu verfügt, wird man derart offenkundige Torheiten bei etwas Fingerspitzengefühl von selbst vermeiden. -

Mitgeteilt sei noch, dass auch das *Gleichheitszeichen* häufig zu den logischen Zeichen gerechnet wird, weil die durch dasselbe bezeichnete *Identität* als Konzeption der Logik (und nicht als erst mathematisch festzulegende Beziehung) betrachtet wird. Bei dieser Auffassung ist von vornherein klar, dass die Gleichheit *reflexiv, symmetrisch* und *transitiv* ist und dass darüber hinaus als gleich erkannte Objekte einander in jeder Hinsicht vertreten können, also *ununterscheidbar* sind. Im Übrigen ist es für den Umgang mit Gleichungen offenbar unerheblich, ob man die Gleichheit als logische Grundkonzeption auffasst oder aber als mathematische Beziehung, für welche dann die gerade festgestellten Eigenschaften durch entsprechende Forderungen gesichert werden müssten.

Anhang 2: Zu den Begriffen der Funktion und der Relation

Im Folgenden sollen einige fundamentale, ständig gebrauchte Eigenschaften von Funktionen und Relationen begründet werden:

Die Mathematik ist *in der Sprache der Mengenlehre* geschrieben. Dies will sagen, dass man mathematische Begriffe erst dann als klar definiert betrachtet, wenn sie ausschließlich mit Hilfsmitteln der Mengenlehre erklärt sind. Entsprechend sind die Sätze einer in diesem Sinne wohlabgefassten Theorie spezielle Sätze der Mengenlehre, und die ganze Theoie bildet damit sozusagen einen Teil der *angewandten Mengenlehre*. Es ist dabei unerheblich, ob nun der Gegenstand einer mathematischen Theorie - wie etwa der Zahlentheorie - "tatsächlich" einen Teilbereich in der Welt der Mengen bildet oder ob man nur dafür ein *mengentheoretisches Modell* gefunden hat; Fragen wie diese kann und will die Mathematik nicht beantworten.

Die Zielsetzung, die gesamte Mathematik mit den Hilfsmitteln der Mengenlehre darzustellen, hat ihren Grund in deren Einfachheit, ungeachtet des Umstands, dass die Begründung der Mengenlehre nicht ohne gewisse Schwierigkeiten geblieben ist. Diese Einfachheit äußert sich darin, dass man zum Aufbau der Mengenlehre mit einem einzigen Grundbegriff auskommt, nämlich der *Zugehörigkeitsbeziehung* oder *Elementschaft*, welche gewöhnlich mit $\in$ bezeichnet wird. (Ebenso wie man nicht alle Aussagen einer Theorie beweisen kann, sondern *Axiome* an den Anfang stellen muss, kann man auch nicht sämtliche Begriffe einer Theorie definieren, sondern muss gewisse *Grundbegriffe* voranstellen.) In vielen Zusammenhängen kann man sich die Zugehörigkeit ganz gut etwa als Mitgliedschaft in einem Verein vorstellen; die *Mengen* sind dabei die Vereine und deren Mitglieder die *Elemente*. Diese Entsprechung ist jedoch nur mit Vorsicht zu genießen: Im wirklichen Leben ist es denkbar, dass genau das Mitgliederkollektiv eines bereits bestehenden Vereins zusammenkommt, um einen weiteren Verein zu gründen. Ist nun dieser mit dem bereits bestehenden identisch, oder ist es ein anderer Verein? Im wirklichen Leben werden die Antworten auf diese Frage wohl unterschiedlich ausfallen, weil man auch die Ansicht vertreten kann, dass ein Verein nicht nur durch seine Mitglieder, sondern auch durch den Vereinszweck bestimmt wird. Bei Mengen ist dies anders: Haben zwei Mengen genau dieselben Elemente, so stimmen sie überein, d.h. bei beiden handelt es sich um dieselbe Menge. Dies ist das sog. *Extensionalitätsprinzip*, das man auch so ausdrücken kann:

$$M = N \Leftrightarrow \forall x (x \in M \Leftrightarrow x \in N)$$

(Die "Hälfte" $M = N \Rightarrow \forall x (x \in M \Leftrightarrow x \in N)$ gilt dabei aus *logischen* Gründen.)

In Bezug auf Funktionen und Relationen steht man also vor der Aufgabe festzulegen, welche Arten von Mengen man unter diesen Begriffen zu verstehen
hat. Es hat sich gezeigt, dass man dazu zunächst erklären muss, was für eine
Menge das *geordnete Paar* (x, y) von zwei mathematischen Objekten x, y ist.
(Dass man diese Menge stets "bilden" kann, d.h. dass sie immer existiert, muss
natürlich - wie jede Art der Mengen"bildung" - aufgrund der mengentheoretischen Axiome gesichert sein, kann hier aber einfach benutzt werden.) Heute ist
es weitgehend üblich, dafür die folgende, von KURATOWSKI stammende Definition zu nehmen:

$$(x, y) =_{Df} \{\{x\}, \{x, y\}\}$$

Für zwei gleiche Komponenten erhält man daraus $(x, x) = \{\{x\}\}$. Mithilfe einer
Unterscheidung zwischen den beiden Möglichkeiten $x = y$, $x \neq y$ ergibt sich
dann aufgrund des Extensionalitätsprinzips:

$$(a, b) = (x, y) \Leftrightarrow a = x \land b = y$$

Man drückt dies auch durch die Redewendung aus, geordnete Paare seien *durch
ihre Komponenten bestimmt*. Diese sog. *Extensionalität der geordneten Paare* ist
die Eigenschaft, auf welche es ankommt. Daneben erhält man aufgrund der
Definition auch nicht interessierende Eigenschaften, wie beispielsweise:

$$\bigcup (x, y) = \bigcup \{\{x\}, \{x, y\}\} = \{x\} \cup \{x, y\} = \{x, y\}$$

(Da bei einem Aufbau in der sog. *reinen Mengenlehre* ja sämtliche Objekte Mengen sind, ergibt sich z.B. sogar $\bigcup \bigcup (x, x) = x$.) Weil es auf solche nebensächli-
chen Eigenschaften aber nicht ankommt, sondern nur auf die Extensionalität,
könnte man offenbar beispielsweise auch $(x, y) =_{Df} \{\{\{x\}\}, \{\{x\}, \{y\}\}\}$ festsetzen (und würde sich dann andere überflüssige Eigenschaften einhandeln, wie
z.B. $\bigcup \bigcup \bigcup (x, x) = x$.)

Mit dem Begriff des geordneten Paares kann man nun sofort den der *zweistelligen Relation* erklären: Eine derartige Relation ist einfach eine Menge, deren
sämtliche Elemente (sofern sie welche hat) geordnete Paare sind. Statt $(x, y) \in R$
schreibt man auch $R(x, y)$ oder sogar $x\,R\,y$. Nach dem Extensionalitätsprinzip
stimmen zwei zweistellige Relationen genau dann überein, wenn sie dieselben
geordneten Paare als Elemente haben; man hat also:

$$R = S \Leftrightarrow \forall x \forall y (R(x, y) \Leftrightarrow S(x, y))$$

Dies wird auch als *Extensionalitätsprinzip für zweistellige Relationen* bezeichnet.
(Da es hier ja nicht um den vollständigen Aufbau einer "Gebrauchsmengen-
lehre" geht, braucht sprachlich nicht berücksichtigt zu werden, dass es sich

diesmal nicht - wie oben - um eine axiomatische Forderung handelt, sondern um eine beweisbare Aussage.)

Auf den Begriff des geordneten Paares kann man weiter zunächst den des *geordneten n-Tupels* für beliebige $n > 2$ zurückführen, indem man durch Induktion über $n \geq 2$ für den Induktionsschritt

$$(x_1, \ldots, x_{n+1}) =_{Df} ((x_1, \ldots, x_n), x_{n+1})$$

oder ebenso gut auch

$$(x_1, \ldots, x_{n+1}) =_{Df} (x_1, (x_2, \ldots, x_{n+1}))$$

festsetzt. Für $n > 2$ sind dann geordnete n-Tupel geordnete Paare, deren erste bzw. zweite Komponente geordnete $(n-1)$-Tupel sind. Für beide Varianten folgt dann durch Induktion über $n \geq 2$, dass ein geordnetes n-Tupel immer durch seine Komponenten bestimmt wird:

$$(x_1, \ldots, x_n) = (y_1, \ldots, y_n) \Leftrightarrow x_1 = y_1 \wedge \ldots \wedge x_n = y_n$$

Da es wiederum nur auf diese Eigenschaft ankommt, sind in der Mathematik beide Varianten (neben weiteren, s.u.) gebräuchlich.

Zunächst für $n \geq 2$ sind dann *n-stellige Relationen* einfach Mengen von geordneten n-Tupeln. Wieder erhält man das *Extensionalitätsprinzip* (mit $R(x_1, \ldots, x_n)$ für $(x_1, \ldots, x_n) \in R$):

$$R = S \Leftrightarrow \forall x_1 \ldots \forall x_n \, (R(x_1, \ldots, x_n) \Leftrightarrow S(x_1, \ldots, x_n))$$

Da die n-stelligen Relationen mit $n \geq 2$ nach obigem Muster immer zugleich als zweistellig betrachtet werden können, kommt man in Zusammenhängen, bei denen spezielle mehrstellige Relationen keine Rolle spielen, grundsätzlich mit zweistelligen Relationen aus. Deshalb versteht man unter *Relationen* auch häufig zweistellige.

Nun mag man sich daran stoßen, dass geordnete n-Tupel und n-stellige Relationen nur für $n \geq 2$ erklärt sind. Um dem für $n \geq 1$ abzuhelfen, kann man etwa jeweils x als das *geordnete Eintupel* von x erklären und jede Menge von geordneten Eintupeln, also jede Menge, als *einstellige Relation*. Dann gilt auch in diesem Entartungsfall, dass ein geordnetes Eintupel immer durch seine (einzige) Komponente bestimmt wird, sowie in sinnfälliger Schreibweise:

$$R = S \Leftrightarrow \forall x \, (R(x) \Leftrightarrow S(x))$$

Es bleibt noch zu sagen, was man sinnvoll unter einem *geordneten Nulltupel* und unter einer *nullstelligen Relation* verstehen könnte: Da auch geordnete Nulltupel durch ihre - nicht vorhandenen - Komponenten bestimmt werden sollen, kann es nur *ein einziges* derartiges Tupel geben. Man kann deshalb irgendein (festes) mathematisches Objekt dazu erklären; naheliegend ist natürlich die *leere Menge*. Eine nullstellige Relation ist dann eine Menge von geordneten Nulltupeln. Hierbei gibt es *genau zwei* Möglichkeiten: Das geordnete Nulltupel kann entweder einer nullstelligen Relation angehören oder nicht. Da bei den übrigen Relationen ja $R(x)$ stets entweder wahr oder falsch ist, liegt es nahe, die nullstelligen Relationen mit den beiden *Wahrheitswerten* zu identifizieren, die auf das Nulltupel zutreffende Relation ist dann sinnvoll als W zu betrachten und die nicht zutreffende als F. - Das *Extensionalitätsprinzip* gilt bei dem geschilderten Vorgehen für nullstellige Relationen ganz von selbst.

Hinzugefügt werden muss noch, dass geordnete Nulltupel und nullstellige Relationen weitgehend ungebräuchlich sind (anders als nullstellige Funktionen). Angemerkt werden soll auch noch, dass es im Rahmen einer konkreten mathematischen Theorie wie der hier behandelten natürlich nicht darauf ankommt, auf welche geeignete Weise die Wahrheitswerte - desgleichen die natürlichen Zahlen - mengentheoretisch repräsentiert werden; dies ist lediglich für eine vollständige Zurückführung der Mathematik auf die Mengenlehre von Interesse. -

Aus der skizzierten Darstellung der (zweistelligen) Relationen lässt sich durch Spezialisierung auch eine mengentheoretische Begründung des *Funktionsbegriffs* gewinnen. Dazu werden zunächst zwei weitere mit dem Relationsbegriff zusammenhängende Begriffe gebraucht: Als *linken Bereich* oder auch als *Vorbereich* einer zweistelligen Relation R bezeichnet man die Menge der ersten Komponenten der zu R gehörigen geordneten Paare, symbolisch etwa:

$$Vb(R) =_{Df} \{x \mid \exists y\, (x, y) \in R\}$$

Entsprechend bildet die Menge der zweiten Komponenten den *rechten* oder auch *Nachbereich* von R:

$$Nb(R) =_{Df} \{y \mid \exists x\, (x, y) \in R\}$$

Vollständigkeitshalber soll mitgeteilt werden, dass sämtliche an einer (zweistelligen) Relation beteiligten Objekte deren sog. *Feld* bilden:

$$Fd(R) =_{Df} Vb(R) \cup Nb(R)$$

Nun lassen sich *Funktionen* etwa als *rechtseindeutige Relationen* erklären, d.h. die (zweistelligen) Relationen mit der sog. *Funktionalitätseigenschaft*

$$\forall x, y, z\, (xRy \wedge xRz \Rightarrow y = z)$$

werden als Funktionen ausgezeichnet. Bei Funktionen F wird der Vorbereich gewöhnlich als *Definitionsbereich* $Db(F)$, häufig auch etwa $dom(F)$, bezeichnet und der rechte Bereich als *Wertebereich* $Wb(F)$, häufig auch etwa $ran(F)$. Statt $(x, y) \in F$ schreibt man gewöhnlich $F(x) = y$ und bezeichnet y als den *Wert* der Funktion F an der *Stelle x.*

Wie bei allen Mengen gilt auch für die *Gleichheit von Funktionen* das *Extensionalitätsprinzip.* Aufgrund der der vorgenommenen Begriffsbildungen und der für diese gültigen Extensionalitätsprinzipien erhält man jetzt für Funktionen F, G:

$$F = G \Leftrightarrow Db(F) = Db(G) \land (\forall x \in Db(F))\ F(x) = G(x)$$

Demnach stimmen zwei Funktionen genau dann überein, wenn sie denselben Definitionsbereich haben und an jeder Stelle des gemeinsamen Definitionsbereichs jeweils denselben Wert annehmen.

Von den Funktionen unterschieden werden müssen eigentlich die sog. *Abbildungen* $F \mid M \to N$: Hierbei ist F eine Funktion, deren Definitionsbereich gewöhnlich als mit der sog. *Ursprungsmenge M* von $F \mid M \to N$ übereinstimmend angenommen wird (lediglich $Db(F) \subseteq M$ zu verlangen, ist unüblich); für die *Zielmenge N* wird jedoch nur $Wb(F) \subseteq N$ gefordert. Aufgrund der engen Verwandtschaft des Abbildungsbegriffs mit dem der Funktion wird allerdings in der mathematischen Umgangssprache häufig nicht zwischen beiden unterschieden.

Andererseits wird in der Literatur gelegentlich zwischen einer Funktion und ihrem sog. *Graphen* unterschieden (ohne dass genau gesagt wird, worin der Unterschied bestehen soll). Nach der hier vorgenommenen Begriffsbildung gibt es jedoch zwischen beiden keinen Unterschied; welche Bezeichnung man wählt, ist lediglich eine Frage der Sprechweise.

Besteht der Definitionsbereich einer Funktion aus geordneten n-Tupeln, so spricht man von einer *n-stelligen Funktion* (als Relation ist sie also $(n+1)$-stellig); gebraucht wird diese Redeweise allerdings gewöhnlich nur dann, wenn die geordneten Tupel des Definitionsbereichs über einer bestimmten Grundmenge gebildet werden (etwa derjenigen der natürlichen Zahlen). Man sieht jedoch, dass die Zuordenbarkeit zu einer bestimmten Stellenzahl keineswegs fest mit dem Funktionsbegriff verbunden ist.

In diesem Zusammenhang muss auch erwähnt werden, dass geordnete n-Tupel $(a_0, \ldots, a_{n-1})$ in der Literatur gelegentlich als Funktionen erklärt werden, deren Definitionsbereich das durch die natürliche Zahl n bestimmte *Anfangsstück* $\{k \mid k < n\}$ ist. Dieses Vorgehen ist dadurch gerechtfertigt, dass aufgrund des Extensionalitätsprinzips für Funktionen sich auch hierfür ergibt, dass geordnete *n*-Tupel immer durch ihre Komponenten bestimmt sind. (Daraus lässt sich herleiten, dass es zwischen den zuletzt genannten und den weiter oben erklärten geordneten *n*-Tupeln jeweils eine bijektive und "komponententreue" Abbildung gibt.) Bei dem angedeuteten Vorgehen kommt man jedoch nicht umhin, vorher einen geeigneten Begriff des geordneten Paares - etwa wie oben - zu erklären.

Nun gibt es in der Mathematik leider kaum eine Konvention, die ganz einheitlich in Kraft wäre. Dies ist auch bei der Rückführung des Funktionsbegriffs auf den der Relation der Fall. Das hat wohl den folgenden Grund: Durch *Einsetzen* einer Funktion in eine Funktion entsteht wieder eine solche. Die Einsetzung von Funktionen lässt sich deshalb als eine Art *Produktbildung* auffassen; man setzt also etwa:

$$F \circ G =_{Df} \{(x,\, z) \mid \exists y\, (y = F(x) \land z = G(y))\}$$

(Dass $F \circ G$ eine Funktion ist, folgt aus der Funktionaleigenschaft von F und G.) Man erhält damit:

$$F \circ G\,(x) = G(F(x))$$

Diese Schreibweise entspricht also der Regel, dass diejenige Funktion zuerst gelesen wird (von links nach rechts), die auch als erste angewandt wird. Häufiger richtet man sich aber nach der Regel, dass diejenige Funktion zuerst angewandt wird, die unmittelbar beim Argument steht, dass also gilt:

$$F \circ G\,(x) = F(G(x))$$

Man hätte dann etwa zu definieren:

$$F \circ G =_{Df} \{(x,\, z) \mid \exists y\, (y = G(x) \land z = F(y))\}$$

Dies würde aber die Einsetzung von Funktionen nicht mehr als Sonderfall der auch für Relationen durch

$$R \circ S =_{Df} \{(x,\, z) \mid \exists y\, ((x,\, y) \in R \land (y,\, z) \in S)\}$$

erklärten *Verkettung* ergeben. Dazu müsste man jetzt

$$F \circ G =_{Df} \{(z,\, x) \mid \exists y\, ((z,\, y) \in F \land (y,\, x) \in G)\}$$

setzen, und dann würden die Funktionswerte als erste und die Argumente als zweite Komponenten erscheinen. Anders als bei der zuerst besprochenen Variante hätte man jetzt $Db(F) = Nb(F) \land Wb(F) = Vb(F)$, und eine Funktion wäre eine Menge von geordneten Paaren der Form $(F(x),\, x)$ (und nicht wie vorher der Form $(x,\, F(x))$).

In der Literatur wird von allen hier besprochenen Möglichgeiten Gebrauch gemacht, sodass man sich nicht ein- für allemal auf eine einzige Variante festlegen kann. Andererseits kommt es - außer bei Fragen der mengentheoretischen Begründung - nicht darauf an, welche der möglichen Versionen man zugrunde legt: Aufgrund der gültigen Extensionalitätsprinzipien lassen sich die begriffsgemäßen Varianten einer Funktion nämlich immer umkehrbar eindeutig und "komponententreu" bzw. "invers komponententreu" aufeinander abbilden, sodass "wesentliche" Unterschiede nicht auftreten.

In diesem Zusammenhang soll auch noch etwas über die *Umkehrung* von Funktionen und Relationen gesagt werden: Die zu einer Relation R *inverse Relation* wird durch

$$R^{-1} =_{\mathrm{Df}} \{ (x, y) \mid (y, x) \in R \}$$

definiert; damit sind beispielsweise die <- und die >-Relation zueinander invers. Die Umkehrrelation einer *Funktion* braucht nicht wieder eine Funktion zu sein; ist aber F eine *eineindeutige* Funktion (d.h. gilt neben der Funktionalität $(\forall x, y \in Db(F)) (F(x) = F(y) \Rightarrow x = y)$), so ist offenbar auch ihre Umkehrung $F^{-1} = \{ (x, y) \mid (y, x) \in F \}$ eine ebensolche Funktion; dabei gilt $Db(F^{-1}) = Wb(F) \wedge Wb(F^{-1}) = Db(F)$, und F ist die Umkehrung von F^{-1} (und zwar unabhängig davon, welche Variante der mengentheoretischen Darstellung gewählt wurde). -

Die im Text betrachteten Funktionen und Relationen sind fast immer solche über den *natürlichen Zahlen*. Hier soll deshalb noch angemerkt werden, dass es durchaus berechtigt ist, von "den" natürlichen Zahlen zu sprechen. Man kann nämlich zeigen (und für einen etwas geübteren Mathematiker ist dies nicht einmal besonders schwierig), dass zwei sog. *Modelle* für die PEANO-*Axiome* der Arithmetik immer *isomorph* sind (in Bezug auf die *Konstante* 0 und die *Nachfolgerfunktion* $N \mid \mathbf{N} \to \mathbf{N}$). Dies besagt, dass es nur *einen einzigen Strukturtyp* der natürlichen Zahlen geben kann, und dieser lässt sich als *die* Struktur $(\mathbf{N}, 0, N)$ der natürlichen Zahlen auffassen. - Die Einzigartigkeit des Strukturtyps ist die einzige Art von eindeutiger Bestimmtheit, welche die Mathematik nachweisen kann und will. In diesem Sinne sind übrigens auch die erweiterten Bereiche der ganzen, der rationalen, der reellen und der komplexen Zahlen *einzig*. -

Aufgabe: Mathematisch weniger geübten Lesern wird dringend angeraten, die hier nur gesprächsweise vorgebrachten Sachverhalte zu beweisen. Mathematik (wie auch ihr Teilbereich Theoretische Informatik) lässt sich nicht durch bloße Kenntnisnahme erlernen.

Anhang 3: Erklärung einiger Bezeichnungen

Soweit die benutzten Bezeichnungen nicht im Text erklärt werden, sind sie ganz überwiegend mathematischer Standard und bedürfen keiner weiteren Erläuterung. Folgende Hinweise sind jedoch angebracht:

Die Mengen der *natürlichen* bzw. der *ganzen Zahlen* werden durch **N** bzw. **Z** bezeichnet (anstelle der zumeist üblichen Schmucksymbole).

Für die *Einschränkung* einer Funktion f auf eine Menge M wird $f \mid M$ geschrieben (und nicht das vielfach übliche, einer spiegelbildlichen 1 ähnliche Einschränkungszeichen verwendet).

Literaturhinweise

Aufgrund des einführenden Charakters dieses Buches erscheint eine weitgehende Beschränkung auf die Angabe von Lehrbüchern gerechtfertigt. Dort finden sich genügend Hinweise auf weiter führende Literatur.

Einführungen in die Berechenbarkeitstheorie geben folgende Bücher:

DAVIS, MARTIN: Computability and Unsolvability. McGraw-Hill, New York 1958

FELSCHER, WALTER: Berechenbarkeit. Rekursive und programmierbare Funktionen. J. Springer, Berlin 1991

HERMES, HANS: Aufzählbarkeit, Entscheidbarkeit, Berechenbarkeit. J. Springer, Berlin 1961

KFOURY, A. J./MOLL, ROBERT N./ARBIB, MICHAEL A.: A Programming Approach to Computability. J. Springer, New York 1982

Umfassende Darstellungen der Theorie mit Ausdehnung auf andere mathematische Bereiche bieten folgende Werke:

ROGERS, HARTLEY JR.: Theory of Recursive Functions and Effective Computability. McGraw-Hill, New York 1967

WEIHRAUCH, KLAUS: Computability. J. Springer, Berlin 1987

In größere Zusammenhänge gestellt wird die Theorie in:

BÖRGER, EGON: Berechenbarkeit, Komplexität, Logik. Vieweg, Wiesbaden 1985

KLEENE, STEPHEN COLE: Introduction to Metamathematics. North Holland, Amsterdam 1962

MENDELSON, E.: Introduction to Mathematical Logic. Van Norstrand, Princeton 1964

SHOENFIELD, JOSEPH R.: Mathematical Logic. Addison-Wesley, Reading (Mass.) 1967

In Verbindung mit komplexitätstheoretischen Fragen wird die Theorie entwickelt in:

SCHNORR, CLAUS P.: Rekursive Funktionen und ihre Komplexität. Teubner, Stuttgart 1974

Die hier nur gestreiften primitiv-rekursiven Funktionen und Verallgemeinerungen derartiger Fragestellungen sind ausführlich dargestellt in dem Buch:

PETER, ROSZA: Rekursive Funktionen. Academiai Kiado, Budapest 1951

Die bislang wohl allgemeinste Fassung des Rekursionstheorems findet sich in:

DÖPP, KLEMENS: Anmerkungen zum Rekursionstheorem. Archiv für Mathematische Logik und Grundlagenforschung **25** (1985), 153 - 172

Stichwörterverzeichnis

Angegeben ist jeweils die erste Seite, auf der die Bedeutung des fraglichen Stichworts ersichtlich wird (was nicht in jedem Fall mit dessen erstem Auftreten übereinstimmt). Griechische Anfangsbuchstaben sind dabei wie die ihnen entsprechenden lateinischen eingeordnet. Sind mehrere Stellen angegeben, so tritt das fragliche Stichwort in mehreren Bedeutungsvarianten auf. Allgemein bekannte Stichwörter mit nicht spezifisch berechenbarkeitstheoretischer Bedeutung sind nur dann angeführt, wenn sie im Text erläutert werden.